神経とシナプスの科学

現代脳研究の源流

杉　晴夫　著

ブルーバックス

カバー装幀／芦澤泰偉・児崎雅淑
カバーイメージ／ amanaimages
本文図版／さくら工芸社
編集協力／飯田全子

改訂版の序文

筆者が2006年、本書旧版を出版した理由は、当時から書店にあふれていた脳に関する解説・入門書に、これらの書物の理解に必須である生体電気信号（活動電位）の説明がほんの数行しか記されておらず、実質的には脱落していることであった。これは、これらの書物の著者自身が、生体電気信号解明の歴史をほとんど知らないためであろう。

筆者は昭和一桁生まれで、実父（杉靖三郎）が勤務していた東京大学医学部生理学教室に幼時から父に連れられて出入りし、教室のメンバーが、当時はもっぱら「興奮」あるいは「衝撃」と呼ばれていた生体電気信号発生の神秘を探る現場に居合わせることになった。当時の研究者は、カエルから取り出した坐骨神経に種々の方法で電気刺激を与え、この坐骨神経が付着する筋肉の収縮を唯一の手がかりとして、「神経衝撃発生の謎」を懸命に探っていたのである。これらの研究によって当時得られた知見は、本書の旧版に体系的に記述されている。

このような、生体電気信号をいわば「手探り」で模索していた研究の黎明期の記述が可能であったのは、筆者の幼児期以来の体験に加えて、筆者の実父の蔵書に、当時の第一線の研究者たち（跳躍伝導を発見した偉大な田崎一二《いちじ》を含む：90ページジコラム参照）が、神経を伝わる興奮現象について、当時の国内外の研究を検討しつつ考察した力作が多数含まれており、筆者がこれらの貴重な著書を熟読できたためであった。しかし現在は、大学、研究所などの図書室は書物であふれかえり、多年にわたり蒐集した貴重な蔵書を寄贈しようと申し出ても断られるのが現実だ。これでは田崎をはじめ偉大な研究者たちの論議が記された、歴史的に貴重な著書が、読まれることなく消滅してしまう。筆者にとってこれは耐え難いことである。

本書の旧版は、幸い多くの読者に高く評価され、一部の大学の生物系学部では脳研究をめざす学生のための教科書として使用されている。これは、筆者にとって望外の喜びである。しかし本書は現在のところ、筆者が望むように、脳に興味を持つ一般読者層に広く読まれるには至っていない。旧版が出版されてからもうじき一〇年になろうとしており、その間、脳研究のアプローチの仕方や実験手法も変化してきている。したがって本改訂版では、脳のニューロン細胞膜イオンチャンネルの研究のために開発されたパッチクランプ法について第6章で新しく解説を加え、いまでは脳の機能研究のために不可欠となった機能的核磁気共鳴画像法（functional magnetic resonance imaging）、さらに、分子レベルでの脳研究を可能にした遺伝子ノックアウト動物などの新しい実験技法について、将来を見据えた解説を第10章で展開するとともに、個々の技法の長所、問題点、限界について議論する。こうした議論が将来、新しい実験法の開発に発展することを願う。

また筆者の半世紀に及ぶ国際的な研究活動を介して親しく交際した、この学問分野の巨人たちのエピソードをいくつか紹介する。読者はこれを読まれて、巨人たちもわれわれと同じく、時には感情をむき出しにするひとりの人間であることを知り、彼らに親しみを持つとともに、より一層彼らの成し遂げた偉業に理解を深めていただきたい。実はこれまで筆者は、このようなエピソードの公表をためらってきたが、これらの巨人たちがこの世を去られてすでに久しいので、本書で取り上げさせていただくことにした。なおここに登場する人々は、すべて筆者と親しく、すでに科学史上の人物となられたので、敬称を用いないことにした。

筆者はこの本が、旧版よりはるかに広汎な人々によって読まれ、忘れ去られようとしているわが国の神経伝達の研究を牽引した加藤元一、田崎一二らの偉大な業績が改めて見直され、さらに次世代にわたって記憶され続けることを心から願っている。自国の偉大な先達の達成した業績を理解し、偉大な先達の独創性に学ぶことが21世紀の脳科学の発展には不可欠だからだ。

筆者のいま一つの願いは、本書の一般読者が現在の脳研究の実態と限界を認識され、巷に蔓延する「脳研究神話」を盲信されないことである。ここで言う「一般読者」には、科学研究とは元来無縁であるが、科学研究の行方を決定する立場の人々も含まれている。彼らの「神話」に対する盲信が、現在の科学研究費配分の著しい偏りと、これによる生命科学の衰退を招くことを危惧するからである。

2015年9月

杉　晴夫

はじめに（旧版）

現代のわれわれの生活は電気によって支えられている。われわれの周囲には電気製品があふれ、空間には電波が飛び交っている。人類がこの電気を中心とした文明生活を打ち立てるきっかけは、イタリアのガルバニが2種の金属線をつなぎ、カエルの身体に接触させると激しく収縮することを偶然に発見したことであった。同じくイタリアのボルタは、この発見からヒントを得て電池を発明し、電池から得られる安定した電流を使用した研究により、人類は自然界における電磁現象の存在に気付き、急速に現象の背後にある法則を利用して現代の文明社会を築いていったのである。

この電磁気学の発展の歴史については多くの解説書、入門書があり、本ブルーバックスシリーズでも十指に余る入門書が出版されている。右記のガルバニの発見は、生体が著しく電気に敏感に反応することを示しており、したがって生体電気現象発見のいとぐちともみなされている。つまり電磁気現象と生体電気現象とは同一人により同時に発見されたと言ってよい。

しかし人類が自分自身の体内で飛び交う電気信号の実体を理解するのは、電磁気現象の研究とその利用よりはるかに困難であった。大自然のデザインによる生体電気信号は精妙極まるものであり、人類の知恵はこの大自然の知恵に容易には追いつけなかったのである。

生体電気信号の実体は、ガルバニの発見以来150年以上に及ぶ研究者の努力の末、1950年代はじめにほぼ解明された。しかし、現在までに出版されているおびただしい脳や神経のはたらきの入門書はいずれも、生体電気信号の説明にほんのわずかなスペース（多くの場合数行）を割いているに過ぎず、人類の生体電気信号解明の長い努力の跡を解説したものは皆無と言ってよい。これは他の自然科学分野で研究の歴史が詳細に解説されているのに対し、著しくバランスを欠いていると言わねばならない。デカルトが「われ思う、故にわれ在り」と言ったように、われわれの意識、つまりわれわれの存在を根底から支えているのは生体電気信号なのである。

本書は本ブルーバックスシリーズの愛読者に、人類が自身の精神活動を支えている生体電気信号の実体解明のため、現在からみて貧弱な研究装置と限られた物理、化学の知識を手がかりにチャレンジしていった研究の軌跡を、興味を持って読んでいただくように書かれたものである。この150年にも及ぶ研究の歴史をたどることにより、現在多くの人々の関心の的である、大脳のはたらきに関する研究をはじめてよく理解することができるのである。

われわれの文明生活に不可欠なエレクトロニクス機器は塩水に浸すと直ちに破壊されてしまう。しかし生体電気信号はもっぱら塩類溶液中で電解質イオンの動きによって起こる現象である。したがって、本書では電解質イオン溶液中でのイオンの動きを支配する「電気的中性条件」に基づいて、イオン電流としての生体電気信号を一般読者に理解していただくよう解説することに努めた。また生体電気信号のエネルギー源である、細胞膜における電圧と電流の発生するしくみは電池の電圧と電流が発生するしくみと共通なので、各章で電池と生体電気を対比しながら説明を進めた。

筆者は法政大学の文科系学生に対して生体電気信号の講義を約30年行ってきた。講義内容を工夫するにつれて熱心に講義を聴く学生が増えた。筆者は物質の分子や原子を識別する細胞膜のイオンチャンネルを「マクスウェルの悪魔」に例えて講義をスタートさせることにしていたが、多くの学生がこの最初の講義に興味を持っていることがわかった。この経験は本書に十分生かされている。

本書の一部には電気回路の説明など難解な部分があるが、そのような部分は差し当たり読み飛ばしていただき、研究の流れを感じていただければ十分である。また、ブルーバックスシリーズでの電磁気学の入門書を読まれた読者には、本書の記述が容易に理解され、われわれの体内の電気信号に対する認識を深めていただけるであろう。このような読者は、本書でわれわれの体内で神経にそって電気信号を伝える電流が「実際には流れない」電流であることに驚かれるであろう。この電流は容量性電流あるいは変位電流と呼ばれ、空間を伝わる電波の存在はこの電流の研究から予言されたのである。

本書の特色の一つは、筆者が研究活動を通して親しく交際していた、この研究分野の歴史に名前を刻んでいる偉大な研究者たちから直接聞くことができた貴重な話が多く含まれていることである。読者はこれらの話から、「生きた学問」の雰囲気を感じていただけるかと思う。

ブルーバックスの愛読者が本書を読まれることによって、われわれの体内で飛び交う電気信号の実体と、これを解明するために研究者が払った努力、およびわれわれの体内に存在する大自然の法則の見事さに感銘していただけるなら、筆者の幸せはこれに過ぎるものはない。

２００６年７月　　　　杉　晴夫

目次

第7章 活動電位の交通整理を行う「シナプス」 192

第10章 現在までの脳機能研究の成果とその限界　274

第1章　電磁気現象と生体電気現象の同時発見

現代の文明社会は電気によって支えられている。しかしわれわれの生活が電気と不可分になったのはそれほど古いことではない。人類の近代史上に活躍するナポレオン、ゲーテ、ベートーベンらは電気なしにろうそくの光で過ごしていたのである。

人類の生活を電気が根底から変えることになったのは、大自然の電磁気現象の存在に人類が気付きこれを利用するようになったためである。このきっかけとなった出来事は、１７９０年のイタリアのガルバニの偶然の観察であった。さらにこの観察は、同時にわれわれの体内を飛び交う生体電気現象発見のきっかけでもあったのである。

1-1　ガルバニの歴史的発見とボルタとの論争

イタリアのボローニア大学のガルバニ（図１-１）は、研究のため皮をむいたカエルの下半身に銅のフックをつけ窓の鉄格子に吊《つる》しておいた。すると風でカエルの身体が揺れて鉄格子に触れるたびにカエルの身体が激しく収縮した。つまり2種の異なる金属をつなげた線（金属弓）の両端をカエルの身体に接触させると、筋肉の収縮が起こるのである（図1-2）。ガルバニはこの現象を、生体内に存在する静電気が金属弓を通って放電し、この電流によりカエルの筋肉が収縮すると説明した。

一方、イタリアのパドバ大学のボルタはガルバニの発見に興味を持ち、カエルを収縮させたのは体内の静電気の放電ではなく、2種の金属をつなぐことによってこれらの間に発生する電流によるものと考え、ガルバニとの間に論争が起こった。ボルタは実際に2種の金属を塩水に浸すとこれらの間に電流が流れることを確かめるとともに、2種の金属の間に塩水をしみこませた紙をはさんだものを多数積み重ねることにより大きな電流を得ることができる**ボルタの電堆**《でんたい》を発明した（図1-3）。彼はさらに研究を重ね、ボルタの電堆よりもさらに大きな電流を長時間安定に取り出すことのできる**ボルタ電池**を発明した（28ページ、図1-11）。これは希硫酸溶液中に銅と亜鉛を浸したもので、多くの研究者の利用に供されることとなった。それまで知られていた電気現象は、静電気と、パチンと瞬間的に終わってしまうその放電のみであった

図1-1　ガルバニの肖像

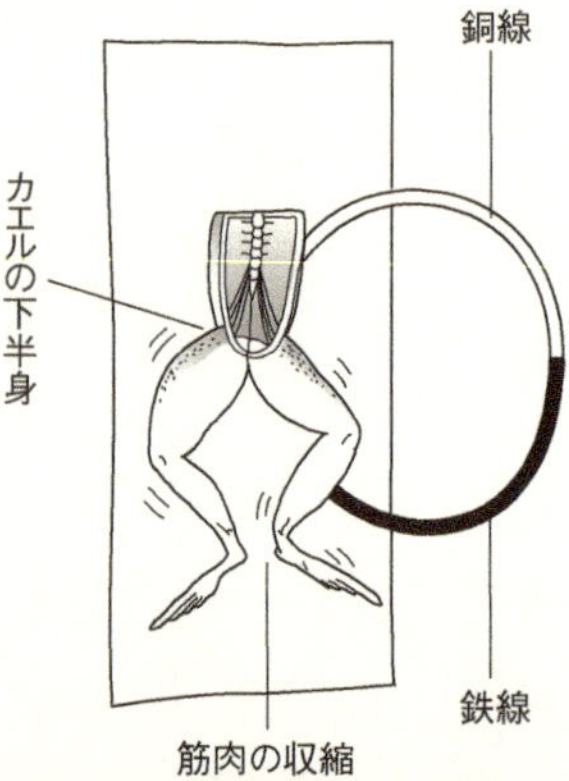

図 1-2 金属弓によるカエルの筋肉の収縮

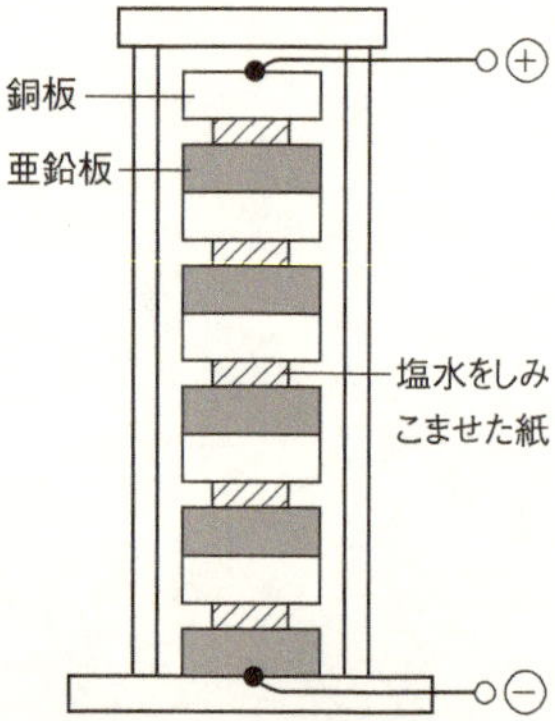

図 1-3 ボルタの電堆

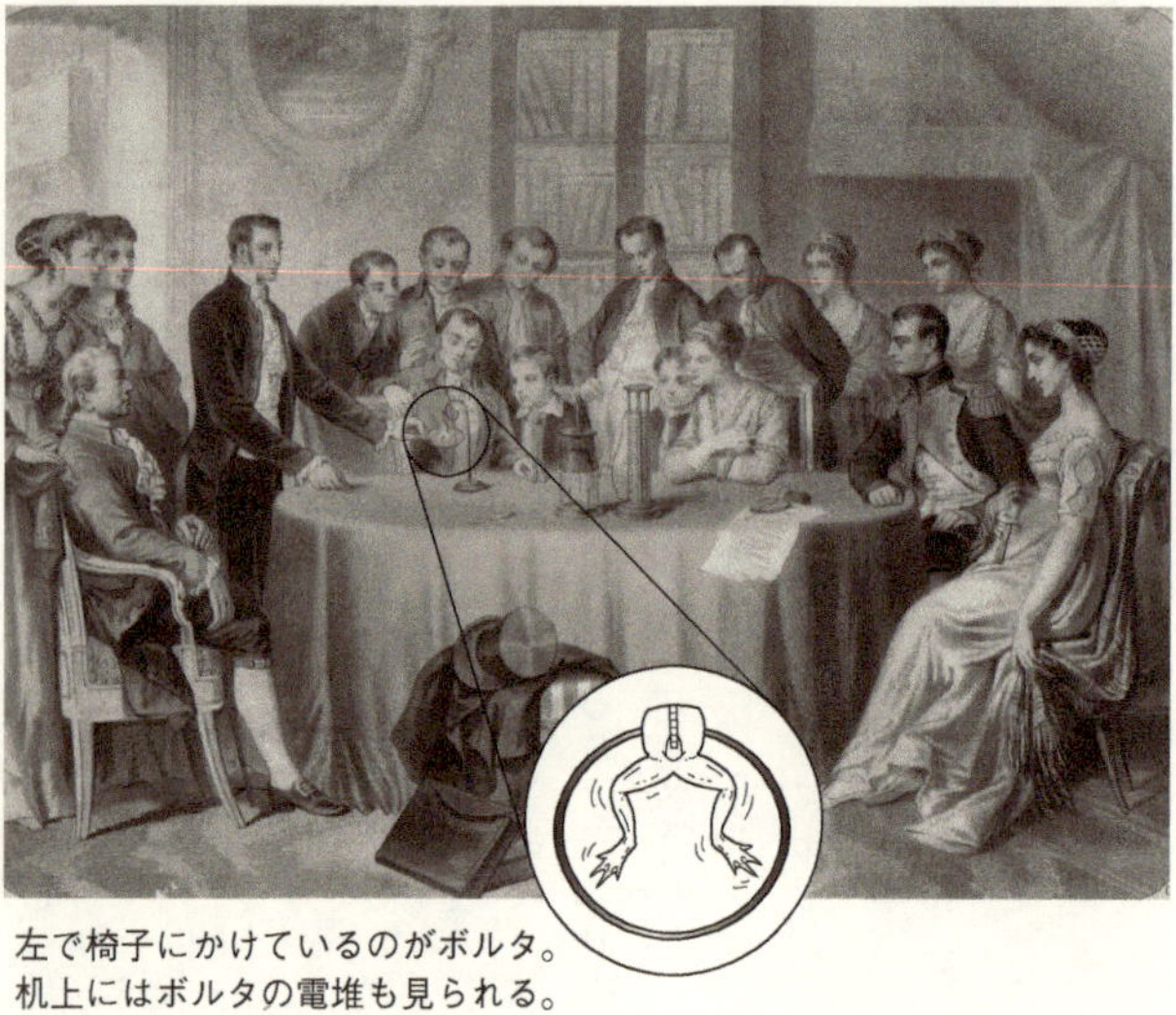

左で椅子にかけているのがボルタ。
机上にはボルタの電堆も見られる。

図 1-4 ナポレオン夫妻の面前でのボルタの金属弓によるカエルの筋肉の収縮の供覧

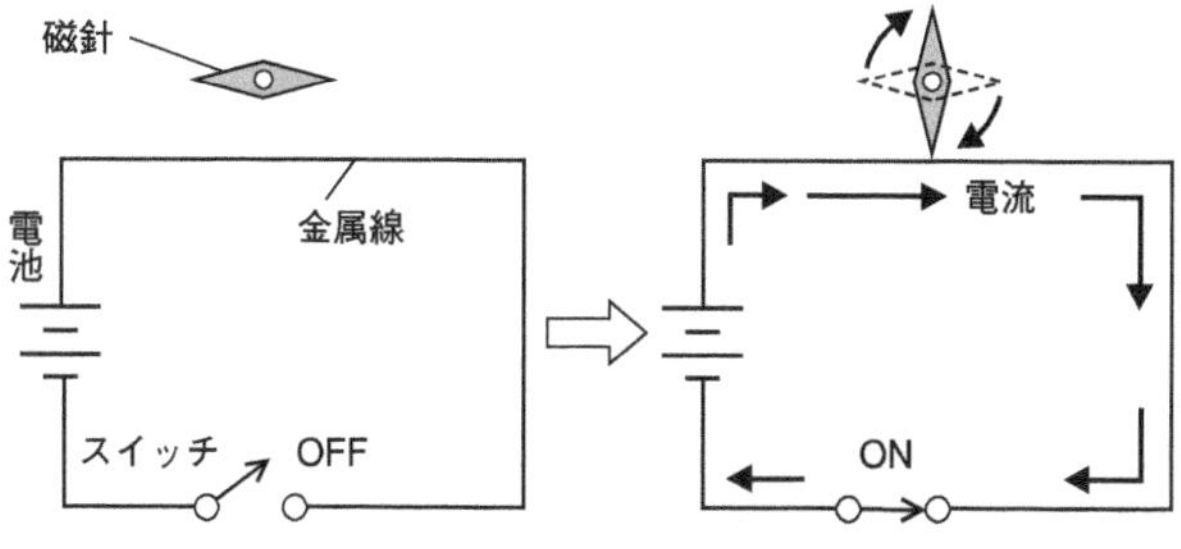

図１−５　エルステッドによる電流が磁場をつくる発見

が、ボルタ電池からは安定した電流が得られるので多くの実験が可能となったのである。

図１−４はボルタ（図の左端）がナポレオンに招かれて、金属弓によるカエルの筋肉の収縮を示しているところである。机上にはボルタの電堆も置かれている。なお、ナポレオンは若いときボルタの講義を受けており、皇帝になった後、恩師を宮廷に招待したのであった。

1−2　ボルタ電池による電磁気学の発展

人類は長いこと大自然に満ちている電磁気現象の存在を知らずに過ごしてきたが、ボルタ電池は人類がこの電磁気現象に気付く手段を与えたのである。まずデンマークのエルステッドは金属線に電流を流すと、付近に置いた磁石の針が電流に対し直角方向に向きを変えることを発見した（図１−５）。これは金属線に電流を流すと、電流に対して直角な平面に磁石の針を動かす力（磁場）が発生するためであることがわかった。ついで英国のファラデー

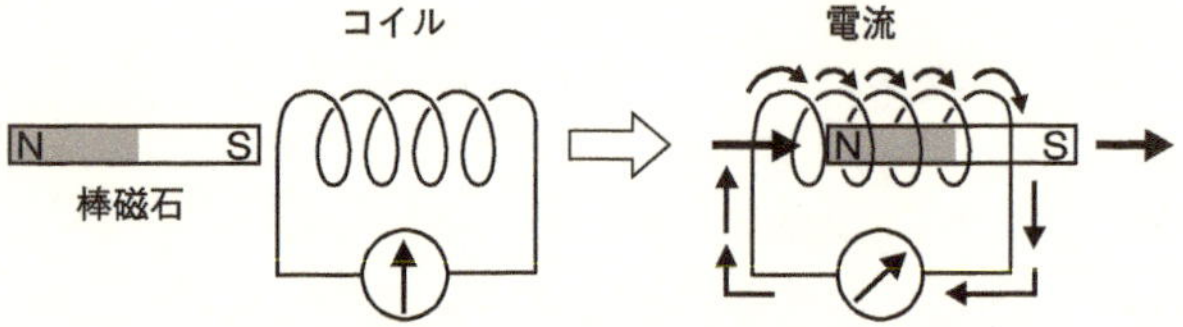

図1-6　ファラデーによる電磁誘導の発見

は金属線を巻いたコイルの中で磁石を動かすとコイルに電流が流れることを発見した（図1-6）。これが人類文化史上に特筆される**電磁誘導の大発見**である。これにより人類はコイル中で磁石を回転させることにより、磁石を回転させる機械的エネルギーを電気エネルギーに変える手段を獲得したのである。

余談になるが、ファラデーの電磁誘導の発見後ある婦人が彼に「それが何の役に立つのですか」と尋ねた。彼の答えは「あなたは今生まれたばかりの赤ん坊が何の役に立つかわかりますか」であった。彼はまた有名な政治家の同じ質問に対し「あなた方はいずれ電気に税金をかけるようになるでしょう」と言った。ファラデーは彼の発見の価値をよく知っていたのである。

1-3　電磁気学の理論と応用の発展

エルステッドやファラデーの発見以外に、多くの研究者が優れた研究を行い、人類の電磁気現象についての知識は急速に増大した。例えば電気抵抗の単位にその名が使われているオームの法則の発見者オーム、電流の強さの単位にその名が使われているアンペール、コイルの誘導作用の単位にその名をとどめるヘンリー等があげられる。

自然科学の歴史から明らかなように、自然現象に関する知識を整理し、これを応用して種々の機器を開発するには、対象とする現象間の定量的な関係を厳密に記述する数学が不可欠である。科学史に名をとどめる偉大な研究者はこのことをよく知っていた。例えばガリレオは「自然の法則は数学の言葉で書かれている」と言い、ケプラーは「数式の力を借りずに考えるのは暗夜に灯火なしにさまようようなものだ」と言っている。

この点からみて人類にとって幸せであったのは、ファラデーとバトンタッチするようなタイミングで英国にマクスウェルが現れたことであった。彼はファラデーらが明らかにしたすべての電磁気現象の間の関係を数式化した**マクスウェルの電磁方程式**を１８６４年に完成した。

この方程式は現在でも電気工学科の学生が必ず学習するもので、電磁気を利用した機器の設計に不可欠である。この方程式では、すでに光が空間を光速で伝わる電磁波であり、これを人類が通信に利用する可能性が示されていた。実際に後年ヘルツが電磁波を発見し、ラジオやテレビにこれを利用する道が開かれたのである。

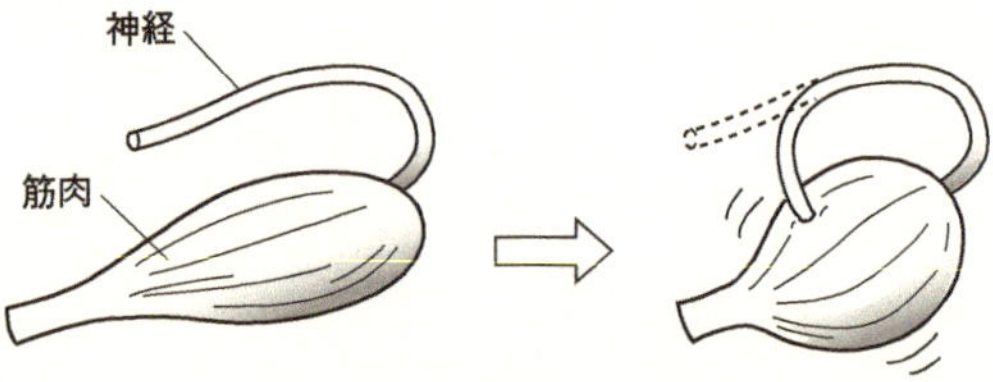

図1-7　金属なしの収縮

1-4　ガルバニの真の生体電気の発見、金属なしの収縮

さて、以上説明した19世紀の電磁気学の華々しい発展に比べると、同じ時期の生体電気に関する研究の進歩は遅々としている。ガルバニはボルタとの論争後も研究を続け、金属弓がなくてもカエルの身体の収縮が起こる**金属なしの収縮**と呼ばれる現象を発見した。

彼はカエルの下肢の筋肉を、神経をつけたままカエルの身体から分離し、神経の切り口を筋肉の表面に接触させたところ筋肉の収縮が起こった（図1-7）。この現象の発見によりガルバニは真の生体電気の発見者とされている。この筋肉の収縮は神経の切り口を流れる電流（損傷電流）によるものであった（32ページ、図2-1参照）。この電流については次の第2章で説明する。しかし、この現象に対する正しい説明は、はるか後年にやっとなされることになった。

なお、ボルタはガルバニの金属なしの収縮の事実は認めたが、もはや生体に関する実験に興味を示さなかったという。彼はおそらくこのような現象の解明には、当時の研究技術が余りにも貧弱なことを自覚していたので

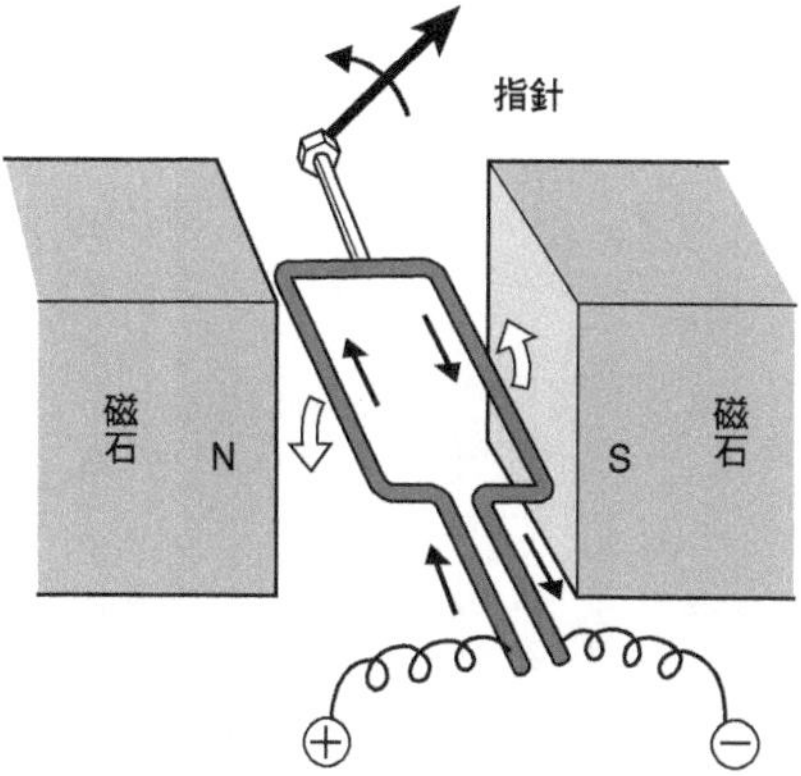

磁石の中の長方形のコイルに電流が流れると、コイルに磁場ができ、コイルが回転する。

図1-8　検流計の原理

あろう。

一方、ガルバニの一連の研究は当時の人々の関心を引きつけ、人が死亡したか否かの確認には身体に電流を流し、これに対する反応の有無を調べることが広く行われた。なお現在わが国でも、自宅で医師の立ち会いなしに患者が死亡した場合、死亡の確認に電気刺激が用いられる。

また、エルステッドの発見（図1-5）を基にして開発された検流計（磁石の中のコイルに電流を流すとコイルのまわりに磁場が発生し、コイルに接続した指針が回転する装置、図1-8）は、ガルバニの発見を記念してガルバノメーターと呼ばれている。第2章で説明するように、19世紀の生体電気の研究はもっぱらこの検流計を用いて行われたのである。

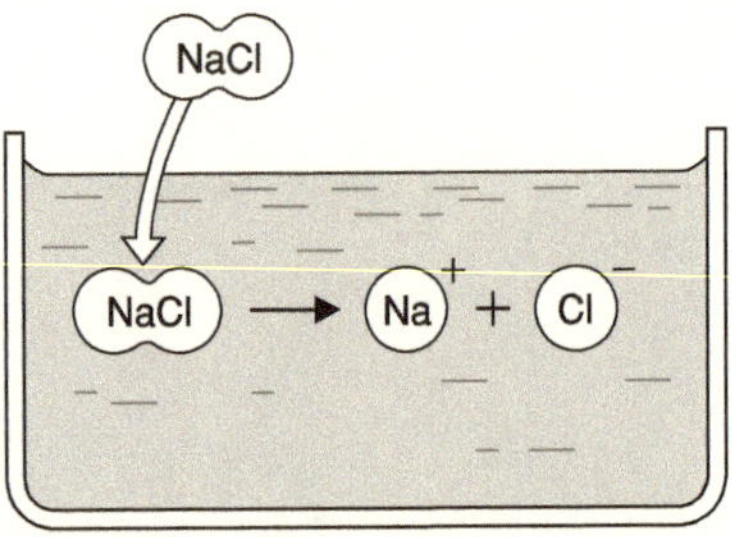

図1−9　水溶液中での電解質の解離

1−5　生体電気現象が発生する電解質溶液

生体電気現象の研究の歴史を説明する前に、生体電気信号が発生する生体内の環境が、いかに人類が電磁気を利用して開発した機器とは異なっているかを現在の知識に基づいて説明しておこう。

生物は海水中で発生したといわれる。海水の主成分は塩化ナトリウム（NaCl）や塩化カリウム（KCl）などの電解質で、これらは空気中では固体であるが、水溶液中では大部分が陽イオン（Na^+、K^+）と陰イオン（Cl^-）に解離している（図1−9）。生体電気現象が発生するのはこのような電解質水溶液中である。しかし、このようなことは、ガルバニやボルタの時代の人々にとって想像もできなかった。

金属固体原子の結晶格子中で電流を運ぶ電子は、物質の分子や原子が絶えず動いている水溶液中では電流を運ぶことができない。電解質溶液中で電流を運ぶのはもっぱら電解質イオンである。つまり生体電気現象は、人類が開発した電気機器がたちまち腐食しこわれてしまう塩水中で、イオンの動きによって発生するものである。

このような生体電気現象の存在は、当時の人々にとって想像を絶するものであった。すべての物質が原子からなり、電解質の原子が水溶液中でプラスまたはマイナスに帯電してイオンになることは、19世紀も末に近づいた頃にやっと明らかになったのである。

生体電気現象の研究は、電磁気現象の応用とは学問の性格が全く異なる。電磁気現象の実用的な応用は、原子や電子などの基礎的知識がなくてもどんどん進行するが、生体電気現象の研究は現象の実体の解明に他ならないので、物理学や化学など他の自然科学分野の基礎的知見や実験技術の進歩がなければ先に進まないのである。

1—6　電解質溶液中のイオンの動きを支配する電気的中性条件

あらゆる物質を構成する原子は、単位のプラス荷電を持つ陽子のまわりを単位のマイナス荷電を持つ電子がまわっている。通常、物体中に含まれる陽子の数と電子の数は等しい。したがって、プラスとマイナスの荷電は釣り合っているが、プラスかマイナスのいずれかの荷電（電気量）が過剰となると物質は帯電する。この帯電状態は、例えば2種の物体どうしをこすり合わせることによって容易に出現し、摩擦電気として知られている。空気の乾燥した冬期に摩擦電気は

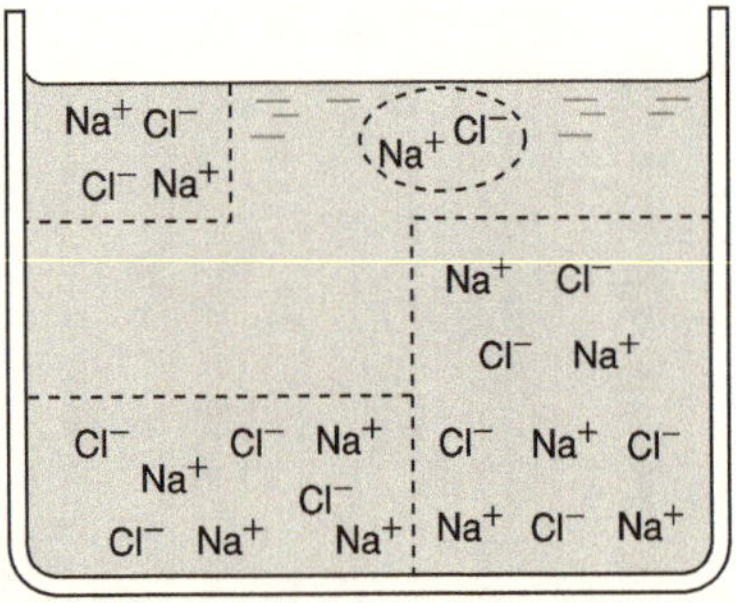

溶液のどの部分をとっても、その中に含まれる陽イオン（Na^+）と陰イオン（Cl^-）の数は等しい。

図1−10　電解質溶液における電気的中性の法則

特に発生しやすく、われわれが金属のドアノブに触れると火花が飛び不愉快な思いをするのは、われわれの身体と衣服との摩擦によりわれわれの身体が帯電し、これが金属に触れると放電するためである。

摩擦電気は、摩擦の機械エネルギーにより一方の物体の電子が他方の物体に移動するために起こる。つまり、電子の持つマイナス荷電が2個の物体の間で一方的に移動するのである。この結果、一方の物体はプラスの荷電が過剰になるので、プラスに帯電し、他方の物体はマイナスの荷電が過剰になるのでマイナスに帯電する。

一方、電解質溶液中の物体の周囲は電気をよく伝える電解質溶液で囲まれており、しかも荷電したイオンが絶えず運動しているので、空気中の物体のようにプラスまたはマイナスに帯電することはない。したがって、電解質溶液あるいはその中にある物体では、どの部分をとってきても、その中に含まれるプラスとマイナスの荷電の数は等しく電気的に釣り合っている（図1−10）。これを

電気的中性条件という。

電気的中性条件は分子や原子のような小さな物体には成り立たないが、肉眼あるいは光学顕微鏡で見える大きさの電解質溶液のかたまり（その中に含まれる物体も含む）では常に成立する法則と考えて差し支えない。したがって電解質イオンの動きによって起こる生体電気現象はこの電気的中性条件により支配されており、これを考えることによってよく理解しうるのである。

1-7　ボルタ電池が電圧と電流を発生するしくみ

ボルタの開発したボルタ電池も電解質溶液中に電極を浸したものなので、電気的中性条件に基づいてそのはたらきを説明できる。実はボルタ電池が電圧と電流を発生するしくみと、生体がその体内で電圧と電流を発生するしくみは原理的に等しいのである。後の章で説明する生体電気現象を理解していただくため、ここで現在の知識によるボルタ電池のはたらくしくみを説明しよう。なお当時は電圧計がなかったので、ボルタは電池を開発中、電池の電圧の大小を判定するため自分の舌に電流を流してこれを味わったという。

ボルタ電池は希硫酸溶液中に電極として銅（Cu）と亜鉛（Zn）の板を浸したものである（図1-11）。ZnはCuよりはるかに水に溶けやすく、この変化は、

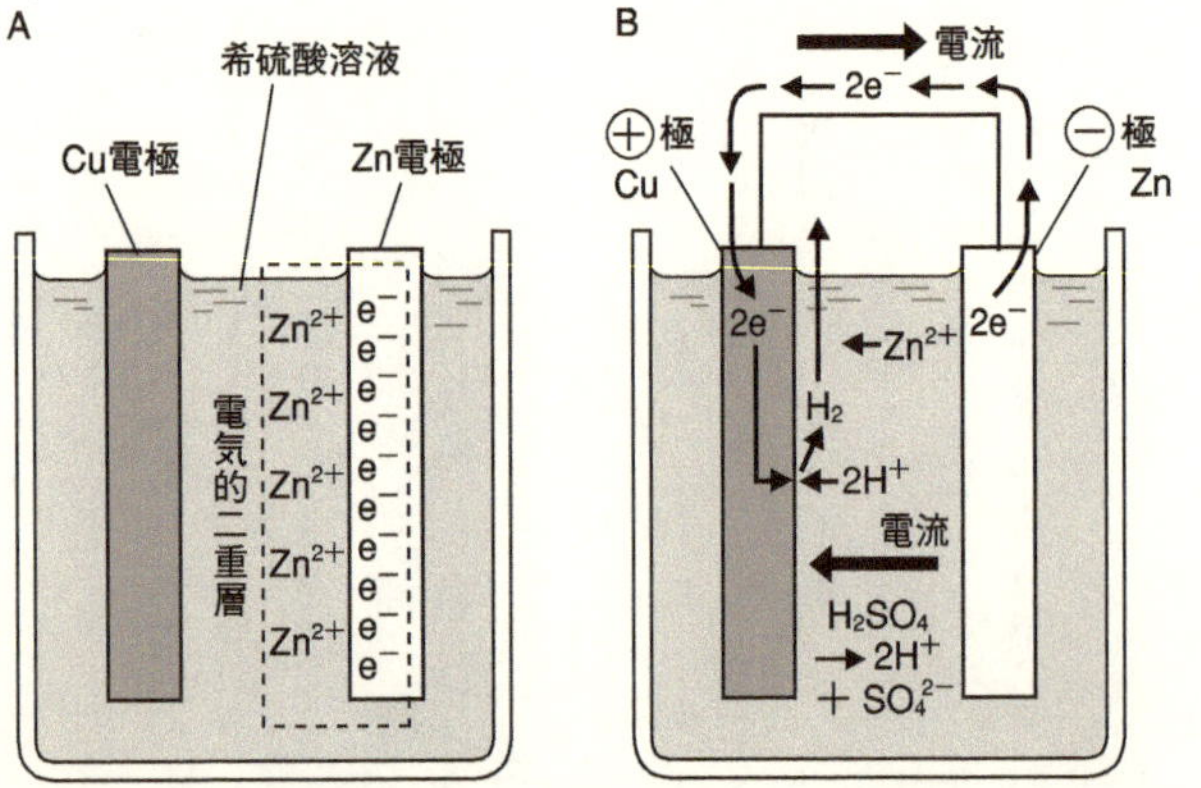

図 1−11　ボルタ電池のはたらく原理。（A）Zn 電極表面の電気的二重層、（B）金属線中の e⁻の流れと溶液中の Zn^{2+} と H^+ の流れ

$$Zn（電極中）\rightarrow Zn^{2+}（溶液中）+2e^-（電極中）$$

と書くことができる。このときZn^{2+}（亜鉛イオン）として溶液中に溶け、電極中に電子（e^-）を残す。溶液中のZn^{2+}は、電極から離れて溶液中に広がってゆくことができない（図1-11A）。なぜなら溶液中の陽イオンが過剰になると溶液の電気的中性条件が成り立たなくなるからである。

この結果Zn^{2+}は電極中のe^-と静電気的な力で引きつけ合い、互いに電極表面に並んで動けなくなる。このようにプラスとマイナスの荷電が向き合って並んですくんだようになった状態を**電気的二重層**という。つまり、この電気的二重層ではプラスとマイナスの荷電がごく短距離で分離して向き合っているが、電気的二重層内では電気的中性条件が成り立っているのである。後の章で説明するように、この電気的二重層は生体内のあらゆる細胞の細胞膜にそって存在し、生体電気信号発生の直接のエネルギー源となっているのである。

Zn電極とCu電極を金属線で連絡するとこの電気的二重層は消失し、Zn電極中のe^-は金属線中を流れてCu電極に移動する。また溶液中のZn^{2+}はZn電極表面の電気的二重層が消失するので電極から離れて溶液中を動けるようになる。しかし溶液は全体として電気的中性条件を満たさなければならない。そのため、プラスの荷電を持つZn^{2+}１個が溶液中に増えるたびに、硫酸が$H_2SO_4 \rightarrow 2H^+ + SO_4^{2-}$の反応によって解離して生ずる$H^+$２個がCu電極表面に付着し、Zn電極から金属線を流れてきた２個のe^-と結合して荷電のないH原子となる。２個のH原子は、さらに水素ガスH_2となって空気中に出てゆく。この変化を化学反応式で表すと次のようになる。

$$Zn^{2+} + H_2SO_4 \rightarrow ZnSO_4 + 2H^+$$

$$2H^+ + 2e^- \rightarrow H_2$$

以上の反応の結果、希硫酸溶液中ではZn電極からCu電極に向かって正の荷電を持つZn^{2+}とH^+が流れ、金属線中では負の荷電を持つe^-がZn電極からCu電極に向かって流れる。e^-の流れる方向は電流の流れる方向とは逆（つまり正の荷電を持つ粒子がe^-と逆方向に流れると考える）になるので、電流は金属線を通ってCu電極（プラス極）からZn電極（マイナス極）に向かって流れることになる

(図1-11B)。

また図からわかるように溶液中(つまり電池の内部)では電流(陽イオンの流れ)はZn電極(マイナス極)からCu電極(プラス極)に向かって流れる。結局、電流は全体として閉じたループ状につながって流れるのである。

このように、電気的中性条件の成り立つ電解質溶液中で起こる電流(電荷の移動)は、常に閉じたループ状に流れ、摩擦電気のように電荷が一方向のみに移動することはない。このことは、後の各章で説明する生体電気信号にともなって起こるすべての電流にあてはまるのである。

なお、電子の流れる方向と電流の方向とが逆になるというややこしいことになったのは、静電気のプラスとマイナスの荷電が摩擦電気を起こす物質の組み合わせによって昔から定義されていたためである。はるか後年になって金属中で電流を運ぶ実体である電子が発見されたところ、これがマイナス荷電を持つものであった。電子発見の時点で静電気のプラス、マイナスの定義を訂正して逆にすればよかったのであるが、もはや手遅れである。

第2章　生体電気信号研究の黎明期

ガルバニの発見後約50年間、生体電気現象に関する研究は文字どおり手も足も出ない停止状態にあったが、エルステッドの発見（19ページ、図1–5参照）に基づいて電流を測定する検流計が開発されると、これを用いて手探り的な研究が徐々に、実に100年近くにわたって行われたのである。本章では、この生体電気信号研究の黎明期《れいめいき》のあらましについて説明しよう。

2–1　研究の最初のいとぐち、損傷電流の発見

検流計に接続した一対の金属電極を、カエルの筋肉表面の2ヵ所に置いても全く電流は流れない。これは筋肉の表面の電位がどこでも一様で差がないためである（図2–1A）。なお**電位差**という用語は電圧と同じ意味であるが、生体組織を研究する医学、生物学分野では、もっぱら電位差という言葉を用いる。そこで本書も原則としてこの方針にしたがうことにする（注：前後の文脈で、電位差より電圧のほうがわかりやすい場合は「電圧」を用いている）。

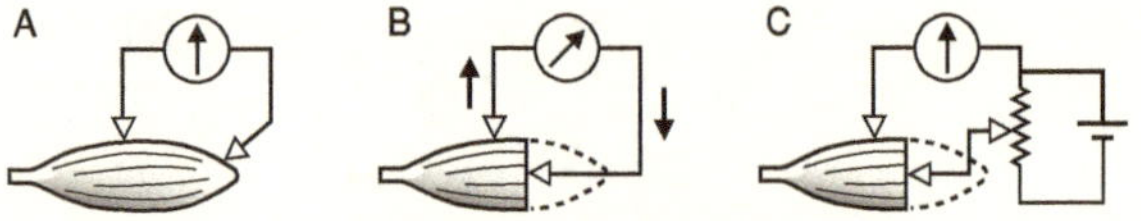

図 2-1　筋肉の損傷電流

筋肉の一端を切断して切り口をつけると、筋肉の切り口（損傷面）と筋肉表面（正常面）との間に電流が流れる（図2-1B）。この電流は筋肉の正常面から損傷面に向かって流れる。つまり正常面がプラス（正）、損傷面がマイナス（負）である。この電流を筋肉の損傷電流といい、1840年頃イタリアのマテウッチによって発見された。

筋肉の正常面と損傷面との間の電位差（電圧）は図2-1Cのように、損傷電流がちょうど流れなくなるように逆方向の電圧を加えることにより測定され、数十mV（ミリボルト、1ミリボルトは1000分の1V）という小さな値が得られた。なお、当時はこのような方法でなければ電位差を正確に測定できなかった。この損傷電流は時間とともに徐々に減少してゆく。これは損傷面が変質して電流が流れにくくなるためである。筋肉に新たに切り口をつけると損傷電流はもとの値に回復する。

これらの結果から、損傷電流は、もともと筋肉の表面（外部）と筋肉の内部に電位差が存在し、筋肉に切り口を入れてその内部を露出したことにより、この電位差によって流れる電流が測定されたものと考えられた。

この損傷電流の発見は、生体中に、前章で説明したボルタ電池のZn電極（28ページ、図1-11A）のように、正と負の電荷が向き合ってすくんだ状態にある電気的二重層が存在するという事実が、ちょうど地中の鉱脈の一部が地上に露出するかのように現れてきたものであった。しかし当時は、細胞の外側が細胞膜で囲まれていることや、細胞膜の内側と外側で電気的二重層をつくるイオンの存在も知られておらず、損傷電流を手がかりにして直ちに生体電気信号の研究が進展することにはならなかった。

後に神経にも筋肉と同じ損傷電流が発見され、この現象が生体組織にみられる普遍的な現象であることがわかった。

2-2　神経を伝わる未知の電気現象、「興奮」

現在、生理学の研究にはヒトと近縁なイヌ、ネコ、サルなどが使用され、カエルは実験材料としては医学部の生理学実習以外に用いられなくなった。しかしガルバニの時代から100年以上にわたって、カエルは世界各国の生理学者が愛用した研究材料で、重要な発見の多くはカエルを用いて行われたのである。

ヒキガエル、食用ガエルのような大型のカエルでは、カエルの跳躍のときにはたらく大きな筋肉（腓腹筋《ひふくきん》）に長さ約10cmの運動神経（坐骨神経）をつけたまま取り出すことができる（図2-2A）。これを**神経筋標本**という。この標本の神経に一対の金属電極（刺激電極）を接触させ、この電極に弱い電流（刺激電流）を流すと筋肉は直ちに収縮する（図2-2B）。つまり刺激電流によ

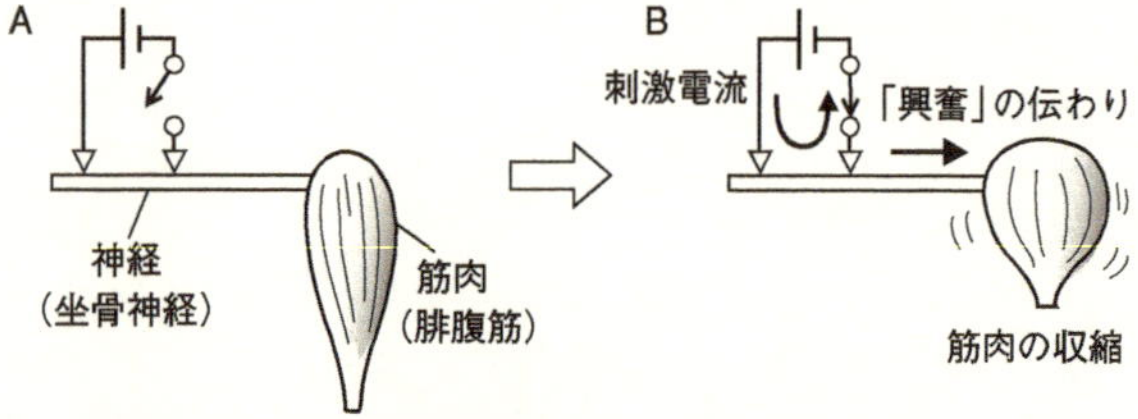

神経筋標本（A）の神経に刺激電流を流すと筋肉が収縮する（B）。

図2-2　神経筋標本による興奮の研究

って、神経にある未知の変化が起こり、神経に沿って筋肉に伝わりこれを収縮させることがわかる。

この未知の変化は、生きたカエルの体内の神経でも起こっており、筋肉を収縮させカエルに跳躍運動を起こさせる中枢神経系の命令としてはたらくと考えられる。この変化は**興奮**と命名され、以後長期間にわたってこの興奮の実体の解明が研究者の課題となった。なお現在でも興奮という言葉は医学・生物学の分野で広く使用されている。

神経はこれを機械的に圧迫あるいは切断したり、化学薬品を滴下したりすることによっても興奮を起こす。しかし神経のこのような処置を加えられた部分は、1回だけ興奮を起こした後で破壊されてしまう。しかし電気刺激は極めて弱い電流で何百回も神経に興奮を起こすことができる。したがって興奮の実体は電気現象であると考えられる。

以後、興奮の研究はもっぱら神経筋標本の神経を電気刺激することによって進められた。当時、興奮にともなって起こる電気変化を記録する手段が全くなかったので、興奮が起こるか否かはもっぱら

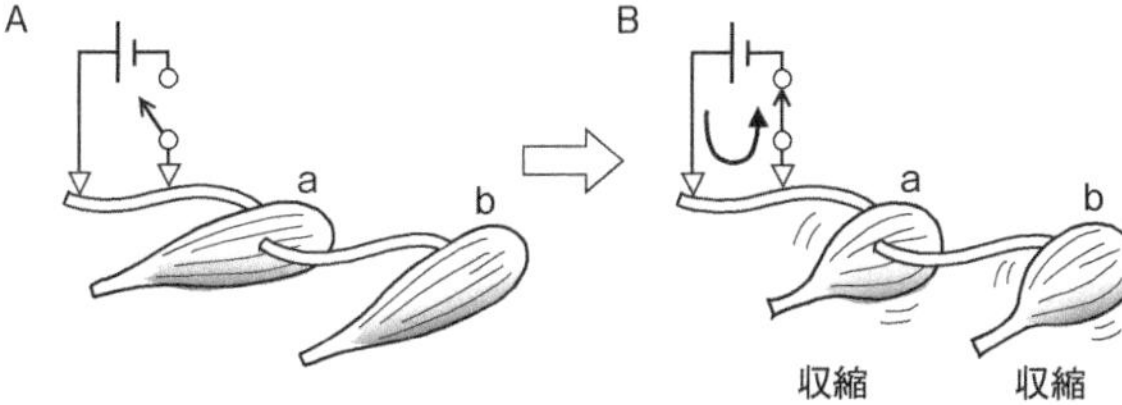

図2-3　筋肉の二次性収縮

神経についた筋肉の収縮の有無で判定するしか方法がなかったのである。

2-3　早過ぎた発見、筋肉の二次性収縮

神経筋標本による興奮の研究がはじまった頃、マテウッチは生体電気信号の本質にふれる重要な現象を発見した。彼はa、b2個の神経筋標本をつくり、図2-3Aに示すように標本aの筋肉上に標本bの神経をのせておいた。そして標本aの神経を電気刺激したところ標本aの筋肉が収縮するばかりでなく標本bの筋肉も収縮したのである（図2-3B）。この現象を筋肉の二次性収縮という。これは収縮した標本aの筋肉の表面を流れる電流によって標本bの神経が刺激されて興奮したためであった。しかしこの発見は時期的に余りにも早過ぎた。

当時はまだ興奮が電気変化の波（活動電流）であることはわかっておらず、このためマテウッチはこの現象に誤った解釈を与え、活動電流の発見者となる栄誉をとり逃がした。このように大自然のしくみの一端が研究者の前に姿を現しても、これから自然のデザインを読みとる知識が

研究者に備わっていなければこれをみすみす見逃してしまうのである。

2-4 興奮とはどんな性質を持つか

(1) 神経の電気刺激装置の開発

興奮現象の実体が記録不可能なので、以後約100年間にわたって行われた研究は、神経に電流を流す電気刺激が興奮を発生させる条件を微に入り細をうがって調べることであった。

この目的のため最もよく用いられたのは長方形の経過を持つ電流（長方形電流、図2-4）である。この長方形電流の性質は電流の強さと電流の持続時間の二つの値のみで決まる。当時、実際に用いられた電流の持続時間は、短い場合数万分の1秒以下であった。このような短時間に手動で電気回路のスイッチを開閉することは不可能である。現在このような電流はエレクトロニクス回路で容易に発生させることができるが、このような回路がない時代に研究者はどのような装置を考案したのであろうか。

この電気刺激装置の開発にはヘルムホルツ（ドイツの物理学者、エネルギー不滅の法則を発見）などの偉大な研究者が携わり、彼らによって図2-5のような装置が開発された。図2-5Aはこの装置の回路の模式図である。

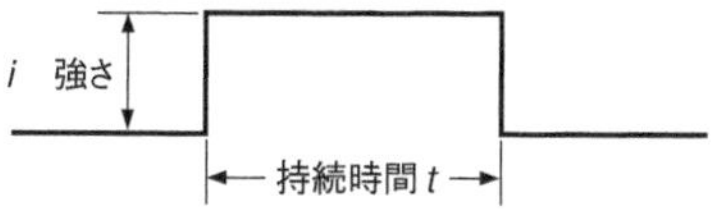

図2-4　長方形電流

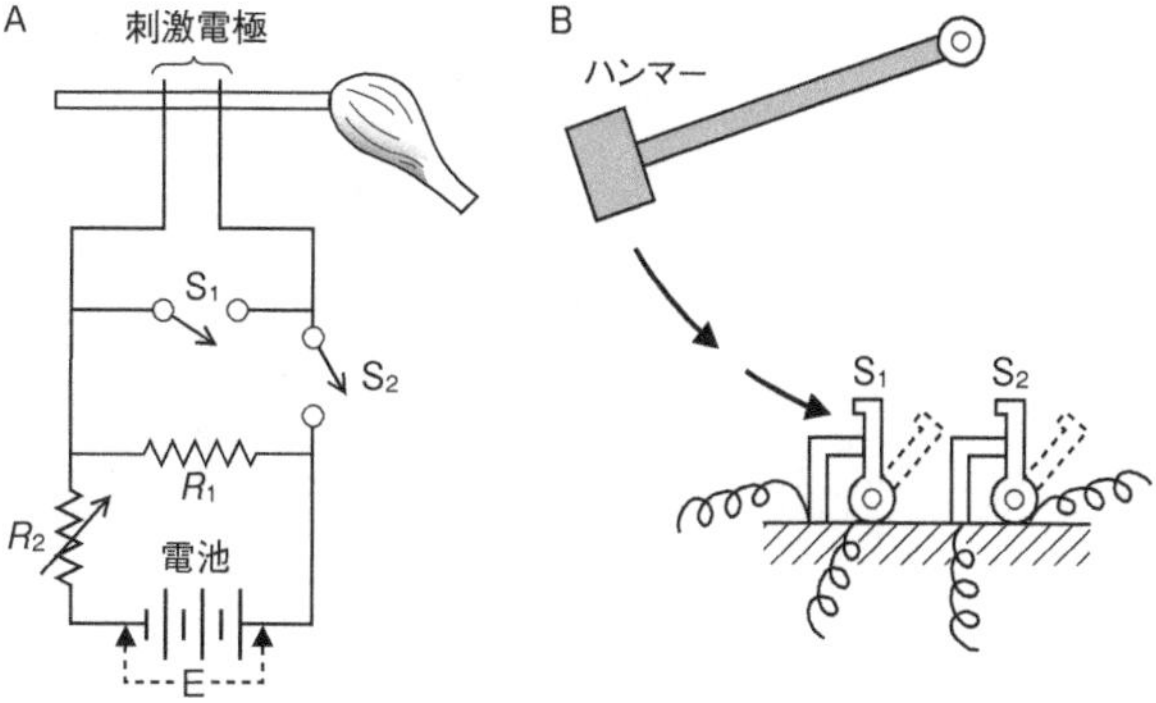

図2-5　長方形電流刺激装置。(A)回路の模式図、(B)ハンマーの回転によりスイッチ S_1 と S_2 をオンからオフにするしくみ

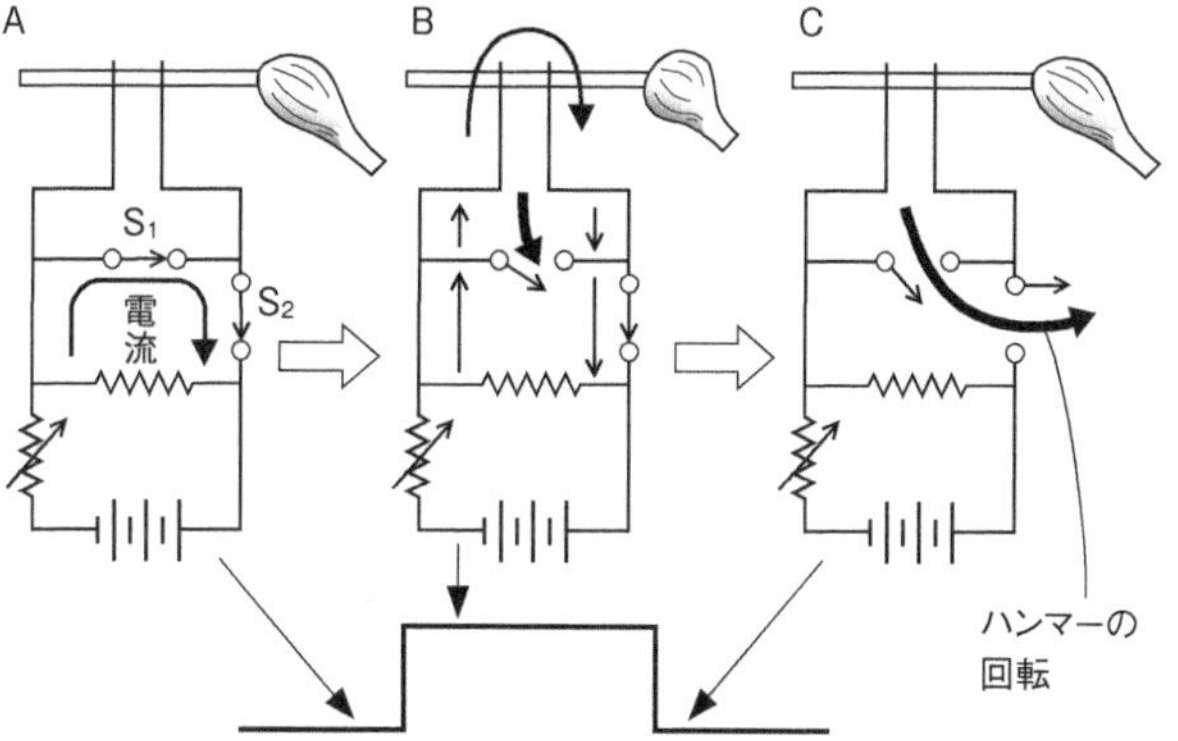

図2-6　スイッチ S_1 と S_2 を順次オンからオフにすることによる長方形電流の発生

ヘルムホルツらは、金属製ハンマーを回路に組み込むというユニークな方法で、数万分の1秒以下の電流持続時間をつくり出した。刺激電流を神経に与える際、まず回路中の2個のスイッチ（S_1とS_2）をオンにしておき、次に金属製のハンマーの回転でスイッチを叩きS_1→S_2の順序でスイッチを続けざまにオフにする。隣り合ったスイッチが続けざまにハンマーで叩かれることにより、手動では絶対できない数万分の1秒以下という短時間の電流持続時間が生み出された。スイッチの間の距離などを調節することによって、電流持続時間を調節することができる（図2-5B）。

刺激電流の強さは、回路の抵抗R_1とR_2の変化ならびに電流の持続時間により調節する。まずS_1、S_2がともにオンになっているとき（図2-6A）、神経上に置かれている刺激電極間の抵抗は数十オームであるのに対し、オンになっているS_1の抵抗はゼロなので、電流は短絡電流としてもっぱらS_1を流れ、刺激電極には流れない。ここでS_1をオフにすると（図2-6B）、刺激電極を通って神経に電流が流れ始める。一定時間経過後S_2をオフにすると（図2-6C）、刺激回路を流れる電流はストップする。電流の持続時間はS_1とS_2の距離で調節するが、この距離を短くすることにより、刺激電流の持続時間を数秒から1万分の1秒の広範囲で変化させることができる（図2-5B参照）。一方、刺激電流の強さは抵抗R_2の値を変えることにより調節する。

図2-7はヘルムホルツが考案した、何個もの長方形電流をいろいろな順序で発生させる装置（ヘルムホルツ振り子）である。この目的のためスイッチをのせたレールが数本あり、それぞれの

レールにスイッチの位置を変化させる微動装置がついている。この装置を用いて興奮が発生する物理化学的なしくみが、詳細に研究された。

(2) 神経に興奮の発生する条件

神経筋標本の神経を刺激して、ちょうど筋肉の収縮を起こすのに必要な長方形刺激電流の強さを刺激の**閾値**《いきち》という。この閾値は、刺激電流の持続時間（長さ）が短いほど大きい。種々の長さの長方形電流について、ちょうど筋肉の収縮を起こすのに必要な電流の強さ、つまり閾値を求め、この閾値（i）を縦軸に、電流の長さ（t）を横軸にとってグラフにしたものを、**刺激電流の強さ－期間曲線**という。この強さ－期間曲線の形は、直角双曲線を縦軸にそってある値（a）だけ上方にずらした形にほぼ等しくなり、$i=b/t+a$という式で表される。ここでaとbは定数である（図2-8）。

図2-7　ヘルムホルツ振り子

神経に一対の金属導線を接触させて刺激電流を流すとき、神経にまず興奮が起こるのは刺激電極のプラス極（電流が電極から神経に流れ込むところ）かマイナス極（電流が神経から流れ出るところ）のいずれであろうか。ドイツのプリューゲルは神経の一部をつぶして破壊しておき、刺激電極の一方を神経の破壊部に、もう一方を破壊部より筋肉側に置いて刺激した（図2-9）。弱い刺激電流ではマイナス極を破壊部に置いたとき興奮（筋肉の収縮）は起こらず（A）、プラス極を破壊部に置いたときは興奮が起こった（B）。つまり興奮は刺激電極のマイナス極で起こり筋肉に伝わるのである。

この結果は**極性興奮の法則**と呼ばれ、神経が電流の流れる方向を感知し、神経から外部に置かれた電極に向かって流れ出る電流に対して興奮を起こすことを示している。この事実は後に細胞膜のイオンチャンネルの性質であることが明らかになる。なお電流が強くなると神経の反応は複雑となるがこれについては省略する。

（3）興奮の忍び込み

長方形電流の代わりに、図2-10Aのような三角形の経過を持つ刺激電流、**三角波電流**で神経を刺激する実験も、当時盛んに行われた。この場合、ちょうど興奮を起こす三角波電流の閾値は、電流が到達するピークの値を用いる。持続時間の短い三角波電流に対する強さ－期間曲線の形は、長方形電流と同様ほぼ直角の双曲線である。

しかし、長方形電流では、電流の持続時間がある値以上になると閾値は一定になる（図2-8）のに対して、三角波電流の持続時間がある値以上に増大するにつれて、興奮の閾値も増大し

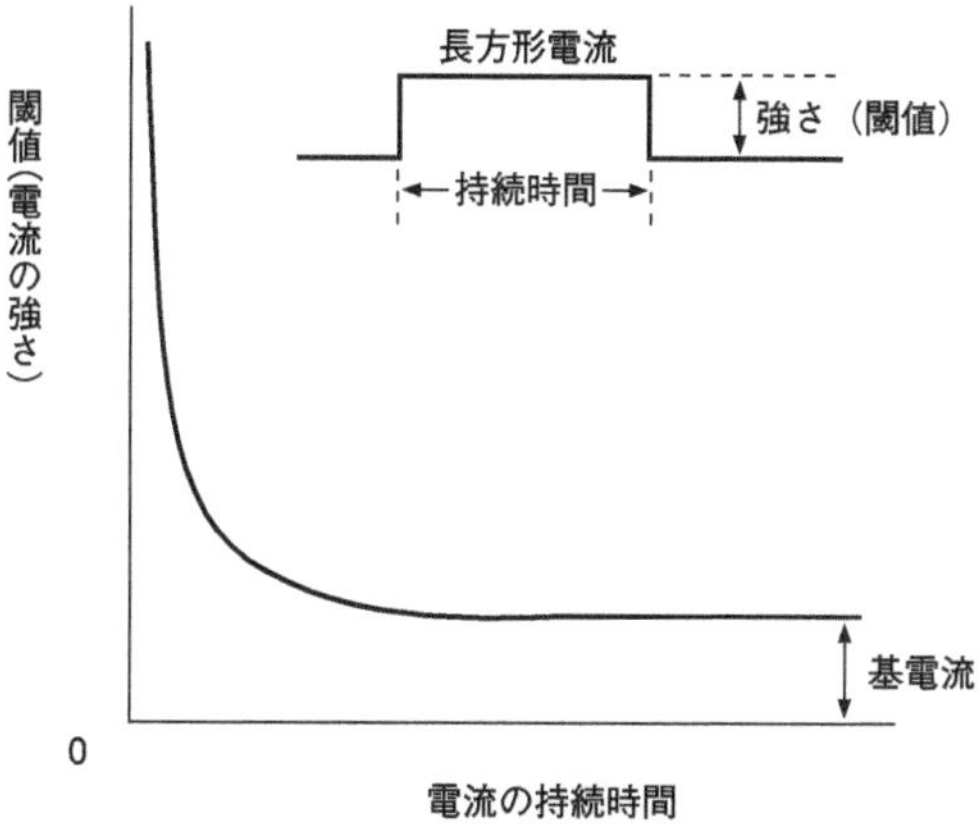

図 2-8　刺激電流の強さ－期間曲線

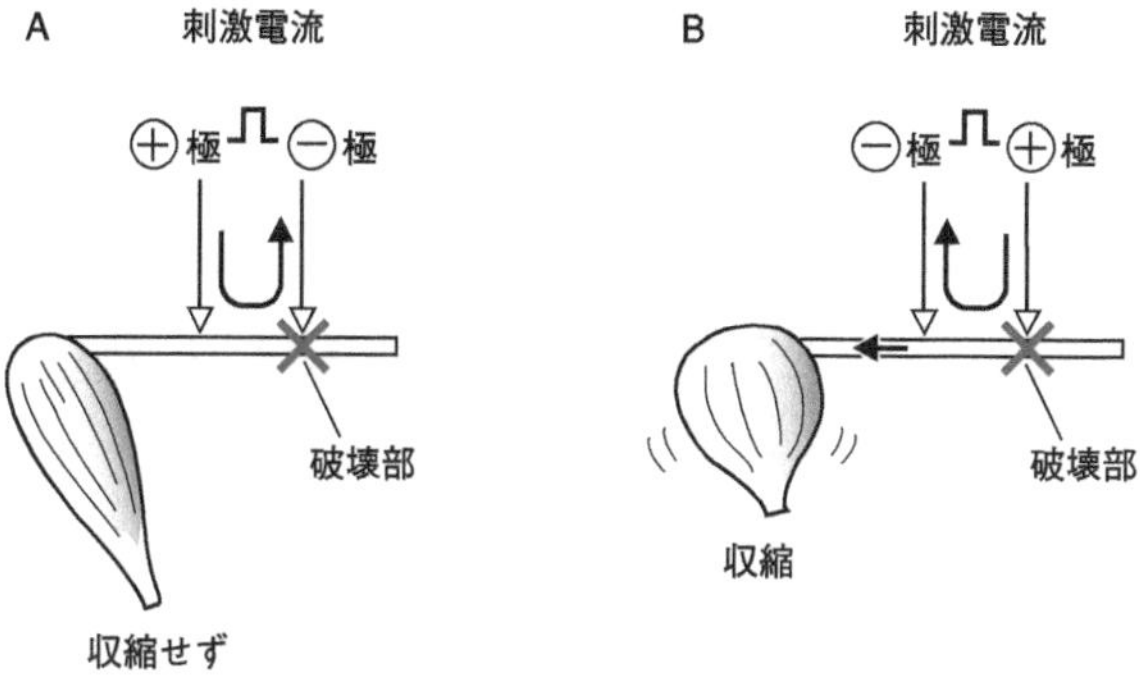

図 2-9　興奮は刺激電極のマイナス極で発生することを示すプリューゲルの実験（矢印は刺激電流の方向を示す）

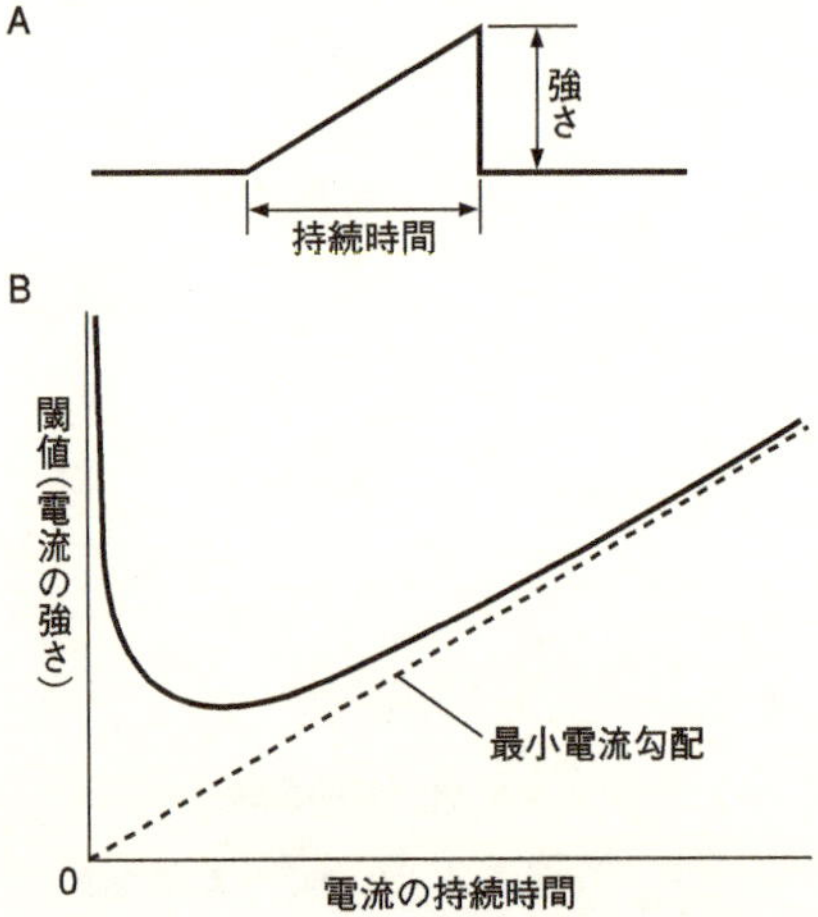

図 2−10　三角波電流（A）に対する強さ－期間曲線（B）

てゆく（図2－10B）。すなわち興奮は起こりにくくなっていく。この結果、単一の三角波電流の強さの増大速度、つまり三角形の斜辺の傾き（電流が増大していく速度）がある臨界的な値以下であると、三角波電流の強さがいくら増大しても神経の興奮が起こらなくなる。この臨界的な電流の増大速度を、**最小電流勾配**という。この現象は、泥棒がそっと家人に気付かれずに家に忍び込むのに似ていることから、「忍び込み現象」と呼ばれる。この現象の意味については、第6章のイオンチャンネルの開閉のしくみの説明の際に触れることにする。

（4）興奮が起こった後の神経の状態

いったん電気刺激により興奮を起こした神経は、その後どのような状態になるのであろ

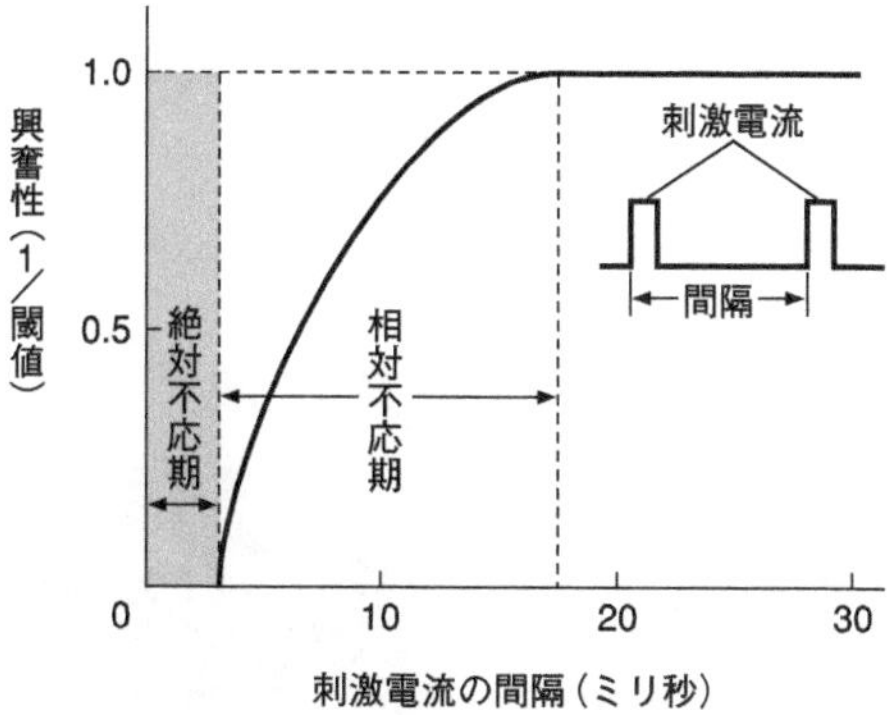

図2-11　興奮を起こした後の神経の興奮性（閾値の逆数）の変化（興奮性は正常値を1として表す）

うか。これは神経をまず1個の短い刺激電流で興奮させ、ついでいろいろな時間間隔でもう1個の短い刺激電流で神経を刺激したとき、再び興奮を起こす閾値の変化を調べることによって知ることができる。

このような実験結果を表すには、閾値の代わりにその逆数（つまり閾値分の1）を用いると便利である。この値は神経が興奮を起こす容易さを示しているので、興奮性という。図2-11のグラフの横軸は刺激電流の間隔を、縦軸は2回目の刺激電流に対する興奮性（閾値の逆数）を示す。

まず1回目の刺激電流が終わった後約2ミリ秒間は、2回目の刺激電流がいかに強くても神経の興奮は起こらない。したがって興奮性は無限大分の1、つまりゼロである。この結果は、いったん興奮が起こると約2ミリ秒の間、神経は刺激電流に対し全く反応しなくなることを意味する。刺激電流の間隔が

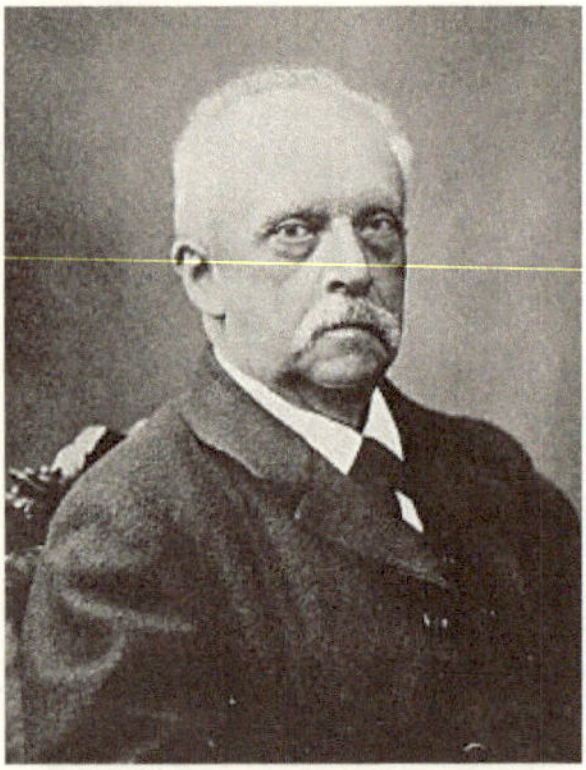

図2-12　ヘルムホルツ

2ミリ秒より長くなると、正常の閾値よりはるかに強い電流により興奮がやっと起こるようになる。このときの興奮性の値は正常の値よりはるかに小さい。さらに刺激電流の間隔を長くしてゆくにつれて、興奮性は増大してゆき、約20ミリ秒でもとの正常な値にもどるのである。神経の興奮性がゼロである期間を**神経の絶対不応期**といい、興奮性が正常にもどるまでの期間を**相対不応期**という。

　このように、神経はいったん興奮を起こすとその性質が変化し、もとの状態にもどるまでにある時間を要することがわかる。この結果から、興奮という現象はある期間持続し、この期間に与えられた刺激電流には全く反応しないか、あるいは反応しにくくなっていることがわかる。

(5) 興奮は光速で伝わるか

神経筋標本の神経を電気で刺激すると、肉眼では筋肉は瞬時に収縮する。このため興奮が神経にそって伝わる速度は金属導線を流れる電流のように光速で伝わると考えられた。

しかしベルリン大学のヘルムホルツ（図2-12）は、図2-13Aのような簡単な実験装置で興奮

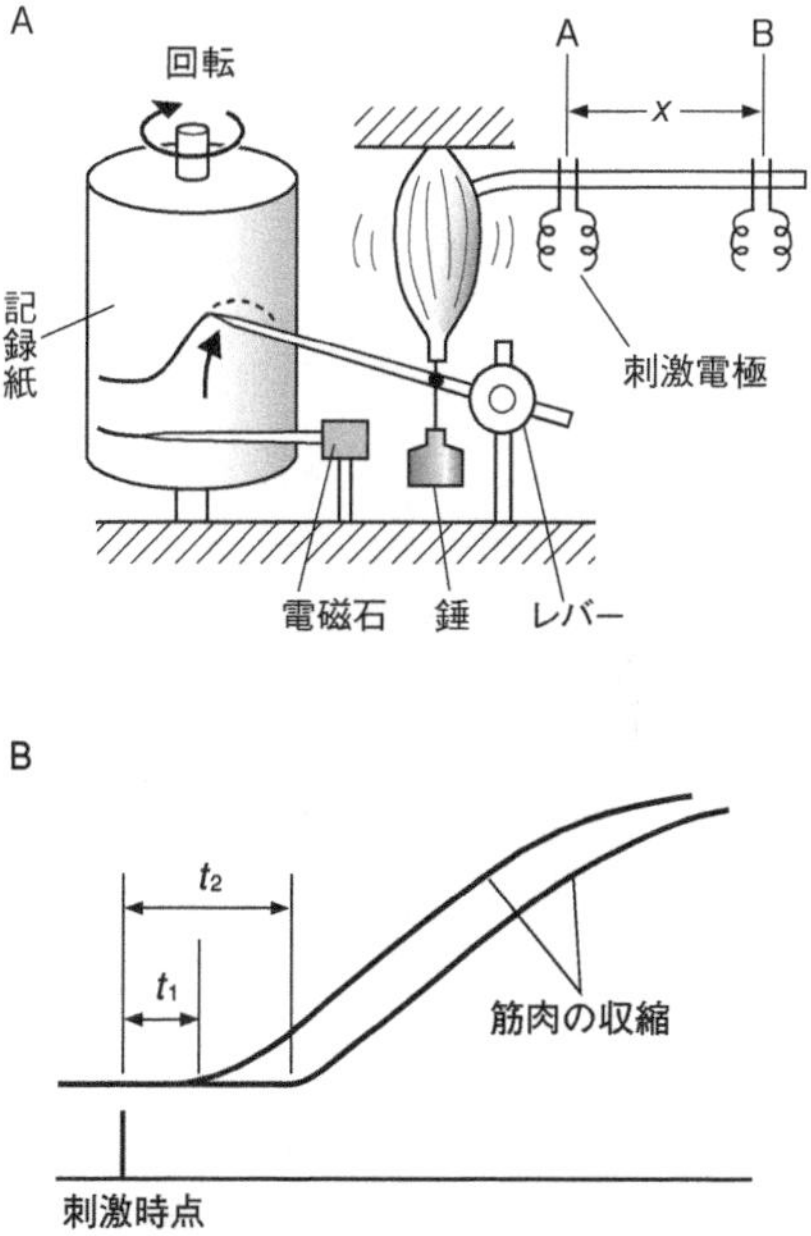

図2−13　興奮の伝導速度の測定

が神経を伝わる速度の測定に成功し、興奮が神経を伝わる速度は光速よりもはるかに遅いものであることを突き止めた。図2−13Aに示すように筋肉の収縮を先端が針のように尖《とが》ったレバーによって増幅し、すすを塗った記録紙を巻き付けた円筒を適当な速度で回転させ、レバーの先端で紙のすすをかき落として収縮の経過を記録する。一方、神経を電気刺激する時点は刺激電流で電磁石を動かして記録する。

神経を刺激する場所をA点からB点に移動し筋肉からx㎝だけ遠ざけると、刺激してから筋肉の収縮がはじまるまでの時間がt_1秒からt_2秒に増大した（図2-13B）。したがって興奮が神経にそって伝わる速度Vは

$$V=\frac{x}{t_2-t_1}(\mathrm{cm}/秒)$$

となる。測定の結果、カエルの神経では毎秒数十㎝に過ぎず、光速よりはるかに遅いことがわかった。つまり興奮が神経を伝わるしくみは、電流が金属導線を伝わるしくみとは全く異なるのである。

2-5 興奮の「全か無か」の性質

現在、生体電気信号の単位である活動電位（第6章参照）は、人類が開発したデジタル信号と同様に、起こるか起こらないか（0か1か）の2つの状態しかとらないことが広く知られている。この生体電気信号の基本的なしくみは、以下のようにして研究者に気付かれるようになった。

神経筋標本の神経を、長さが一定の長方形電流によって刺激し、筋肉の収縮をレバーによって記録する。刺激電流が閾値より小であれば当然筋肉は収縮せず、刺激電流が閾値以上に増大するとはじめて筋肉の収縮が起こる。この収縮の大きさ（レバーの動きの振幅）は電流の増大ととも

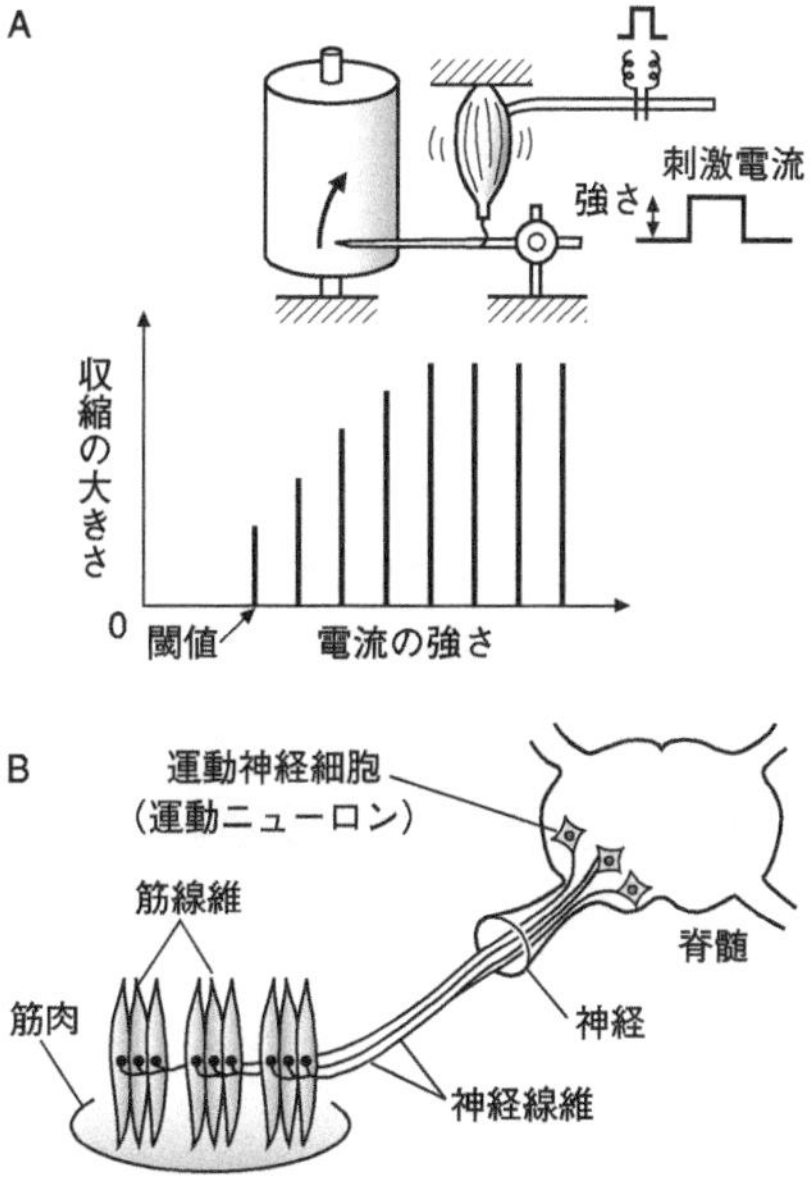

図 2-14　(A) 刺激の強さと筋肉の収縮の大きさとの関係、(B) 神経が多数の神経線維の集合した束であることを示す模式図

に大きくなり最大値に達する（図2－14A）。これは運動神経中に多数の運動神経線維（それぞれが脊髄中の運動神経細胞から出た突起）が含まれており、それぞれの神経線維が何本もの筋線維の収縮をコントロール（支配）しているためである（図2－14B）。

つまり徐々に刺激電流を強くしてゆくと、まず最も興奮を起こしやすい（閾値の低い）神経線維に興奮が起こり、この神経線維に支配されている筋線維が収縮する。電流の強さが増大するにつれて興奮する神経線維の数とこれらに支配されて収縮す

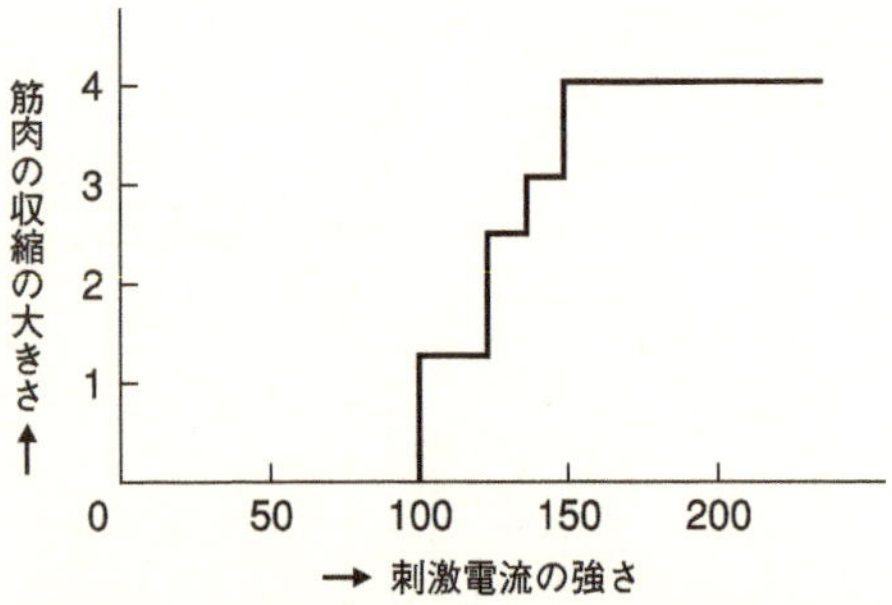

筋肉はわずか４本の神経線維によって支配されており、これに対応して収縮の大きさは４段階でステップ状に増大し最大値に達する。

図２−15　カエルの背皮筋の収縮の大きさと刺激の強さとの関係

る筋線維の数も増大してゆき、すべての神経線維で興奮が起こるようになれば筋収縮の大きさも最大値に達すると考えられる。

ケンブリッジ大学のリューカスは、この考えに基づいて、わずか４本の神経線維によって支配されているカエルの背中の小さな筋肉の収縮が、神経の刺激電流を徐々に増大したときどのように変化するかを調べた。結果は図２−15に示すように明快で、筋肉の収縮の大きさは刺激電流の増大とともに階段状に不連続に増加し、階段のステップの数は筋肉を支配する神経線維の数と一致した。

リューカスはこの結果から、個々の神経線維は電流がある閾値を超えると興奮し、さらに電流が増えても興奮の大きさが変化することはないと結論した。つまり興奮は起こるか起こらないかの２つの状態があるのみである。この興奮の性質を**全か無かの法則**という。

しかしリューカスの研究の時点では、何本かの筋線維のまとまった収縮が記録されたに過ぎず、個々の筋線維の収縮も全か無かであることは確かめられなかった。約10年後にドイツのプラットらは細いガラス管を筋肉の表面にあてて個々の筋線維を刺激し、顕微鏡下に筋線維の収縮も全か無かであることを確かめた。これによって全か無かの法則はほぼ確実なものと考えられるようになった。しかしこの法則の真の確認は、後述するように、わが国の慶応大学グループによる単一神経線維の分離によって行われたのである。

2-6 興奮の実体に対する手がかり、電気的陰性波

以上説明したように、19世紀の研究者は現在からみると貧弱な実験装置により興奮の性質を徐々に明らかにしていった。これらの研究をしめくくり、興奮の実体に対する手がかりを示すことに成功したのはベルリン大学の生理学者、デュ・ボア＝レーモン（図2-16）である。彼は興奮が起こるときの電気的変化を記録するため、かなり速い変化の記録が可能な高感度の検流計を自ら製作した。

図2-17に彼が行った代表的な実験を示す。両端を切断した神経の中央部に刺激電極を置いて刺激する。この刺激される部位の両側では、それぞれ検流計によって神経の正常部の表面と神経の切断面の間に生ずる損傷電流（32ページ）を測定する。このような状態で神経の中央部を電気

刺激すると、神経のどちらの側でも検流計で測定されていた損傷電流が直ちに著しく減少した。

この結果は、①興奮が刺激された部位からスタートし神経に沿って左右両方向に伝わること、②興奮が起こると損傷電流が減少することから、興奮した神経の表面の電位が損傷面の電位に近づき、この結果損傷電流が減少することがわかった。しかしこの変化は極めて速い現象で、彼の検流計でその経過を正確に記録することは不可能であった。

図2-16　デュ・ボア＝レーモン

筋肉や神経の切断面の電位は正常面の電位よりも低いこと（32ページ、図2-1B）から、すでに筋肉や神経の表面と内部との間にボルタ電池のZn極のような電気的二重層（28ページ、図1-11A）が存在することが示唆されていた。デュ・ボア＝レーモンの実験結果は、この電気的二重層の存在を支持するばかりでなく、神経が興奮するとその表面の電位が減少して損傷面の電位に近づくことを示している。別な表現をすれば、神経の興奮した部分の表面は、神経の興奮していない部分の表面より電位が低くなるのである。

デュ・ボア＝レーモンはこの興奮にともなう電気変化、つまり神経表面の電位の減少を**電気的陰性波**と呼んだ。この陰性波が神経に沿って伝わるのが生体電気信号の実体である。この考えは

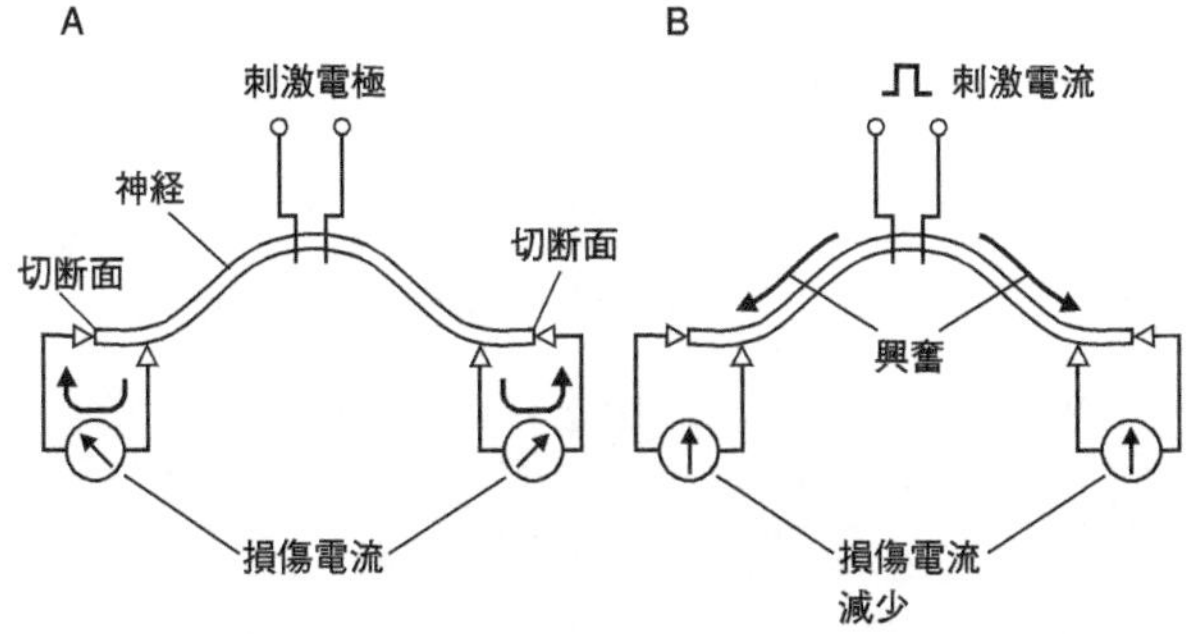

図2−17　デュ・ボア＝レーモンの実験の模式図。(A)神経の正常面から切断面に向かう損傷電流(矢印)が流れている。(B)神経が興奮すると損傷電流が短時間著しく減少する

大まかに言って活動電位が神経に沿って伝わるという現在の知識（第5章参照）と同じである。このため彼は活動電位の発見者とみなされている。

また、彼が発見した興奮が神経の電気刺激された部位の両側に伝わるという結果（図2−17）は、**興奮の両側伝導の法則**と呼ばれ、すでに説明した「極性興奮の法則」、「全か無かの法則」とともに興奮の性質を表す基本的な事実とみなされている。

デュ・ボア＝レーモンはベルリン大学医学部教授として40年にわたって研究を続け、ここで説明した業績を含めてこの研究分野に大きな貢献を行った。彼の研究は大部の書物『動物電気の研究』にまとめられており、その中の原図には彼自身の手になる見事な銅版画が多数挿入されている（図2−18）。これは彼の父親が銅版画師で彼に銅版画の手ほどきをしていたためである。

余談になるが、筆者はベルリンの壁の崩壊以前に、

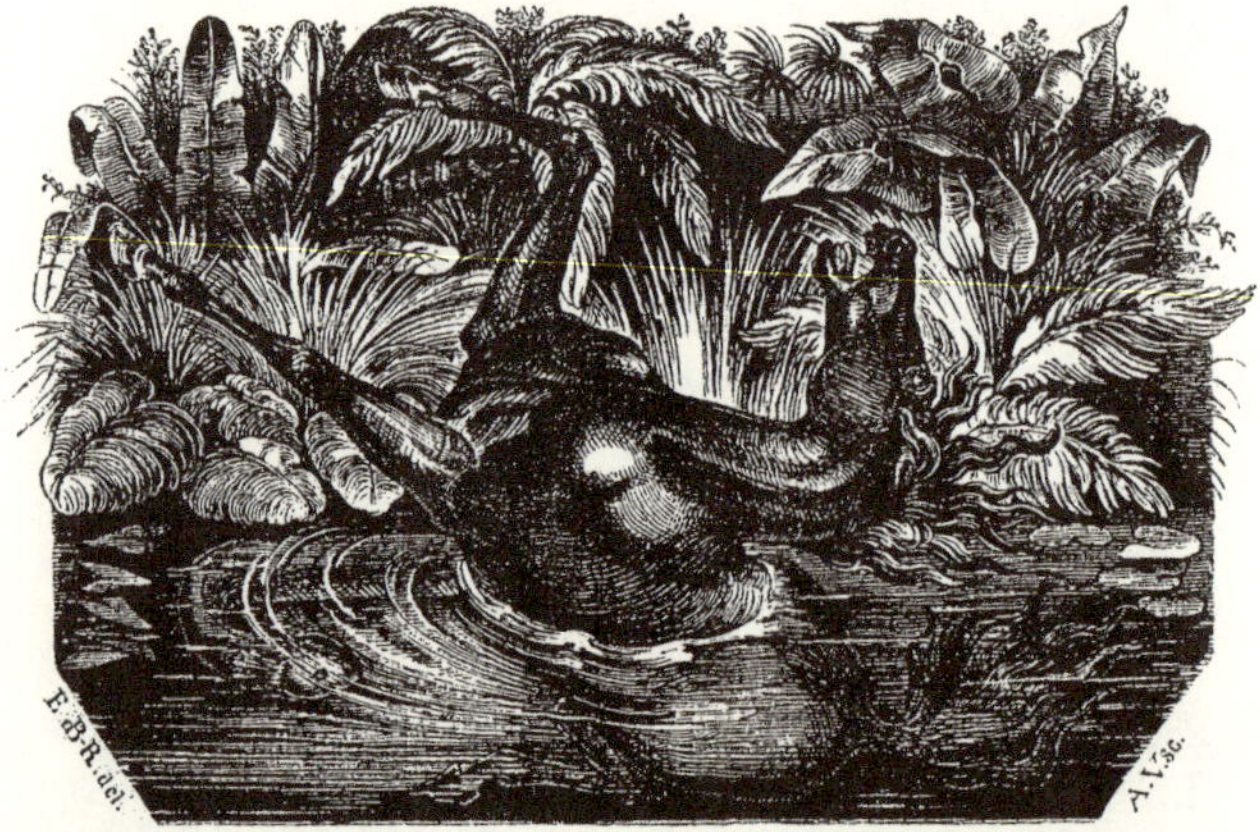

図 2−18　デュ・ボア＝レーモンの手になる銅版画。シビレウナギの電気に感電した馬の絵

招待により何度も東ベルリンのフンボルト大学（ベルリン大学の後身）を訪ねた。あるとき大学の近くの街路に面して4階建ての中程度の大きさのビルディングがあり、半分の窓は装飾された手すりを持つベランダがついていたので、「あの建物は何か」とフンボルト大学の教授に尋ねたところ、「あれはデュ・ボア＝レーモンが教授であったとき彼のために建てられたビルである。現在のわれわれもその当時のような待遇をしてくれればよいのだが」という答えに驚いたのであった。そう言われてみれば、19世紀の偉大な学者の伝記に「書斎でふとアイデアがわいたので早速実験室に降りて行き……」といった叙述がしばしばあることを思い出した。19世紀の教授がいかにエリートであり、いかに生涯にわたって手厚い待遇を受けていたかがうかがわれる。

2-7 ベルンシュタインの膜説、興奮は細胞膜に発生する

ドイツのベルンシュタインは、興奮が発生すると興奮部位の電位は損傷部の電位に近づくことから、神経や筋肉の電気的二重層の理論的なモデルを1910年に提唱した。この頃、生体が細胞からなることはすでによく知られていた。

ベルンシュタインの理論の前提となるのは、①神経や筋肉の個々の細胞は細胞膜で囲まれていること、および②細胞膜はある物質は自由に通過させるが、ある物質は通過させない性質を持つことである。この性質を**選択的透過性**という。選択的透過性という考えを導入したのはベルンシュタインの卓見であった。選択的透過性は本書の第6章で「マクスウェルの悪魔」という名を用いてイオンチャンネルの基本的性質として説明することにする。

さて彼の考えた選択的透過性とは、細胞膜は陽イオン（Na^+やK^+など）を通過させるが、陰イオン（Cl^-など）は通過させないというものであった（20世紀になって細胞膜は陰イオンも通過させることがわかった）。生体では、細胞内の細胞液も細胞外の血液、体液も高濃度のイオンを含み、細胞内外ともに電気的中性条件により陽イオンと陰イオンの数は等しい。ここで陽イオンのみが細胞膜を通過して細胞内から細胞外に出ると考えると、電気的中性条件により細胞外に出られない陰イオンは細胞膜の内側に配列し、細胞外に出た陽イオンは陰イオンに引かれるため自由に動くこ

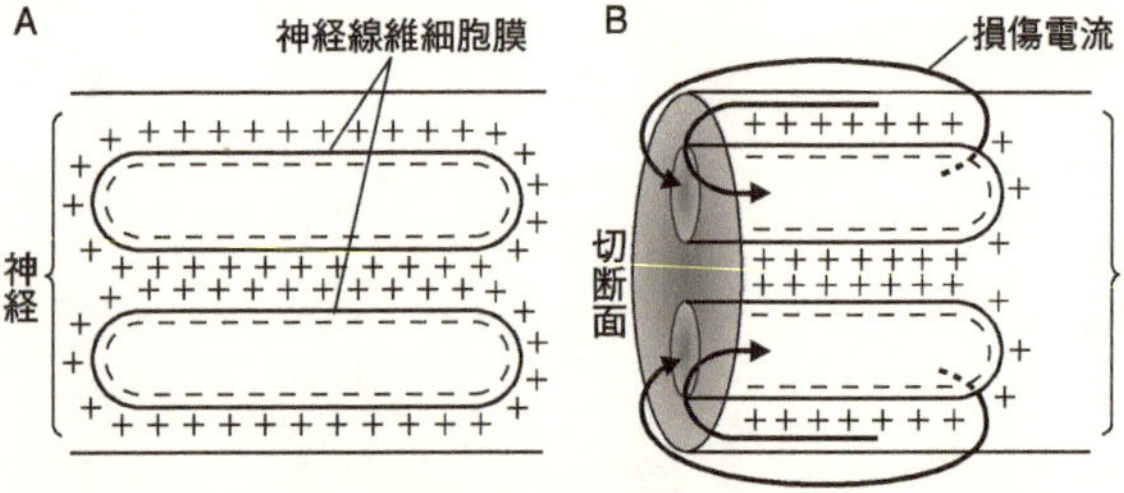

図 2-19 (A) 細胞膜両側での電気的二重層、(B) 正常面から切断面へと流れる損傷電流。点線は細胞内を流れる電流

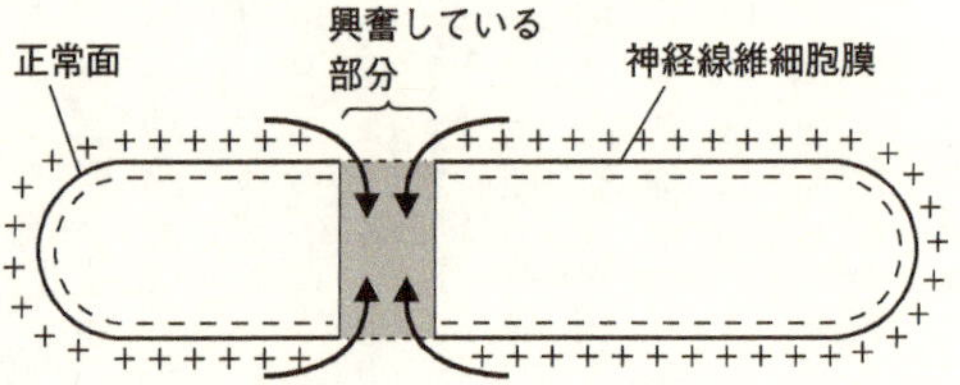

図 2-20 細胞膜の興奮している部分では電気的二重層がなくなるという考えの模式図

とができず、細胞膜の外側に陰イオンと向き合って電気的二重層として配列する（図2-19A）。

第1章のボルタ電池の説明を読まれた読者は、この陽イオンと陰イオンが細胞膜の両側で向き合ってすくんでいる状態が、Zn電極でZnイオンと電子がつくる電気的二重層（28ページ、図1-11）と原理的に同じであることに気付かれるであろう。つまり細胞膜の選択的透過性は細胞膜の両側に潜在的なイオンの電池をつくるのである。

細胞を切断すると、切断面（損傷部）では細胞膜の内側が露出するため、細胞膜の外側と内側との間の電位差にしたがって電流が両者の間に流れる。これが損傷電流である（図2-19

B)。また興奮が細胞膜に発生した部位では、細胞膜があたかも損傷面になったように変化すると考えれば、細胞膜の興奮部位が他の部位に対し負（陰性）になることが説明される（図2-20）。このベルンシュタインの模型はいろいろな点で正しくない仮定を含んでいたが、生体電気信号が細胞膜に発生することを正しく指摘したことは高く評価される。実際にその後のこの分野の発展はこの模型をもとにして進むことになった。

2-8　電解質イオンの濃淡電池が電圧と電流を発生するしくみ

第1章の終わりにボルタ電池が電圧と電流を発生するしくみを説明したので、これに対応して本章の終わりに、選択的透過性を持つ膜がその両側に電気的二重層をつくり、さらに電圧と電流を発生するしくみを、現在の知識に基づいて説明しておこう。

図2-21Aは高校化学の教科書に出てくるイオンの濃淡電池の模式図である。実験槽の中央にはコロジオン膜という多数の小さな孔（小孔）を持つ人工膜があり、その両側は濃度の異なる電解質（ここではNaCl）溶液で満たされている。この膜の左側のNaCl濃度は右側のNaCl濃度よりずっと高い。NaClは溶液中でNa^+とCl^-に分かれているので、Na^+とCl^-の濃度も左側のほうが右側よりずっと高い。これらのイオンはランダムな熱運動をしているので、ある時間内にコロジオン膜にぶつかってくるイオンの数は左側のほうが右側よりも圧倒的に多い。したがって、もしコロ

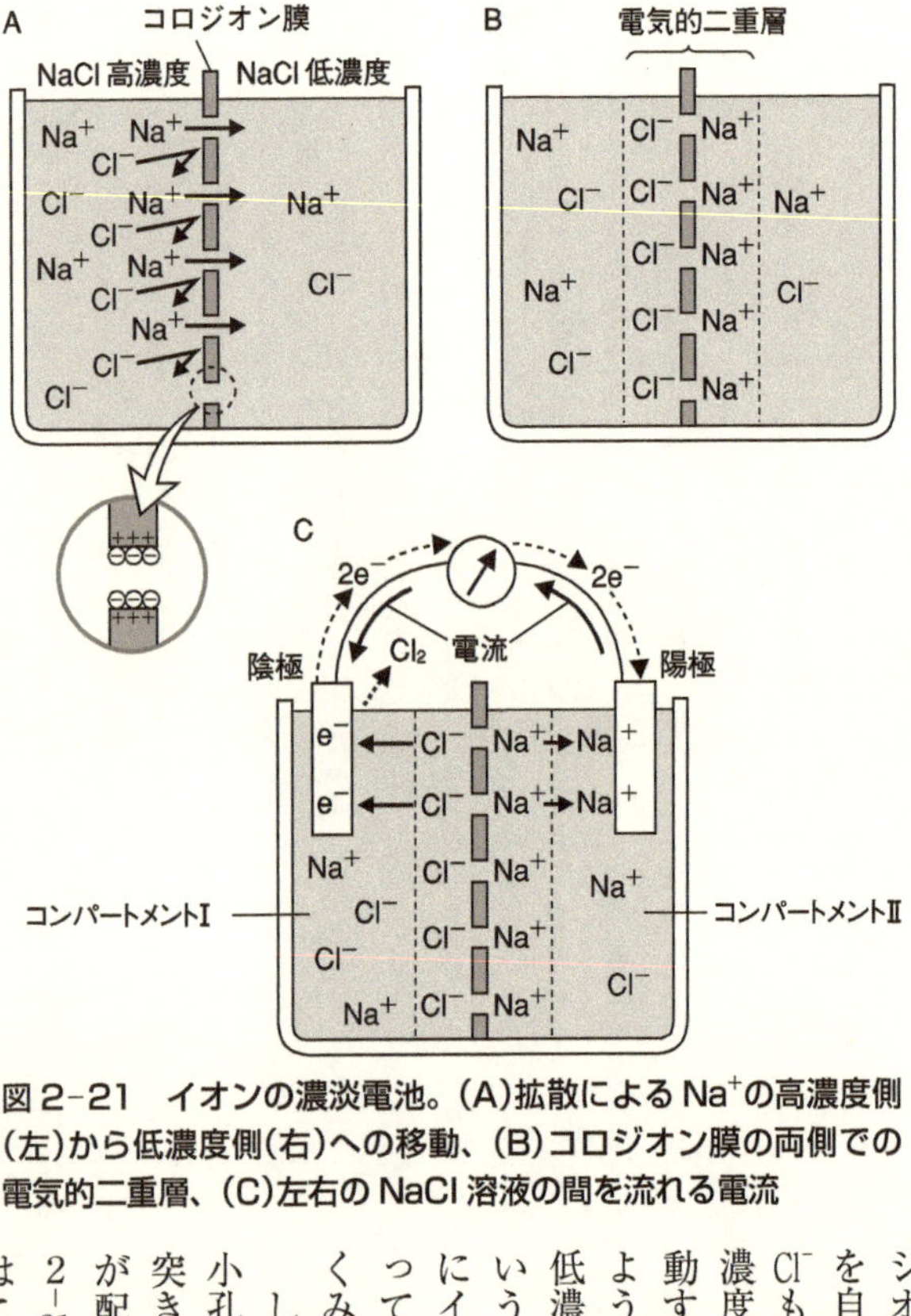

図 2-21　イオンの濃淡電池。(A)拡散によるNa^+の高濃度側(左)から低濃度側(右)への移動、(B)コロジオン膜の両側での電気的二重層、(C)左右の NaCl 溶液の間を流れる電流

ジオン膜の小孔がイオンを自由に通すなら、Na^+もCl^-も高濃度の左側から低濃度の右側にどんどん移動することになる。このような物質の高濃度から低濃度への移動を**拡散**という。拡散は、例えば水にインクをたらすと広がってゆくように、日常よくみられる現象である。

しかしコロジオン膜の小孔の内表面には膜から突き出たマイナスの荷電が配列しているため（図2-21Aの下部参照）、Na^+はこの小孔を通過できるが、Cl^-は小孔のマイナス荷電の反発力によりこれを通過できない。この結果、Na^+は拡散によってコロジオン膜を左側から右側に通過するが、Cl^-は膜を通過できないので、電気的中性条件のため、Na^+は膜から離れてゆくことができず、Cl^-と膜の両側で互いに電気的に引き合うことになる。つまりNa^+とCl^-はコロジオン膜をはさんで互いにすくんだ状態で配列し電気的二重層をつくることになる（図2-21B）。この状態はベルンシュタインの仮定した細胞膜の電気的二重層に相当する。

第1章のボルタ電池の説明を読まれた読者は、この状態が電極を導線でつなぐ前のボルタ電池の状態に似ていることに気付かれるであろう。実際にコロジオン膜の両側の溶液に電極を入れて導線でつなげば、ボルタ電池の場合と同様に電流が流れる。このとき膜の右側（低濃度NaCl側）の電極ではNa^+がプラスの荷電を電極に与えてNa（金属ナトリウム）となって電極に付着し、膜の左側（高濃度NaCl側）の電極ではCl^-がマイナスの荷電（つまり電子e^-）を電極に与えて塩素ガスCl_2となって空気中に出てゆく（図2-21C）。両側の電極が受け取ったプラスとマイナスの荷電は、導線を流れる電子e^-により右側の電極で中和する。これらの反応は電気的中性条件を満たしながら次々と起こり、その結果左右の電極の間を電流が流れ続けるのである。

このイオン濃淡電池の電圧（V）は膜の両側のコンパートメントIおよびIIのNa^+濃度（$[Na^+]_I$と$[Na^+]_{II}$）の比の対数で決まり、

$$V=\frac{RT}{F}\ln\frac{[Na^+]_{I}}{[Na^+]_{II}}$$

という式で表される（F、R、Tはそれぞれファラデー定数、気体定数、絶対温度）。例えば、常温で膜の両側のイオン濃度比が1対10ならVは58mVとなる。この値は損傷電流を起こす正常面と切断面との間の電位差とちょうど同じくらいである。

イオン濃淡電池が電圧と電流を発生する原動力は、イオンが高濃度側から低濃度側へ拡散する力であるが、実際に電流を発生させるにはイオンの種類（この場合、陽イオンと陰イオン）を選別する能力（選択的透過性）を持つ膜が必要なのである。

なお図2-21Cからわかるように、導線中では、電流は電子によってイオンの低濃度側の電極（陽極）から高濃度側の電極（陰極）へ向かって流れるのに対し、電解質溶液中では電流はイオンにより陰極から陽極へ流れるのである。このときボルタ電池（第1章）と同様に、電気的中性条件により、電流は閉じたループ状に流れる。

第3章　陰極線オシロスコープによる研究の進展——日本人研究者の偉大な貢献

19世紀の生体電気信号の研究は限られた装置を用いた手探り的なものであったが、19世紀の終わり近くに、ケンブリッジ大学の物理学者トムソンの電子の発見をきっかけとして、陰極線オシロスコープが発明され、また真空管を用いた電気回路により微弱な電気信号を増幅し記録することが可能となった。この結果、この分野の研究は20世紀に入ると大きく進展することになった。特にわが国の偉大な2人の研究者、加藤元一と田崎一二《いちじ》の貢献は著しい。彼らの研究は現在ほとんど忘れられようとしているが、本章では彼らの足跡を詳しくたどり解説する。

3–1　陰極線オシロスコープの発明

低圧のガスの入ったガラス管（現在の陰極線管に相当する）中で、一対の電極に高電圧を加えると、陰極から陽極に向かう光の線（**陰極線**）が認められる。陽極に孔を開けておくと、陰極線の一部はこの孔を通り抜けて直進し、蛍光塗料をぬったガラス管の内面に衝突して蛍光の輝点を生

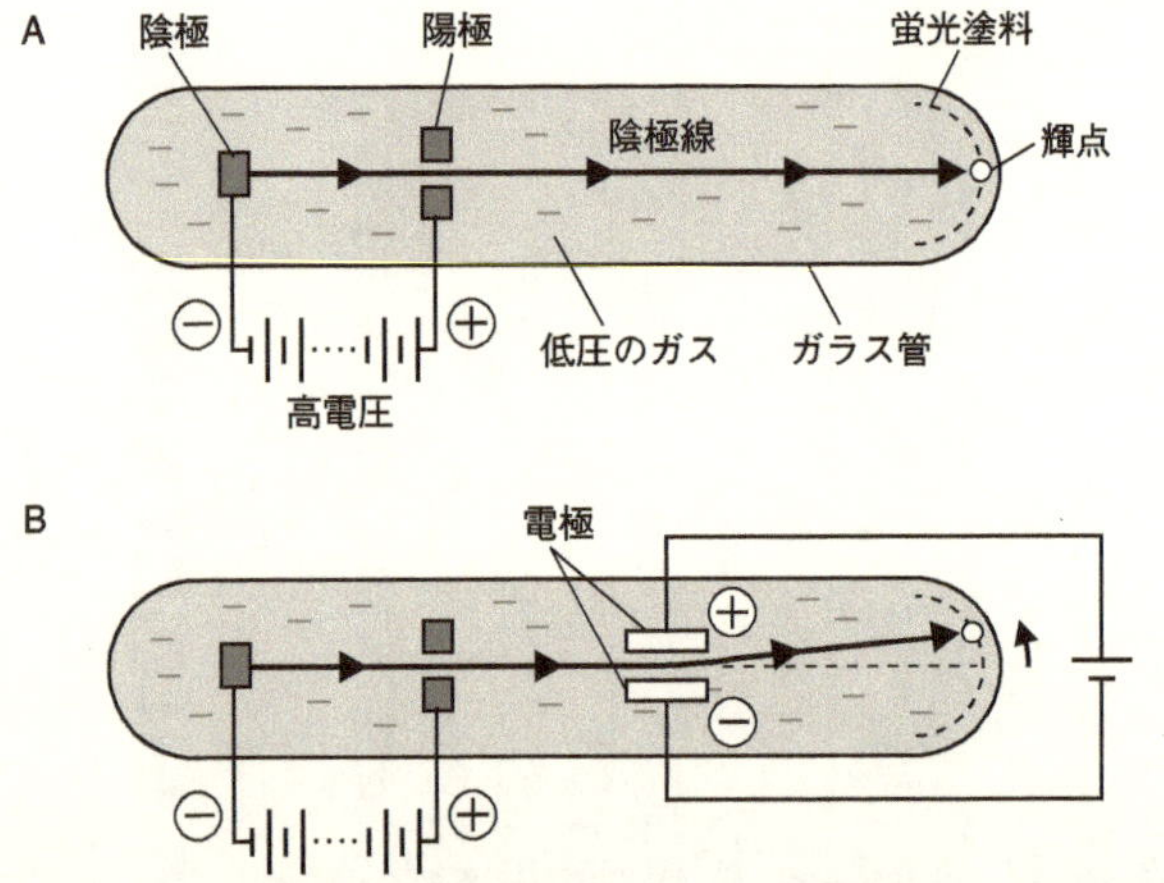

図 3−1　(A) 陰極線が陽極中央の孔を通過して直進し、蛍光塗料に衝突して輝点を生ずる。(B) 陰極線の上下に置いた電極間の電圧による陰極線の進行方向の変化

ずる（図3−1A）。トムソンは、陰極線を一対の電極で、上下にはさんで置き、これに電圧を加えた。すると、陰極線はこの電圧により進行方向が変化し、その結果蛍光面の輝点の位置も変化した。このとき陰極線の進行方向は上下にはさんだ電極の陰極から遠ざかり陽極に近づく方向に変化した（図3−1B）。この結果から陰極線は負の荷電を持つ粒子の流れであることが明らかとなった。これが金属導線中で荷電を運ぶ粒子、**電子**の発見である。

　電子は質量（慣性）がゼロに近いので、電子ビームの進行方向の変化は上下の電極間の急激な電圧変化を、時間の遅れなく正確に記録することができる。また電極間の微弱な電圧変化を何百倍、何千倍にも増幅しうる増幅回路が開発された。この結果、1920年代に、微弱で速い興奮にともなう電圧変化を正確に記録する**陰極線オシロスコープ**が開発された。以後、生体電気信号の研究にとって陰極線オシロスコープは不可欠の武器となった。

3-2　陰極線オシロスコープの構造とはたらき

図３-２Ａに示すように、陰極線管中の陽極（ａ）と陰極（ｂ）の間に高電圧を加えると、ｂから飛び出す電子線（電子ビーム）の一部は、ａに開けられた孔を通り抜けて直進し、陰極線管の蛍光面に当たり輝点を生ずる。この電子ビームの進行方向は、この上下および左右に置かれた２組の電極（垂直電極ｃ、ｃ′と水平電極ｄ、ｄ′）に加えられる電圧により変化する。

垂直電極には増幅器で増幅した測定対象の電圧変化を加え、電子ビームの輝点を上下方向に動かす。このとき、電子ビームの上下の動きは、測定対象の電圧変化に比例する。一方、水平電極には時間に比例して増大する電圧を加え、電子ビームの輝点を一定の速度で水平方向（左から右）に動かす。この結果、蛍光面の輝点の動きは測定対象の電圧変化の時間経過が描かれ、これを写真で記録する。本書の電気的変化の記録はすべてこの方法で得られたものである。

なお水平電極に加える電圧は一定の速度で上昇する部分と急激に最初のレベルに下降する部分からなる（図３-２Ｂ）。このような電圧を繰り返し発生させると鋸《のこぎり》の歯のような形になるので鋸歯状波《きょしじょうは》という。鋸歯状波の上昇部分でオシロスコープの輝点は蛍光面の左端から右端に一定速

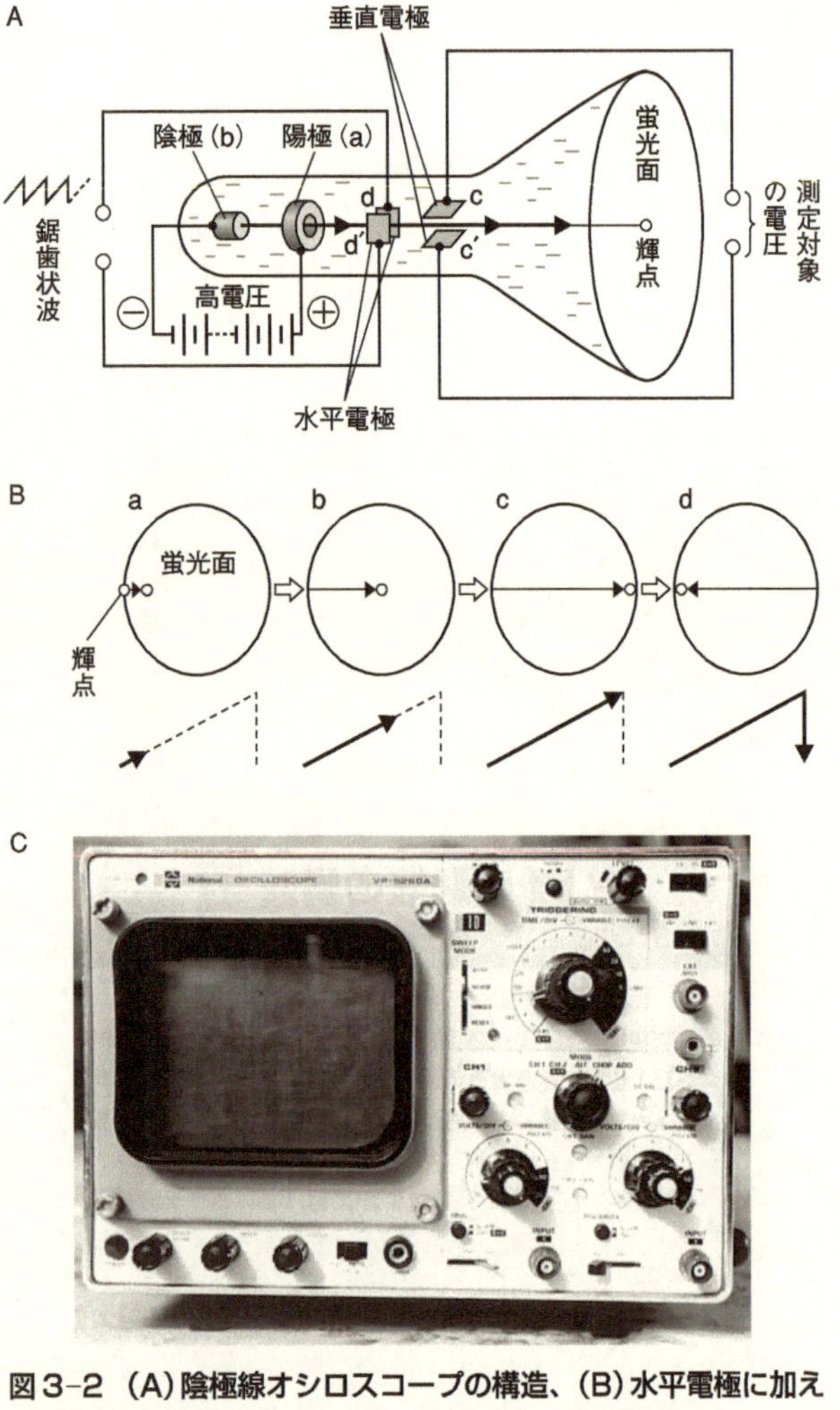

図3-2　(A)陰極線オシロスコープの構造、(B)水平電極に加える鋸歯状波による蛍光面での輝点の動き、(C)陰極線オシロスコープ

度で動き（a、b、c）、下降部分で急速に右端から左端にもどる（d）。鋸歯状波の上昇する速度は秒のオーダーからミリ秒以下のオーダーまで変化させることができる。

3－3　神経の興奮にともなう活動電流の記録

速い電気変化を正確に記録できる陰極線オシロスコープにより、神経が興奮した際の電気的変化の記録が1930年代より盛んに行われるようになり、デュ・ボア＝レーモンの「興奮は電気的陰性波である」という考えが確認された。

カエルの神経上の2ヵ所に一対の電極（a、b）を置き、この電極から離れたところで神経を電気刺激して興奮を発生させる。まず興奮した部位が電極から離れているとき、電極の間に流れる電流ははじめゼロである（図3－3A）。興奮した部位が電極a付近にやってくると、電極aは電極bに対して電気的に負になる。この結果電極bから電極aに向かって電流が流れ始める（図3－3B）。この電流は興奮が電極aの直下にきたとき最大になり、興奮が電極aを通過してしまうともとのゼロにもどる（図3－3C）。

さらに興奮が電極bの下にやってくると、今度は電極bが電極aに対して電気的に負となるので、電極aから電極bに向かって電流が流れる（図3－3D）。興奮が電極bを通過すると電流はまたゼロにもどる（図3－3E）。

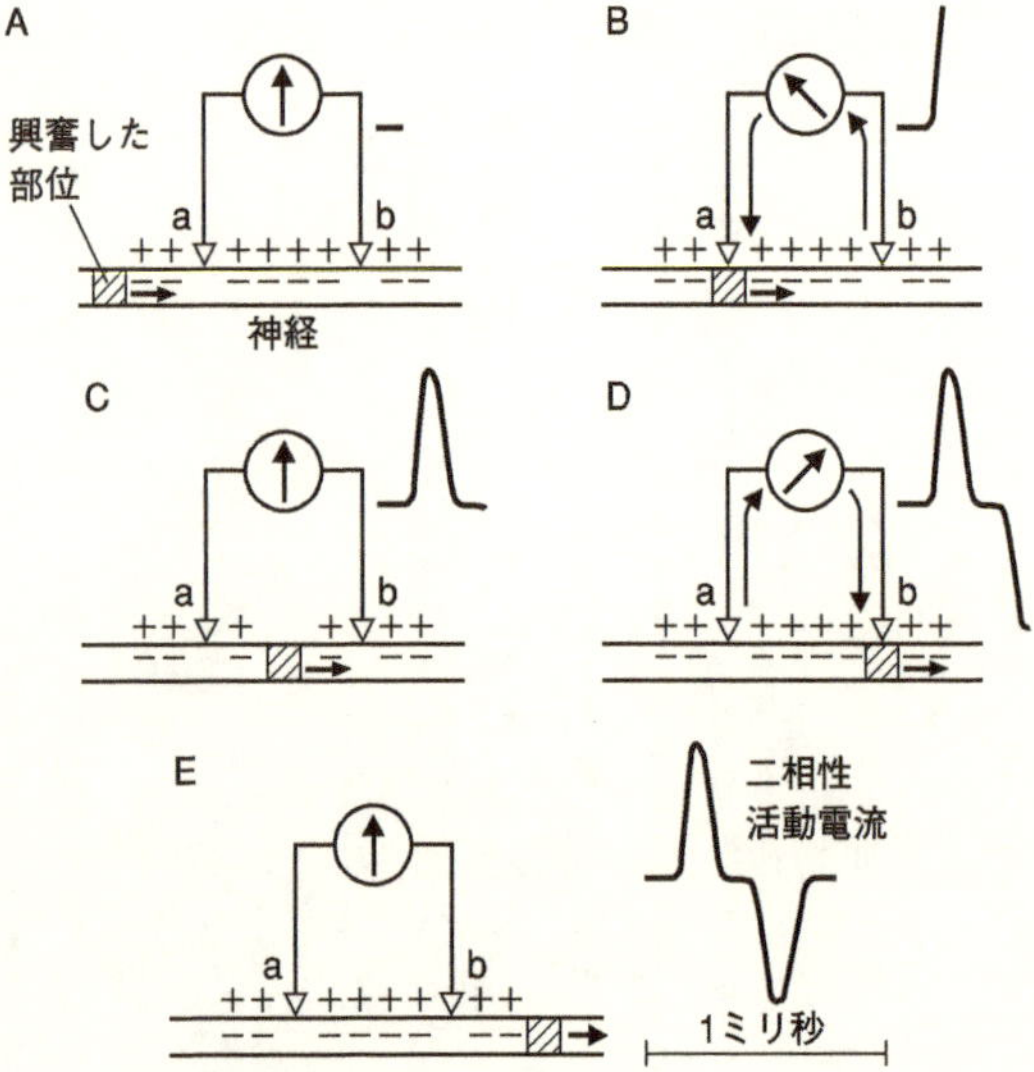

(A) 興奮部位（斜線）が電極に達しないとき、(B) 興奮が電極aに達したとき、(C) 興奮が電極a、bの中間点に達したとき、(D) 興奮が電極bに達したとき、(E) 興奮が電極bを通過したとき。A～Eの右にそれぞれの時点で記録される活動電位の経過を示す。

図3-3　陰極線オシロスコープで記録される二相性活動電流

結局図3-3のA、B、Cで流れる電流とC、D、Eで流れる電流の時間経過は同じであるが、電流の方向が互いに逆になる。このため興奮が一対の電極の下を通過するとき記録される電流（以下これを**活動電流**と呼ぶ）は、図3-3Eの右に示すように、方向の異なる2個の山形の電流が連なったものである。このような活動電流を**二相性活動電流**という。活動電流の経過はミリ秒（1000分の1秒）のオーダーで極めて速い。このため陰極線オシロスコープが開発されるまで活動電流の記録は全く不可能であり、ガルバニの発見以来百数十年にわたって研究の進展が阻まれていたのである。図3-3に見られるように、神経の興奮部は神経の静止（興奮していない）表面に対して電気的に負になるという点で、神経の損傷面（32ページ、図2-1）と似ている。しかし損傷面は二度ともとにもどらないのに対して興奮部は興奮が通過すれば速やかにもとの静止表面にもどるのである。

3-4　活動電流の峰分かれ、興奮の伝わる速度分布

オシロスコープを使って神経における活動電流の研究が進むうちに、興味深い知見が次々に明らかになった。神経の興奮の伝わる速度は、神経を構成する神経線維によって違いがあることも、オシロスコープを用いた以下に述べる実験を通じて導き出された知見の一つである。この実験では、物理的に圧迫をかけることで一部を破壊した神経を用いて活動電流が調べられた。

活動電流を一対の電極（a、b）で記録する際、電極bの直下で神経を圧迫して破壊しておくと、興奮は電極aの下を通過するが、電極bの下には伝わらなくなる。したがって記録される活動電流は1個の山だけとなる（図3-4A、B）。このような活動電流を**単相性活動電流**という。

このような条件下で電極aを電気刺激部位からだんだん遠ざけると、活動電流は単一の山ではなく、いくつかの峰に分かれるようになる（図3-4C）。これは神経がいろいろな興奮伝導速度を持つ神経線維の束からなるためである。どの神経線維の興奮も同一点からスタートするが、神

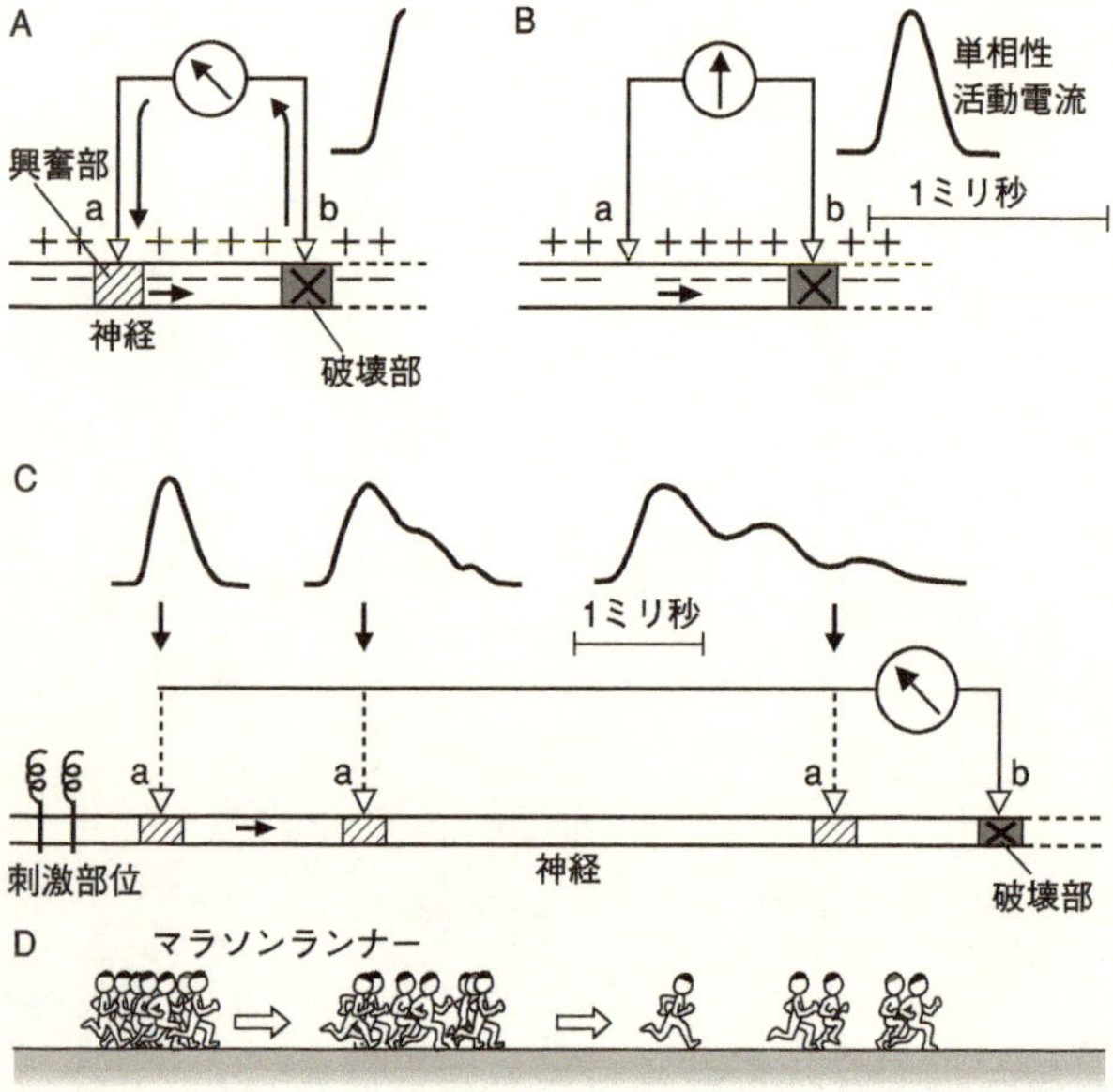

図3-4　(A、B)単相性活動電流、(C)記録電流aの位置の変化による活動電流の峰分かれ、(D)マラソンランナーの能力差によるいくつものグループへの分離

経線維によって伝導速度が異なるので、刺激点から興奮が遠ざかるにつれて、伝導速度の差が大きくなってくる。これはちょうどマラソンのランナーがスタート地点から遠ざかるにつれてランナーの能力差によりいくつものグループに分かれてくるのと同様である（図3－4D）。このことからわかるように神経は性質の異なる多数の神経線維の集まった束なので、興奮現象をさらに詳しく研究するためには、ただ1本の神経線維を用いて研究することが必要となってくる。そして神経からただ1本の神経線維を生きた状態で分離する偉業は、神経の興奮に関する、ある論争をきっかけとしてわが国の研究者によって成し遂げられることになった。

3−5　興奮の減衰不減衰論争、論争による学問の進歩

(1) 興奮の全か無かの性質は麻酔により変化するか

神経にそっての興奮の伝わりはクロロホルムなどの麻酔薬によって阻害される。麻酔薬は外科手術の際、不可欠なもので、神経に麻酔薬を作用させた後、興奮の伝わりがどのような経過で阻害されるかが当時の医学者の関心の的であり、1920年代にもっぱらカエルの神経筋標本を用いて世界各国で研究された。

このような研究の代表的なものは英国のエードリアン（後に感覚神経インパルスの研究でノーベル生理学医学賞受賞）が行った実験（図3−5）である。彼は神経筋標本の神経の一部を麻酔薬の蒸気を満たした麻酔箱に入れ、電気刺激によって起こる興奮が阻害されるまでに要する時間を調べた。興奮の阻害は筋肉の収縮の消失で判断した。

彼は神経を1ヵ所で長さ$d+d'$の麻酔箱に入れた場合（A）と、2ヵ所で長さdおよびd'の2個の麻酔箱に入れた場合（B）とで興奮伝導が阻害される（神経の刺激に対する筋肉の収縮が消失

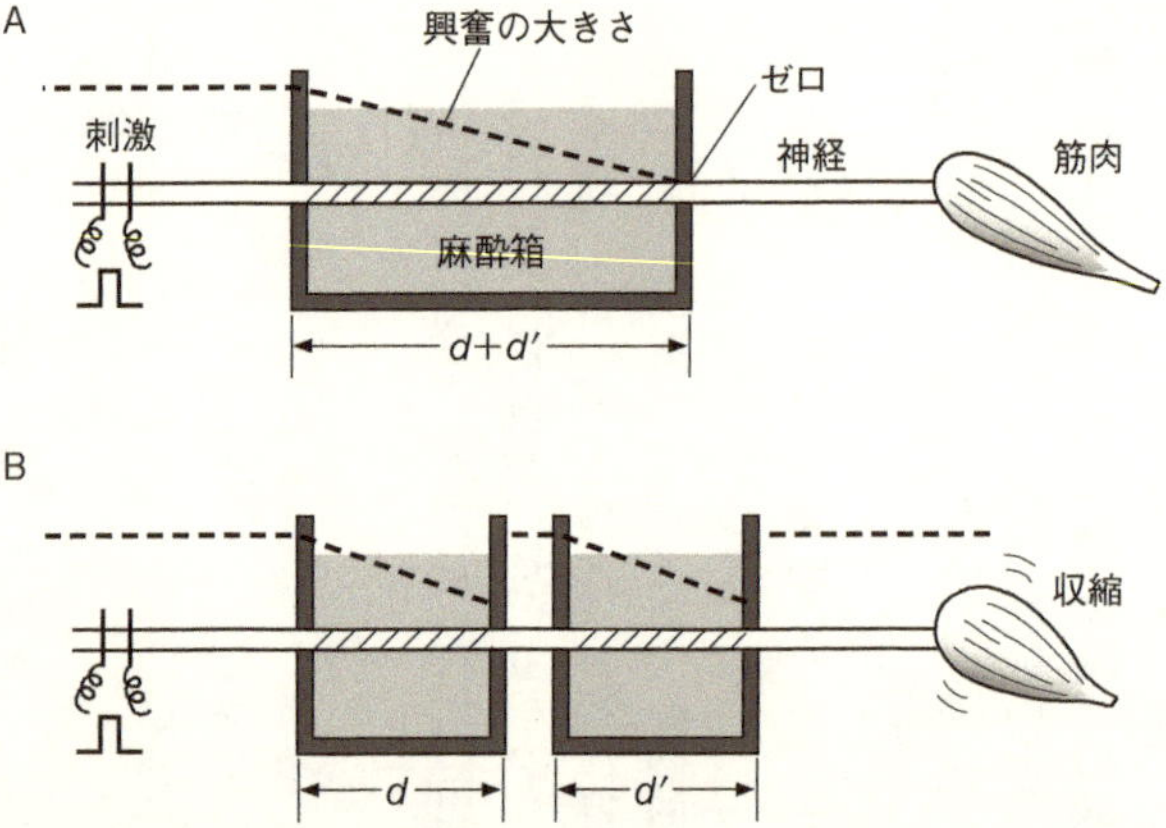

神経の麻酔された部分（斜線）では興奮の「大きさ」が距離とともに「一定」の割合で減少していくという考えを示す。

図3-5　エードリアンの麻酔箱の実験

する）までの時間を比較し、（A）の条件下で伝導が阻害される時点で、（B）の条件下ではまだ伝導が阻害されないことを示した。

エードリアンはこの結果から、図3-5中に破線で示されるように、興奮の大きさは麻酔箱中の神経を伝わるにつれて徐々に減少し、麻酔箱中で興奮が消失しなければ、麻酔箱を出るともとの大きさにもどると考えた。

つまり興奮の大きさは神経の麻酔されたところでは、全か無かの法則にしたがわず、その大きさが減少すると考えたのである。これを**興奮の減衰説**といい、当時世界各国の研究者に広く受け入れられた。さらにドイツのフェルボルンは、麻酔によって興奮を消失させた神経筋を用いて以下のような実験を行った。彼は麻酔部中に電極を入れて、さまざまな電流を流し、神経を弱い電流で刺激しても

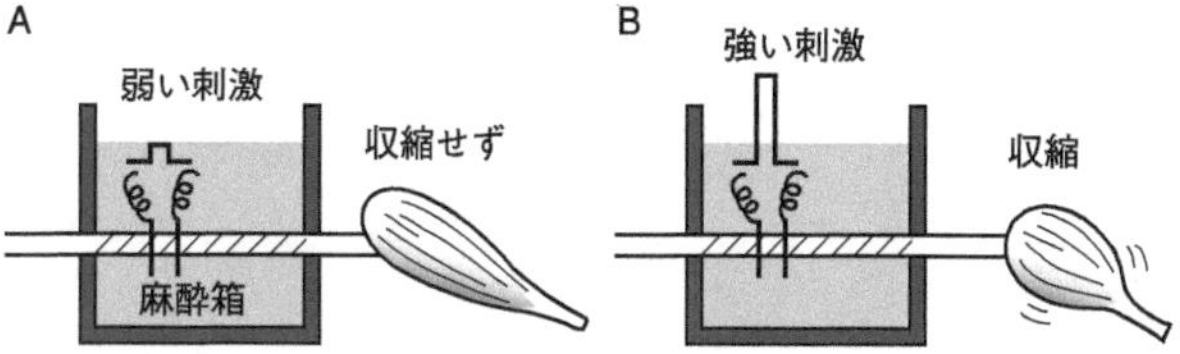

麻酔箱中で神経は弱い刺激には反応しない（A）が、強い刺激に対しては興奮を起こす（B）という結果を示す。

図３−６　フェルボルンの実験

筋肉は反応しないが、強い電流で刺激すれば筋肉が収縮する（つまり麻酔部の神経に興奮が発生する）という結果（図３−６）を得て、やはりエードリアンの言うとおり麻酔部では興奮の減衰が起こるとともに、興奮が起こりにくくなっていると主張した。

（2）加藤らの神経の麻酔実験

慶応大学医学部の加藤元一はエードリアンの実験（図３−５）を注意深く繰り返してみたところ、研究者が神経筋標本の作製に慣れるにつれ、興奮伝導が阻害される時間は麻酔部の長さに無関係に一定であることに気付いた。この意外な結果を説明するため、加藤は次のように考えた。

神経をカエルから分離する際、神経の全長に沿って存在する多数の細い神経の分枝を切断しなければならない。この際に神経線維に多くの傷口が発生する。麻酔薬は、この分枝を切断する際にできる傷口から容易に神経中に入り込んで内部の神経線維の興奮を阻害する。このため麻酔部が長いほど、傷口の数が増えるので麻酔薬はより多く神経に入り込むため、興奮伝導の阻害はより早く起こる。しかし研究者の標本作製が上手になると、この傷口は著しく小さくなるので、麻酔薬は神経の周囲の組織から一様に神経中にしみ込むようになる。このような条件下では、麻酔薬中での興奮の阻害は麻酔薬が神経の中心部までしみ込む時間で決まり、神経の長さには無関係になる。

加藤はここまで考えを進めて、このような条件下で興奮の伝導が阻害される時間が麻酔部の長さに無関係となるのは、興奮が、正常部でも麻酔部であっても、常に全か無かの法則にしたがうためであると結論した。つまり麻酔薬が神経に沿ってその周囲から神経にしみ込んでゆき、神経の中央部である濃度に達したとき神経中のすべての神経線維における興奮が全か無かの法則にしたがって阻害されるのである。加藤らのこの考えは、エードリアンの**興奮の減衰説**を否定するものので、**興奮の不減衰説**という。加藤らはこの不減衰説を支持する実験結果を得て国内の学会に次々と発表した。

(3) 慶応大と京大の減衰不減衰論争

一方、京都大学の石川日出鶴丸《ひでつるまる》らは、石川がフェルボルンの弟子であったことから、興奮の減衰説の立場で加藤らの主張に感情的に反発し、両者の論争は十数年にも及んでわが国の学界を驚かせた。両者ともそれぞれの実験結果の正当性を主張するため、学会での発表では、「われわれは勇壮活発強大なるガマを用い……」と前置きした後、発表をはじめたという。この論争は長くわが国の医学者に記憶され、筆者が若い頃、医学部出身者に専門を尋ねられて生理学ですと答えると、「ああ減衰不減衰ですね」という答えが返ってきたものである。

また、優れた生物学者であられた昭和天皇もこの論争に関心を持たれ、すでに論争が決着した後であったが、当時東大医学部生理学教室教授から文部大臣となった橋田邦彦が天皇にお会いした際「減衰不減衰の問題はその後どうなっているのか」との御下問《ごかもん》があったという。

（4）加藤らの万国生理学会での実験供覧

加藤らは世界の学界の定説であった興奮の減衰説にチャレンジして、これを覆す証拠を次々と発表したが、国内での彼らの研究に対する反応は冷淡かつ日和見《ひよりみ》的であった。これはわが国の学界の「伝統的」な態度で、現在も依然として続いており、独創的な研究の芽を摘み続けている。

図3−7　加藤元一。慶応大学医学部講堂に掲げられている肖像画

加藤（図3−7）は、わが国の学界が彼らの仕事を無視し続けるなら世界の学界を相手に彼の研究成果を主張しようと決心し、まず英文で「興奮の不減衰伝導」という長文の論文を書き、欧米の主要な研究者に送付した。この彼の行動はよい意味で日本人

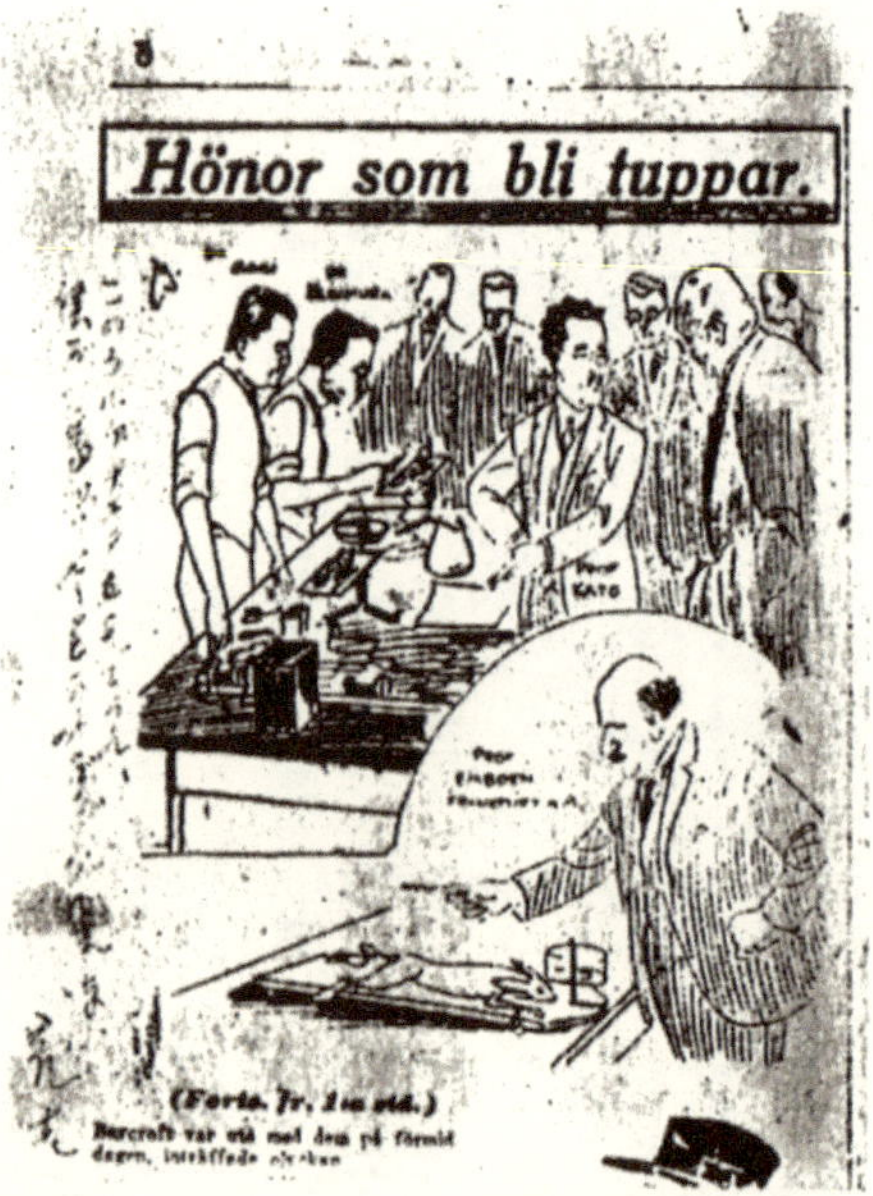

図3-8　ストックホルムの新聞に掲載された万国生理学会の記事中のマンガ。供覧実験を説明中の加藤が描かれている

離れしている。欧米の学者はわが国の学者とは異なり、加藤の仕事を正当に評価し、興奮の不減衰説に注目し賛同する者が次第に多くなった。

加藤はさらに研究員とともに1926年、スウェーデンのストックホルムで開催された万国生理学会に参加し、参加者の前で興奮の不減衰を示す実験の供覧を行った。ストックホルムへはシベリア鉄道を利用し、実験に使用するヒキガエル100匹以上を箱に入れて客室に持ち込み、しばしば乗務員の顰蹙《ひんしゅく》を買いながら、毎日生餌を与えて飼育したが、残念なことにストックホルムに着く前にすべて死んでしまった。やむを得ず現地で入手したヒキガエルを使うことにした。3種類の実験が行われ、エードリアンら欧米の著名な学者がこの供覧実験を見学した（図3-8）。なお、この供覧実験の前日、加藤はこの成功をストックホルムの地で神に祈ったという。

（5）加藤らの実験供覧、不減衰説の勝利

加藤らは、以下の3種類の実験を行った。

①まず標本作製に熟練した研究員が学会参加者の面前で作製した、麻酔部の長さの異なる2個の神経筋標本を用いて麻酔薬を同時に作用させ、電気刺激に対する筋肉の収縮が消失するまでの時間をストップウオッチで測定した。結果は大成功で、麻酔部の長さの長いものでも短いものでも興奮伝導の阻害が同時に起こることが示され、実験に立ち会った人々の賞賛を受けた。

②同様な実験を神経に与える刺激電流の強さを変えて行い、刺激電流の強さにかかわらず興奮伝導の阻害は同時に起こることを示した。

③最後の実験は最も重要なもので、麻酔部分に電極を入れて神経を刺激するものであった（図3-9）。すでに麻酔部で伝導が阻害されている神経（A）に麻酔部に入れた刺激電極によって強い電流を与える。すると、あたかも麻酔部で興奮が発生し筋肉に伝わっているかのように筋肉は収縮する（B）。次に、加藤は麻酔箱にある神経をハサミで切断し、この時筋肉が収縮を起こさな

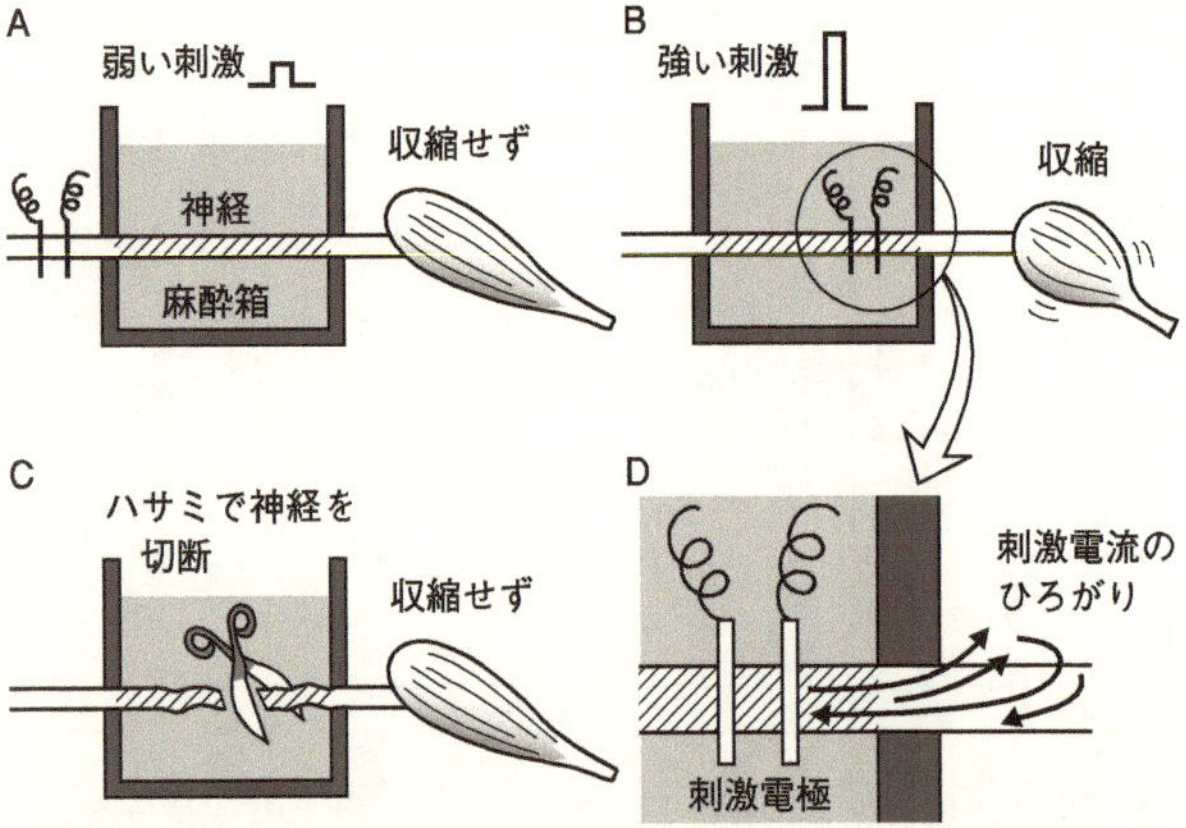

麻酔箱中の神経の興奮はすでに阻害されている(A)が、麻酔箱中の神経に強い刺激を与えると興奮が起こり筋肉が収縮するように見える(B)。しかし麻酔部で神経を切断しても筋肉は収縮しない(C)。したがってBの結果は刺激電流が麻酔箱の外に広がったため生じたものである(D)。

図3-9　万国生理学会(ストックホルム)における加藤らの供覧実験

いことを示した(C)。

「神経を切断したのだから、興奮が起きるはずもなく、筋肉が収縮しないのも当然だ」と思われるかもしれない。しかし、正常な神経はこれを切断する際、必ず1回だけ興奮を発生する。もし、減衰説が正しければ、麻酔部の神経は興奮を発生しうる状態にあるので、筋肉を切断したときには必ず興奮が起き、筋肉が収縮しなければならない。つまり、ハサミで神経を切断しても筋肉が収縮しなかったのは、麻酔部の神経では興奮の発生がすでに阻害されており、全か無かの法則にしたがい、全く興奮が起こらない状態にあったことが明らかである。

だとすると、Bの実験で麻酔部に刺

激を与えて筋肉に強い収縮が起こったのは、どう説明できるのか。実は、興奮が阻害された神経であっても、刺激電流そのものは神経に流れるため、神経は麻酔部の外に電流の広がりを伝える電流の通路になっていたのである。

つまり、麻酔部に強い電気刺激を与えたとき、フェルボルンが報告したように筋肉が収縮するのは、減衰によって弱い電気刺激では興奮が起こらなくなった麻酔部の神経が、強い電気刺激によって興奮したのではなかった。電流は、麻酔により興奮できない状態にある神経を伝わって麻酔部の外に広がり、麻酔されていない部分の神経がこの電流によって刺激され、興奮したので、この結果、筋肉が収縮したのである（D）。加藤らの一連の実験によりフェルボルンの実験は興奮の減衰伝導によるものではなく、単に刺激電流が麻酔部の外に広がったためであることが明らかになった。

このように加藤らの供覧実験は大成功を収め、供覧実験に立ち会ったエードリアンも潔く自分の減衰説の誤りを認め、加藤らの研究を賞賛した。これ以後、欧米では興奮の不減衰説が定説となり教科書の記述もこれにしたがって書き替えられた。つまり、興奮の全か無かの性質は麻酔により変化することはないのである。

しかし、現在から見れば驚くべきことに、わが国では依然として加藤らの研究に日和見的であり続けた。このことは、この件が欧米では決着した時期よりはるかに後年、昭和天皇が橋田邦彦文部大臣に前記の質問をされたことによく表れている。

(6) 慶応大グループの単一神経線維分離の成功

興奮の減衰不減衰論争では、神経中の神経線維の性質が一様であり、麻酔薬の神経線維に対する作用も一様であるという暗黙の仮定があった。このような単純な考えは近似的に成り立つに過ぎない。したがって神経線維の集合した束である神経全体を研究材料としている限り、興奮の実体に迫る研究を進めることには限界がある。

加藤はこの考えに基づき、神経からただ1本の神経線維を生きた状態で分離することに彼の研究室をあげてチャレンジし、約1年の努力の後これに成功した。この方法は低倍率の顕微鏡下にまず神経の周囲の組織を長さ数㎜にわたって除去し、ついで神経中の多数の神経線維をほぐし1本を残して他を切断するもので、一度「こつ」がわかればコロンブスの卵のようなもので、器用な人は容易に単一神経線維を分離できるようになる(図3-10A)。単一神経線維の刺激による筋肉の収縮も全か無かの法則にしたがうことが明確に示され、これにより全か無かの法則が最終的に確認された(図3-10B、C)。

生きた単一神経線維の分離は興奮の不減衰伝導の確立に続く加藤らの世界的な業績であったが、わが国の学界の反応はまたしても冷淡極まるものであった。しかし、これとは対照的に、加藤が1932年にローマでの万国生理学会で行った単一神経線維分離の報告および実験供覧は、再び諸外国の著名な学者に大きな感銘を与え、ソ連のパブロフ(条件反射の研究でノーベル賞受

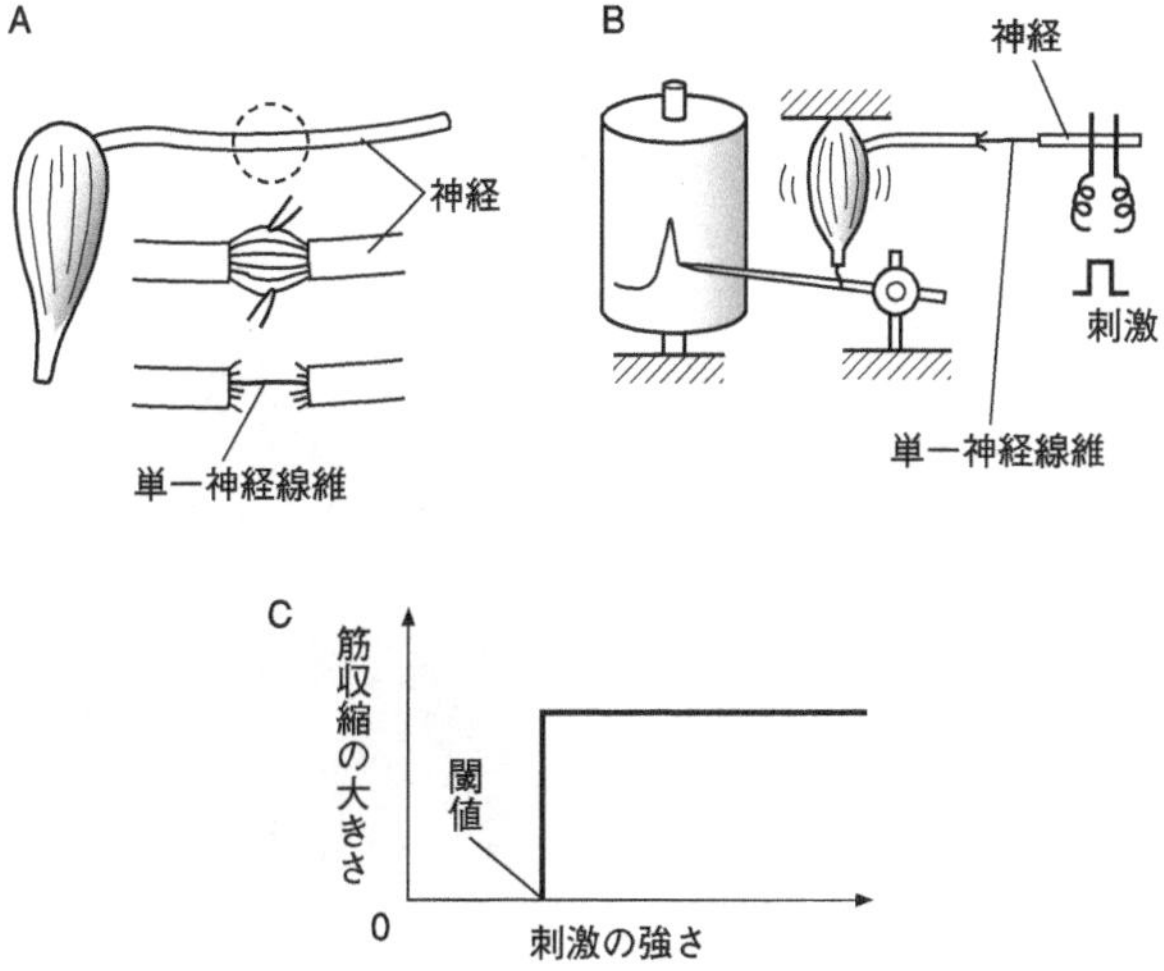

図3-10　(A)神経からの単一神経線維の分離、(B)単一神経線維の刺激による筋肉の収縮、(C)単一神経線維に対する刺激の大きさと筋収縮の大きさの関係

賞）は加藤をソ連の国賓としてモスクワに招待し、単一神経線維分離の実験を供覧させた。当時パブロフが加藤をノーベル賞候補として熱烈に推薦したことが現在明らかになっている。

余談になるが、加藤は80歳を超えても医学部学生に対する生理学の講義を続け、興奮の減衰不減衰論争の話を繰り返し語った。一般に医学部の学生は生理学の講義に余り出席しない者が多いが、加藤の講義のみは偉大な先生なので是非聴いておくべきだとの申し送りが学生の間でなされていた。当時加藤の胸像（図3－11）は屋外のキャンパスの庭に置かれていた。加藤は講義の前にいつもこの胸像の前で立ち止まり、満足そうにこれを眺めたのち講義

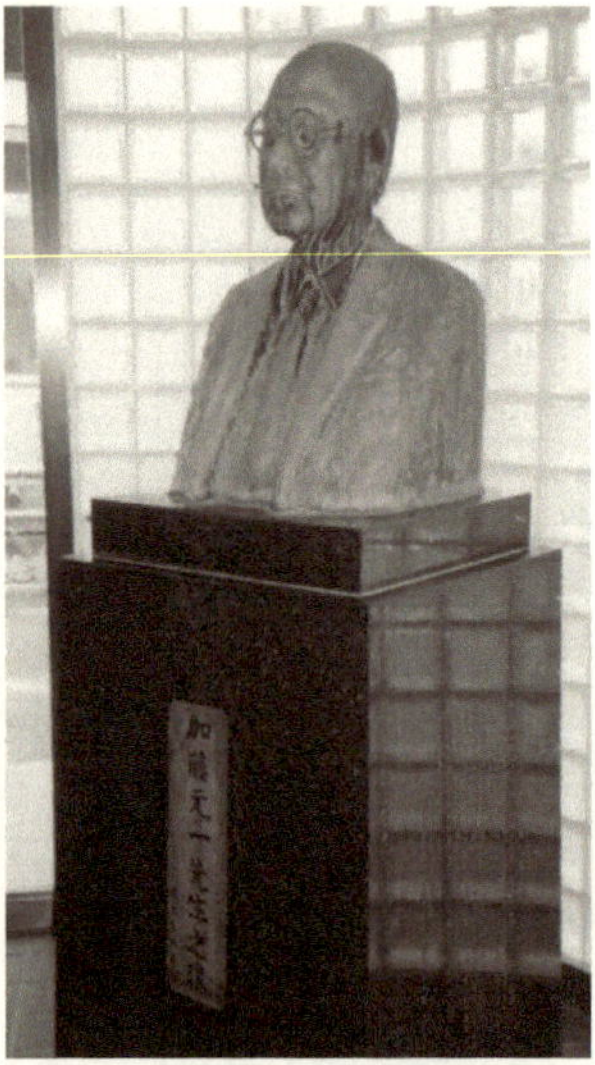

図3-11　加藤元一の胸像

室に入ってきたという。

加藤による単一神経線維分離の偉業は、第二次世界大戦後、興奮のしくみに関する画期的な研究法が相次いで欧米で開発されたため、この分野の研究の主流とは必ずしもならなかった。しかし単一神経線維の研究は現在も主として感覚生理学の分野で盛んに行われており、加藤らの偉大な業績の価値をいささかも減じるものではない。

次に述べる、単一神経線維分離成功の余勢を駆って第二次大戦中にわが国で行われた慶応大の田崎の跳躍伝導機構の発見は、わが国の興奮の研究分野での最後のまた最大の金字塔で、以後これに匹敵する独創的な業績はわが国からは生み出されていないのである。

3-6　田崎による跳躍伝導機構の発見

(1) 有髄神経線維の構造

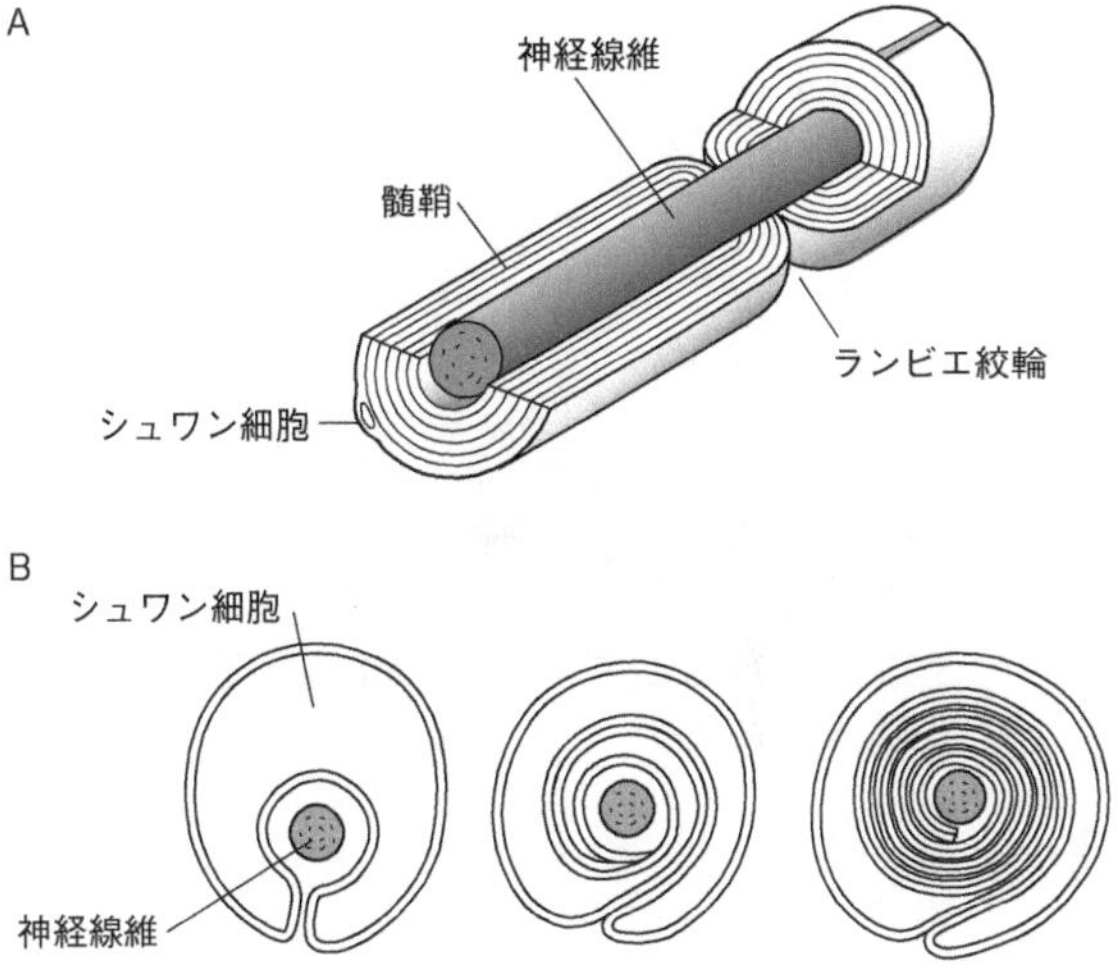

図3–12　有髄神経線維の構造（A）とシュワン細胞による髄鞘の形成（B）

カエルやヒトを含む脊椎動物の神経は**有髄神経**と呼ばれ、個々の神経線維は**髄鞘**《ずいしょう》という電気抵抗の大きい鞘《さや》に包まれている。この髄鞘はシュワン細胞が神経線維を何重にもとり巻いてできたものである。この髄鞘は約2㎜おきにくびれて途切れている。この部分を**ランビエ紋輪**《こうりん》といい（図3－12）、ここでは神経線維の細胞膜が外部に露出している。一方、背骨を持たないイカやエビのような無脊椎動物の神経は髄鞘のない無髄神経で、神経線維の細胞膜はすべて外部に露出している。

　有髄神経の構造は昔から解剖学者によって明らかにされていたが、この構造の機能的なはたらきは不明であった。慶応大学で世界にさきがけて単一有髄神経線維が分離されたので、この課題を生理学的に解明す

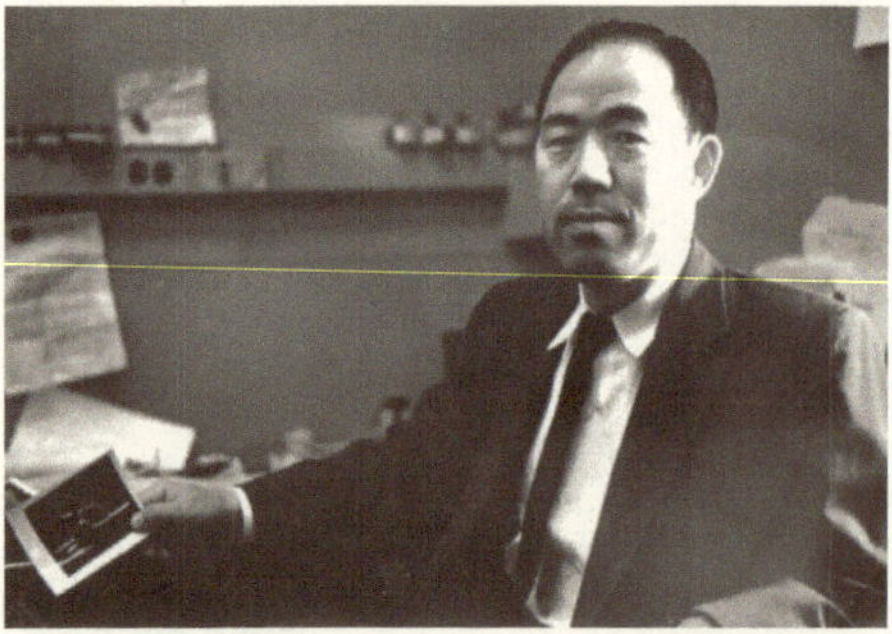

図3-13　田崎一二、1940年頃（筆者の実父・杉靖三郎撮影）

るチャンスがわが国の研究者に開かれたのであった。しかし、すでに述べたように、わが国で単一神経線維の分離の成功を表立って評価した研究者は皆無で、これを「嫌悪すべき研究」であると公言する者さえあったという。

(2) 田崎の単一神経線維の実験

慶応大学の田崎一二（図3-13）は、巧みな実験装置をつくり、有髄神経の神経線維でどのようにして興奮が伝わっていくかを明らかにした。

田崎は、単一の有髄神経線維を2つのパラフィンの堤防で3つのコンパートメント（1、2、3）に仕切られた実験槽に入れ、髄鞘で覆われた部分を堤防の上にのせて乾燥させた。髄鞘内部の神経線維は髄鞘によって保護されているので、外側の髄鞘が乾燥しても生きた状態に保たれている（図3-14A）。また、中央のコンパートメント2には、ただ1個のランビエ絞輪が存在するようにした。

このような状態でコンパートメント1から離れたところ

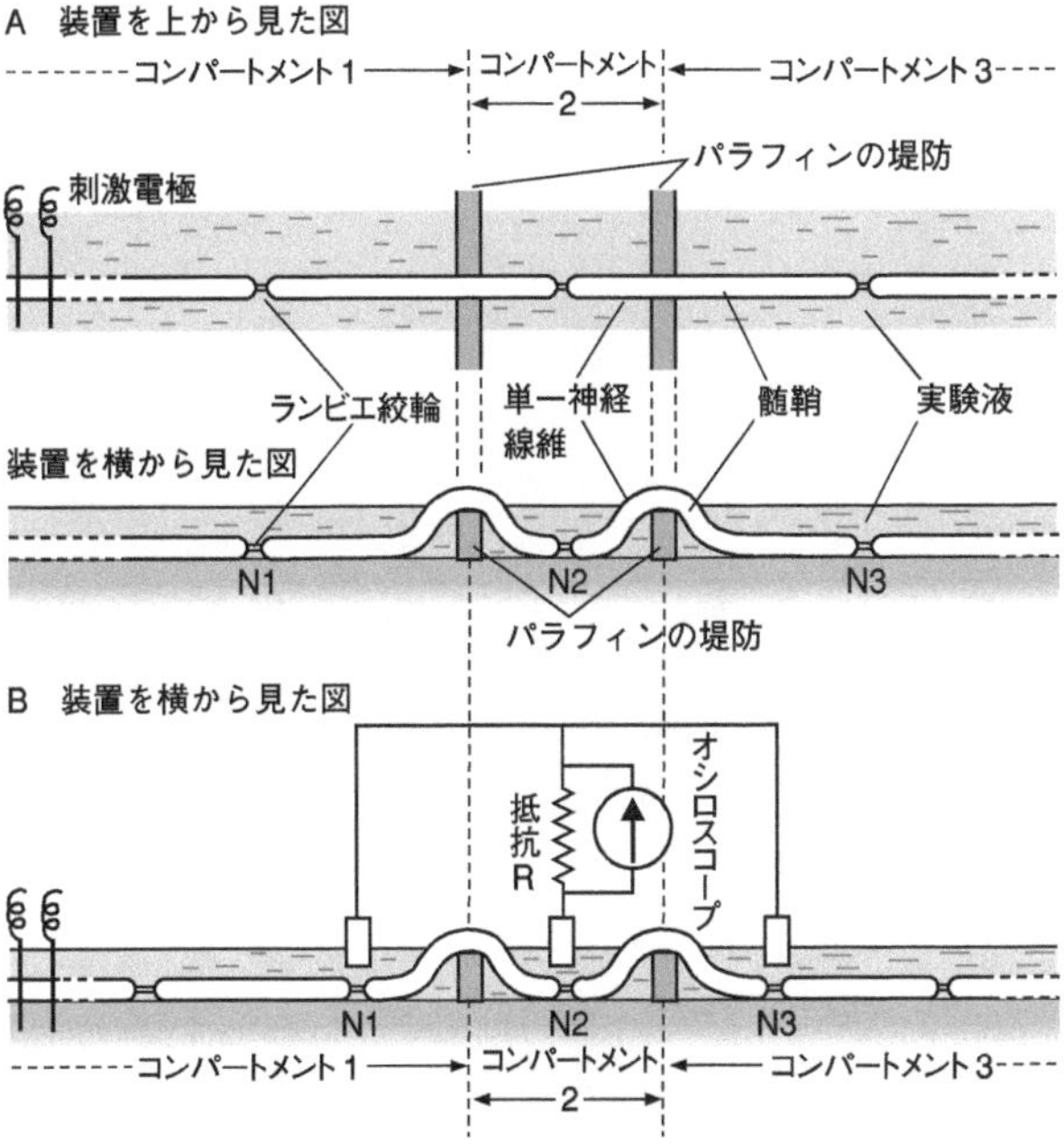

図3-14 (A)単一有髄神経線維の興奮の伝わりを研究する実験装置、(B)コンパートメント間を流れる電流の陰極線オシロスコープによる記録、Aの上部の図は装置を上から見たところ。Aの下部とBは装置を横から見たところ

で神経線維を刺激し興奮を発生させると、興奮はコンパートメント1までは伝わってくるが、さらに髄鞘を乾燥させた堤防を越えて伝わることはない。

しかし、堤防を越えて3つのコンパートメント間を導線でつなぎ、電流が流れるようにしてやると、興奮は堤防を越えて伝わっていく（図3-14B）。以上のことから、パラフィンの堤防上で乾燥した髄鞘の外側を電流が流れないと興奮が伝わらないことがわかる。

さて、有髄神経線維の細胞膜は、ランビエ絞輪の部分のみで露出しており、他の部分は絶縁性の髄鞘に覆われている。神経線維中を興奮が伝わってゆくときの電気変化に対する手がかりは、この露出しているランビエ絞輪の細胞膜を流れる電流を計測することによって得られる。田崎の用いた実験装置は、ランビエ絞輪間の髄鞘を乾燥させることによって、自然の状態では髄鞘の外側にそってランビエ絞輪間を流れる電流を、コンパートメント間を連絡する電気回路によって記録するものであり、天才的な着想と言わねばならない。

(3) 興奮の跳躍伝導機構の発見

田崎は、この独創的な実験装置を用いて、活動電流が髄鞘を飛び越えて、ランビエ絞輪から隣のランビエ絞輪まで興奮を伝える**跳躍伝導**の機構を世界で初めて発見した。以下、図3-14の模式図を参照しながら、田崎の実験の概要を説明しよう。

実験装置は、3つのコンパートメントに分かれており、堤防にはさまれた実験槽中央部(コンパートメント2、ランビエ絞輪N2がある)とその両側のコンパートメント1(ランビエ絞輪N1がある)とコンパートメント3(ランビエ絞輪N3がある)がある。田崎は、コンパートメント間を導線でつなぎ、それぞれを流れる電流を、抵抗Rを用いて陰極線オシロスコープに記録した(図3-14B)。この場合Rを流れる電流(i)の方向が変われば、Rによって生ずる電位差($i \times R$)の

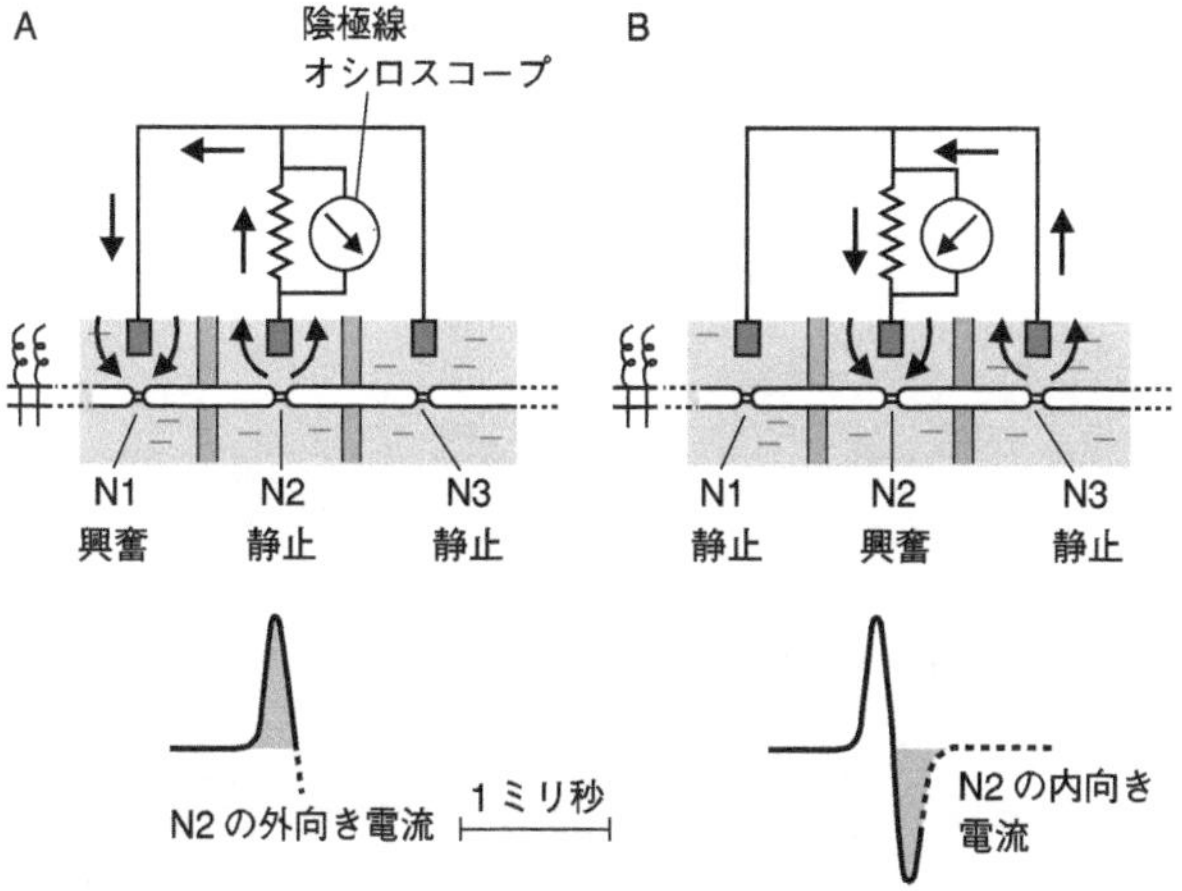

まずN2からN1に向かう電流が記録され（A）、ついでN3からN2に向かう電流が記録される（B）。A、Bとも矢印は回路を流れる電流の方向を示し、下段には記録される活動電流の経過を示す。

図3-15　単一有髄神経線維を興奮が伝わる際にランビエ絞輪間を流れる電流

符号も変化するので、オシロスコープの記録から電流の方向がわかる。田崎はこのような条件下で、興奮が３つのコンパートメントを越えて伝わってゆくとき、コンパートメント２の中のN2を流れる電流を記録したのである。

結果は図３-15に見られるように明快で、まずコンパートメント２のN2から出てコンパートメント１のN1に向かって流れる電流が記録され（図３-15A）、ついでコンパートメント３のN3から出てコンパートメント２のN2に流れ込む電流が記録された（図３-15B）。この結果は以下のように解釈される。まず、興奮がN1に達すると（図３-15A）、N1はN2に対し電気的に負になるので、N2からN1に向かう外向き電

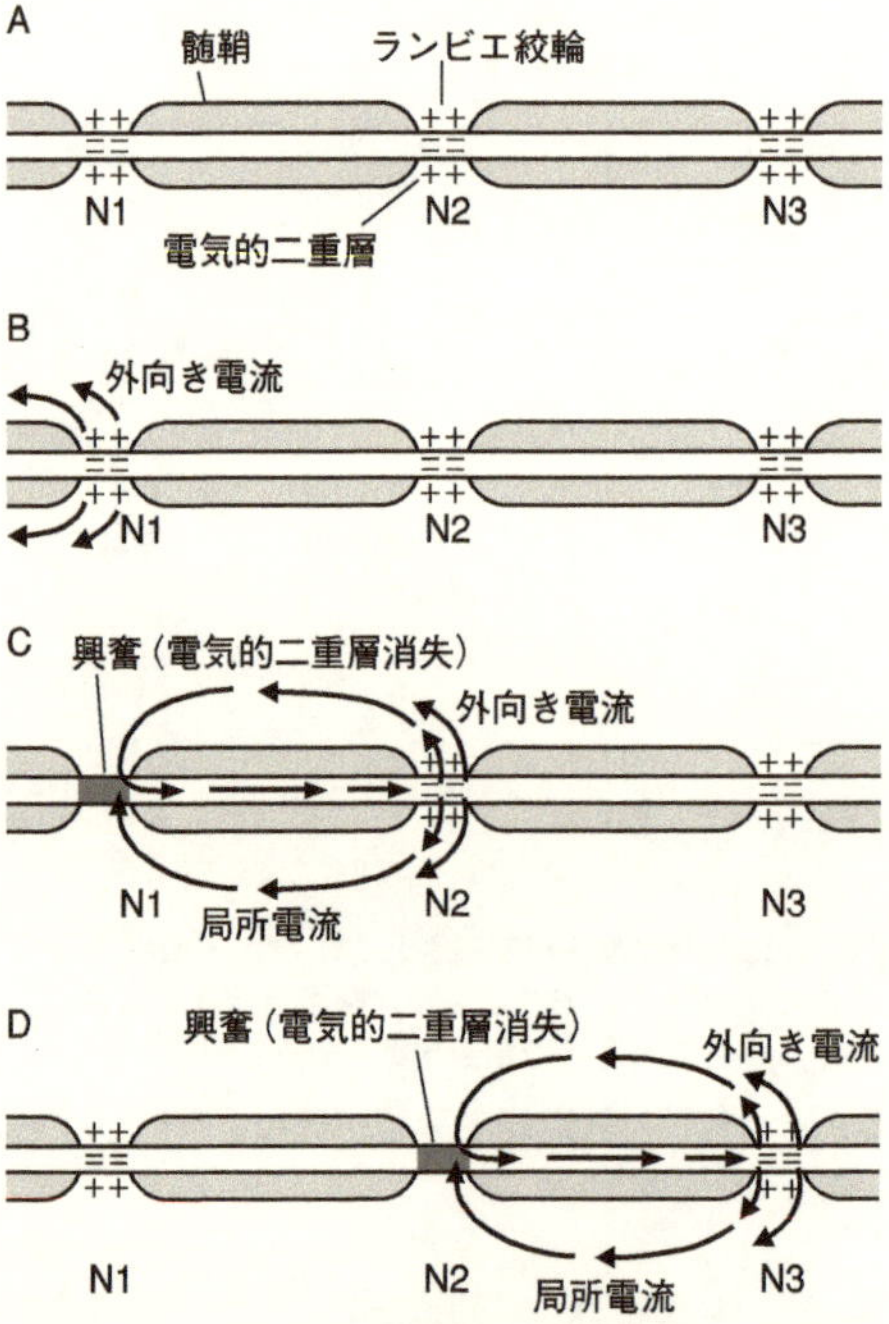

図 3-16　ランビエ絞輪間の局所電流により興奮が絞輪から絞輪へと跳躍的に伝わるしくみ（説明は本文参照）

流が流れる。ついでこの外向き電流によりN2が興奮すると、N2がN3に対して電気的に負になるので、N3からN2に外向き電流が流れ込む。田崎の得た結果は、有髄神経線維の興奮はランビエ絞輪からランビエ絞輪へと流れる電流により飛び飛びに伝わってゆくことを示している。これが跳躍伝導機構の発見である。

図3－16に、自然の状態での有髄神経線維にそっての興奮の伝わりを説明する。まず神経線維が

興奮していない静止状態では、どのランビエ絞輪（N1、N2、N3）の細胞膜も外側が正、内側が負の電気的二重層があり、絞輪間には電位差はなく電流は流れない（図3-16A）。

神経線維のどこかで興奮が起こり、N1の左隣の絞輪（図には示されていない）まで伝わってくると、N1の細胞膜から左隣の絞輪に向かう外向き電流が流れる（図3-16B）。これは興奮した左隣の絞輪では電気的二重層が消失して、まだ静止状態の絞輪N1に対して電気的に負になる（つまり両者の間に電位差を生じる）ためである。

次にこの外向き電流が引き金となってN1の細胞膜の電気的二重層が消失し興奮が起こると、絞輪N1は右隣の絞輪N2に対して電気的に負となり、この結果N2の細胞膜からN1に向かう外向き電流が流れる（図3-16C）。この時、興奮した絞輪N1の細胞膜には、細胞膜をよぎる内向き電流が流れる。電気的中性条件により、このとき流れる電流はN2からN1に向かって髄鞘の外側を流れる電流とN1からN2に向かって神経線維の内側を流れる電流からなるループ状である。これについては後で詳しく説明する。以上のような過程が繰り返され（図3-16D）、有髄神経線維の興奮はランビエ絞輪間をループ状に流れる局所電流と呼ばれる電流によって絞輪から絞輪へと跳躍して伝わっていく。後で説明するように、一連の局所電流のうち興奮を起こす引き金の役割をはたしているのが、細胞膜の外向き電流である。

(4) 田崎の大戦末期のベルリンへの論文投稿

19世紀の自然科学の発展により、研究者は国家あるいは民間の大学、研究機関で研究を行うようになり、研究上の発見の優先権に厳しいルールが成立した。この優先権は研究者が研究結果を学術論文として学術雑誌に発表した日付によって決まるのである。つまりいかに画期的な発見をしてもこれを発表せず、後から研究をはじめた他の研究者に先に発表されてしまえばそれでおしまいなのである。

田崎が跳躍伝導機構の研究を行ったのは第二次世界大戦中であり、論文を書き上げたのは大戦がまさにたけなわの頃であった。当時自然科学の先進国で権威のある学術雑誌が刊行されている国は米国、英国およびドイツであった。米国、英国はわが国と交戦中なので論文の投稿はもとより論外であり、残るのはドイツのみであった。なおこのような場合、日本語で論文を書き日本の雑誌に発表することは現在でも論外なのであって、国際的に日本語論文の優先権が認められることはまず考えられない。

そこで田崎は、1942年に論文をドイツの権威ある学術雑誌に投稿することにし、当時はまだわが国と不可侵条約を結んでいたソ連のシベリア鉄道経由でベルリンの学術誌に投稿する論文を郵送した。田崎が論文を郵送後ベルリンからこれを受理したとの返事を受け取らないうちにベルリンは陥落し、瓦礫《がれき》の山と化してしまった。しかしさすがにドイツは学問の国であり、このような切迫した状況でも田崎の論文はちゃんと雑誌に印刷発表されていたのであった。しかし残念なことに、田崎は当時このことを知る手段を持たなかった。

ドイツの降伏後しばらくしてわが国も連合軍に降伏した。田崎は事情があって慶応大学を離れ、米国に研究の場を求めようとしたが、敗戦国の国民としてこの希望がかなえられたのは終戦後3年たった頃であった。田崎から筆者が直接聞いた話であるが、米国の大学での彼の最初の給与は女性秘書の給与の半分に過ぎなかったという。

田崎は米国の大学に着くとすぐに図書室に直行して、彼が送った論文がベルリンの雑誌に掲載されていることを確認した。彼が論文をベルリンに送ってからすでに5年以上が経過していた。田崎の業績は、これが成し遂げられたタイミングが余りにも悪過ぎた。

１９４９年に英国のハクスレーらが有髄神経の跳躍伝導について論文を発表していたこともあり、英国で大戦後かなりの期間続いたわが国への悪感情から田崎の論文は長い間英国をはじめ欧米各国で半ば無視されていたのであった。しかし、現在では田崎が跳躍伝導を発見した偉大な研究者であることは世界的に認められており、筆者が彼の業績はノーベル賞に値するのではないかと欧米の研究者に尋ねると、異口同音にそのとおりであるとの答えが返ってくる。

(5) 興奮は細胞膜の外向き電流により伝わる

以上の田崎の研究は、跳躍伝導の発見のみならず、すでに彼の実験結果の説明で述べたように、興奮が伝わるしくみについて重要な事実を明らかにした。一つは興奮は、興奮した部分とこれに隣接する部分の間をループ状に流れる**局所電流**によって伝わること、いま一つは、この局所電流のうち興奮を伝える引き金となっているのは細胞膜をよぎって外向きに流れる電流であること、である。

すでに説明したように（64ページ、図3−3）、興奮部は正常部に対し電気的に負（陰性）であることが知られていたが、興奮の波（電気的陰性波）がいかに神経にそって伝わるかは不明であった。田崎の得た結果（83ページ、図3−15）は、興奮を伝える引き金となるのはランビエ絞輪間を流れる電流に他ならないことを明らかにしたのである。

読者の中には、興奮は絞輪から絞輪へと跳躍して伝わるのではなく、髄鞘にかこまれた神経線維の細胞膜にそって伝わるのではないかと疑う方もあるかもしれない。

もし興奮が神経線維の細胞膜にそって伝わり、ランビエ絞輪間を流れる電流は単に付随的に起きるものなら、髄鞘を乾燥させると興奮が伝わらなくなる現象が説明できない。髄鞘を溶液中から出して乾燥させても、内部の神経線維は髄鞘で保護されているので、コンパートメント間を導線でつないで電流の通路を作ってやらなくても興奮は神経線維の細胞膜にそって伝わることが可能なはずだからである。

第6章で説明するように、細胞膜の興奮を起こすのは細胞膜のNa^+の通路、Na^+（ナトリウムイオン）チャンネルである。現在、有髄神経線維ではこのNa^+チャンネルはランビエ絞輪の細胞膜にしか存在しないことが明らかにされている。髄鞘に囲まれた神経線維の細胞膜にはNa^+チャンネルがないので興奮が起こらないのである。このことからも、神経線維内部は電流の単なる通路に過ぎないことがよくわかる（84ページ、図3-16参照）。

前述したように有髄神経は背骨のある脊椎動物にのみ存在し、背骨のない無脊椎動物の神経はすべて髄鞘のない無髄神経である。したがって無脊椎動物の神経にランビエ絞輪は存在しない。しかし無髄神経線維の細胞膜には、その全長にわたってNa^+チャンネルが存在するので、どこでも興奮が起こる。後で説明するように、興奮は導火線を炎が伝わるように隣接する細胞膜にそって次々に生ずる局所電流（やはり閉じたループ状）によってじわじわと伝わる。この無髄神経線維の細胞膜での興奮の伝わり方は、有髄神経線維の興奮の伝わりのように跳躍することはないが、両者の間に原理的な違いはない。

実は、以上の興奮の伝わるしくみの説明は不完全なもので、興奮の引き金となる細胞膜の外向き電流の実体の説明がこの段階ではなされていない。実はこの電流はイオンチャンネルを流れるイオンによるものではなく、「流れないのに流れる」不思議な電流なのである。これについては次章で順序だてて説明しよう。

コラム

生理学の巨人たちの想い出①——田崎一二

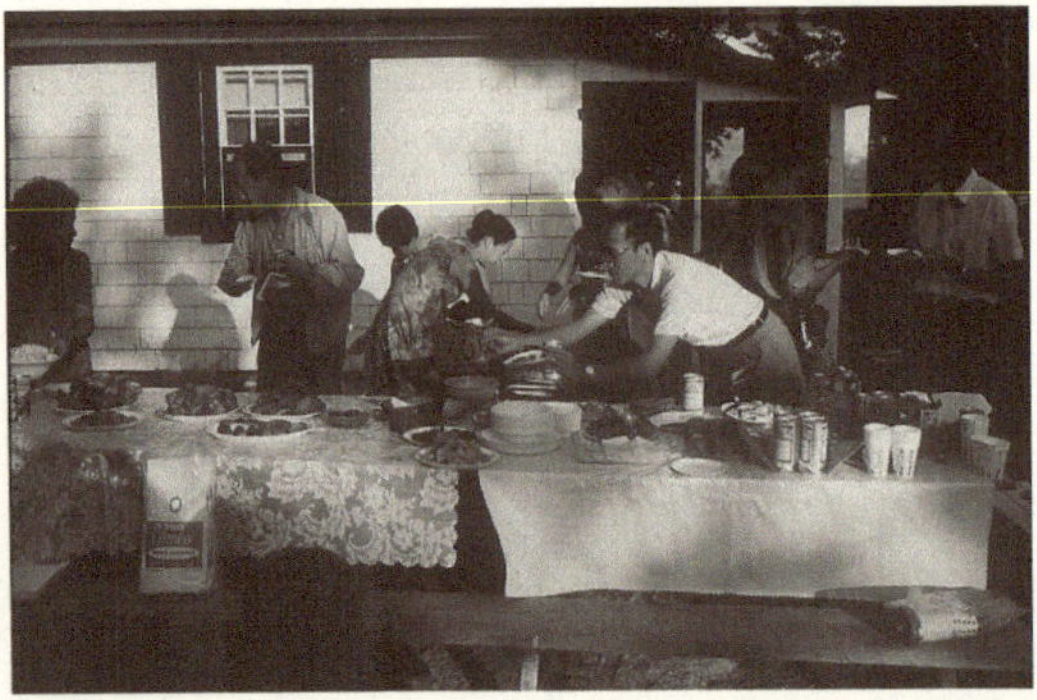

図3-17　ウッズホールの野外パーティでの田崎夫妻。右端は筆者。

わが国の生理学史上最大の巨人、田崎一二（80ページ、図3-13）は、第二次大戦中、有髄神経インパルスの跳躍伝導の発見を成し遂げたのち、大戦終了直後に慶応大学を離れた。この理由は不明であるが、田崎に先立って神経インパルスの不減衰伝導（つまり全か無かの法則）を明らかにした加藤元一との関係が悪化したことが理由の一つであろう。「両雄」は並び立たなかったのである。

田崎は間もなく渡米し、「敗戦国」の学者として、秘書より安い給与で大学に雇用された（87ページ参照）。しかし、彼の戦時中の偉業が広く認識されるようになると、ワシントンD.C.郊外の国立衛生研究所（NIH）の研究室主任として招かれ、終生ここに勤務した。

筆者も若い頃NIHに勤務し、しばしば田崎邸を訪ね田崎夫妻と歓談した。田崎夫人は終始よき共同実験者として田崎の研究を助けた。なお筆者は、田崎の共同研究者の一人（横浜市立大学医学部の竹中敏文名誉教授、2014年物故）から、田崎が跳躍伝導発見を報告した歴史的論文をシベリア鉄道経由でドイツの学術誌に送ったのは、実は田崎夫人であったこと、当時田崎自身は論文発表を諦め切っていたことを知らされた（86ページ参照）。ある日田崎が、「あの論文の原稿をどこへやった」と夫人に尋ねると、彼女は、「あれはベルリンの学術誌に送ったのよ」と答えたという。彼女はこの行為により夫の不朽の論文を広く世界に知らしめたのである（図3–17）。

ＮＩＨの研究室長の地位は、もし本人が望めば、大きな研究スペースで十数人の共同研究者と研究することが可能であった。しかし彼はこれを望まず、当初はヤリイカの巨大神経線維を研究し、ホジキン、ハクスレーと論戦を繰り広げたが、やがてこれを止め、以後ごく少数の研究室員を相手に、彼の好むガマの神経を研究対象として研究生活を送った。生理学研究の主流は脳の研究に移ってゆき、田崎の研究は注目されなくなったが、彼はこれを意に介することなく悠々と研究を楽しんだ。

田崎は偉大な研究者として稀有なことであるが、戦時中、跳躍伝導の実体に迫る研究中の自分自身の心の動きを、著書『神経生理学序説』（三共出版社、１９４８年刊）で活写している（図3–18）。この本の口絵には、彼が愛する実験動物、ガマの写真が出てくる。この本は当時、我が国の若い生理学者にバイブルのように愛読されたが、現在はこの存在を知る者は

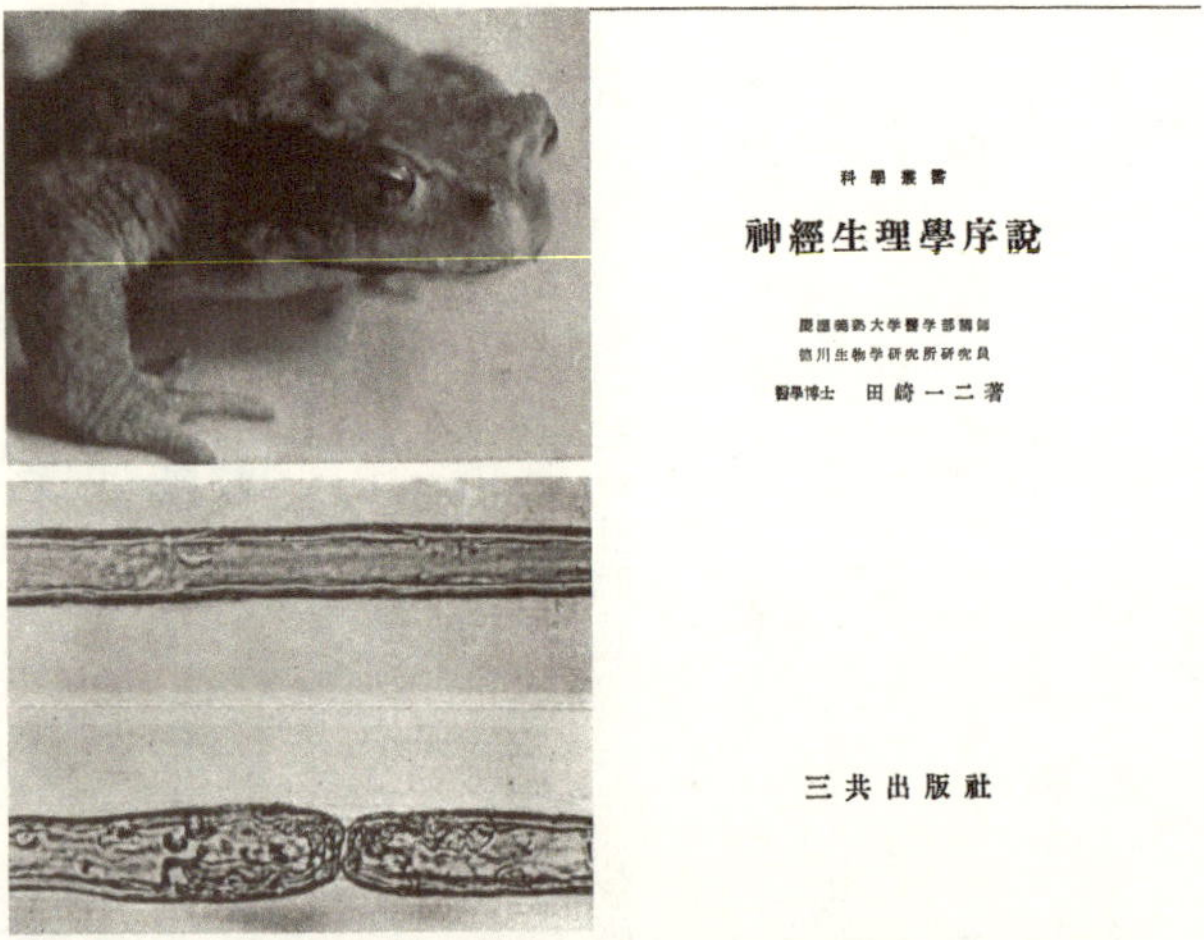

図3-18　田崎の名著『神経生理学序説』の表紙（右）、口絵のガマ（左上）と神経線維のランビエ絞輪（左下）の写真

いないだろう。

1967年9月、筆者夫妻は帰国することになり、田崎邸にお別れのあいさつに赴いた。田崎は「杉さん、私はこれまで音楽に興味がなかったが、最近音楽の面白さに取り付かれたのですよ」といって、LPレコードを聞かせてくれた。曲は山田耕筰の「赤とんぼ」を、ギターの変奏曲に編曲したものであった。赤とんぼの旋律の変奏が変わるたびに、彼は「ほら、また変わった」と、子どものように喜ぶのであった。そして「わたしは、この変奏曲のような論文を書きたいと思っているのですよ」と言われた。田崎夫人は米国で亡くなられ、これがお別れとなった。このように田崎は、いわば子どものような無邪気、率直な心の持ち主であった。

時が流れて1978年、筆者はシナプス伝達機構を解明した巨人、英国のバーナード・カッツ（ロンドン大学医学部名誉教授）を、何日間か研究室に迎えた。当時田崎も来日していたので、ある日、田崎、カッツ、およびカッツと親しい慶応大学の冨田恒男（当時慶応大学医学部教授）を招いて歓談する計画を立てた。冨田は網膜の視細胞の光に対する反応を明らかにした、優れた生理学者である（286ページ参照）。

この計画を立て、当事者の承諾を得ると、急に心配になった。なぜなら、田崎が加藤教授の研究室を離れた後、加藤の娘婿となり、加藤研究室の後継者となったのが冨田だったからである。考えた末、田崎、冨田のいずれとも親交のある筆者の実父（杉靖三郎、当時筑波大学体育学群名誉教授）を招待者に加えることにした。父は両者の間をうまく取り持ってくれるであろう。

当日まず筆者の研究室に招待者が集まると、果たして心配した事態が起こった。冨田が「やあ田崎君、久しぶりだね」と声をかけると、田崎はプイッと横を向き、終始冨田に視線を向けることもなかった。私の父がうまく間に入って、どうにか無事に会食を終えることができた（図3−19）。

会食が終わって筆者がカッツをホテルに送ってゆく途中、彼は当然の事ながら「今日の田崎の態度はいったいどうしたのだ」と尋ねた。「昔、田崎は加藤研究室にいられなくなり、冨田は加藤の娘婿として研究室の後継者となったのです」と説明したとたん、カッツは「そ

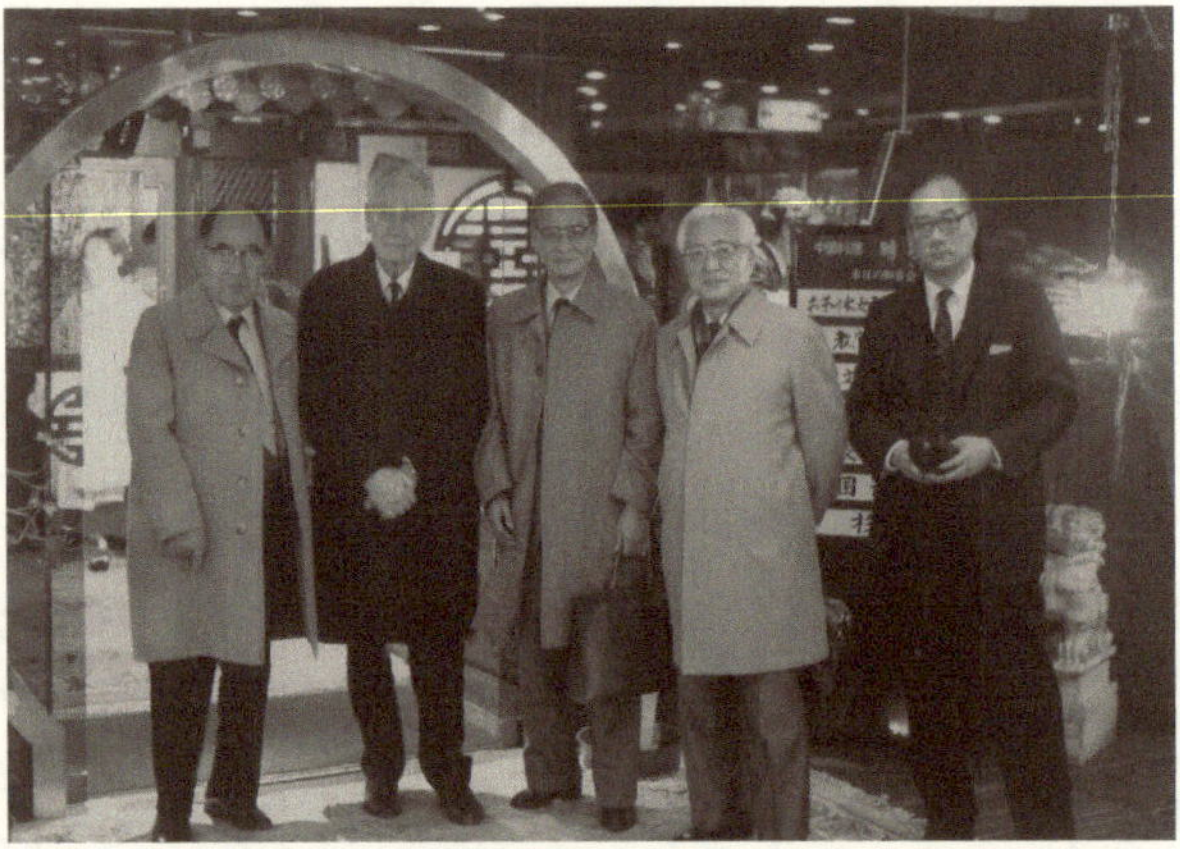

図3-19　東京にて食事会のあと。左から田崎一二、バーナード・カッツ、杉靖三郎、冨田恒男、筆者

うか、それで大変よくわかった」と話を打ち切った。

　なお、この話には続きがある。何年か後、田崎は日本政府から叙勲され、都内で祝賀会が行われた。この席上で冨田は「私は慶応大学医学部で田崎さんの三年先輩ですが、私の仕事は田崎さんの偉大な業績の足元にも及びません」と祝辞を述べ、田崎はこれにニコニコして子どものように喜び、両者の険悪だった関係は改善した。

　なお田崎は98歳の長寿で2009年に亡くなった。死の直前まで研究を続けていたという。

第4章　細胞膜を「流れないのに流れる」容量性電流の不思議

これまで説明したように、興奮が起こる最初のステップは、細胞膜を流れる外向き電流である。この外向き電流により細胞膜のある部分に興奮が起こると、興奮部と静止部との間に電流(活動電流)が流れ、この過程が連鎖的に次々と起こることによって興奮が神経線維にそって伝わってゆく。水溶液中で電流を運ぶのはもっぱら電解質イオンなので、この興奮にともなって起こる活動電流ももっぱらイオンの流れによって起こるのであろうか。

細胞膜が興奮を起こすまでにはいろいろな変化が興奮に先立って起こらねばならない。実は、これらの興奮の前段階の変化を起こし、興奮の引き金となる初期の外向き電流は特定のイオンによって運ばれるのではなく、細胞膜をよぎって「流れないのに流れる」、不思議な電流なのである。本章ではこの不思議な電流について説明しよう。これを理解するには以下に説明する電気容量の知識が必要である。

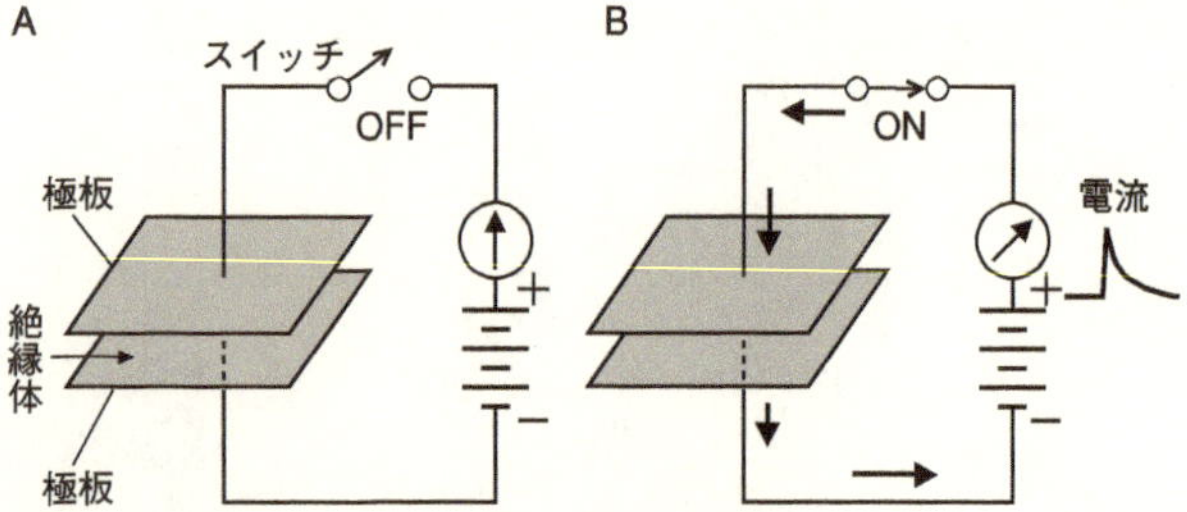

図4−1 (A) コンデンサー（蓄電器）の構造、(B) コンデンサーに直流電圧を加えると短時間電流が流れる

4−1 電気容量とはなにか

ラジオやテレビなどの電気回路に使用される要素の一つにコンデンサー（蓄電器）がある。これは図4−1Aのように2枚の金属の板（極板）を短い距離を隔てて向き合わせたものである。極板の間には電気的絶縁体（雲母や油あるいは空気）が入っている。コンデンサーの極板に電池のプラス極とマイナス極を接続すると、コンデンサーを通って電流が短時間流れた後ゼロになる（図4−1B）。

極板の間には電気的絶縁体があるので電流は極板間を流れないはずなのに、なぜ電流が測定されるのであろうか。絶縁体を構成する物質の分子は金属導体の分子のような電流を伝える自由電子を持たないが、電圧が加えられると、絶縁体の中で分子の向きが変化する。絶縁体分子の向きはランダムであるが（図4−2A）、電圧を加えるとそれぞれの分子内の−（マイナス）に荷電した部分がコンデンサーの＋（プラス）極板に向き合

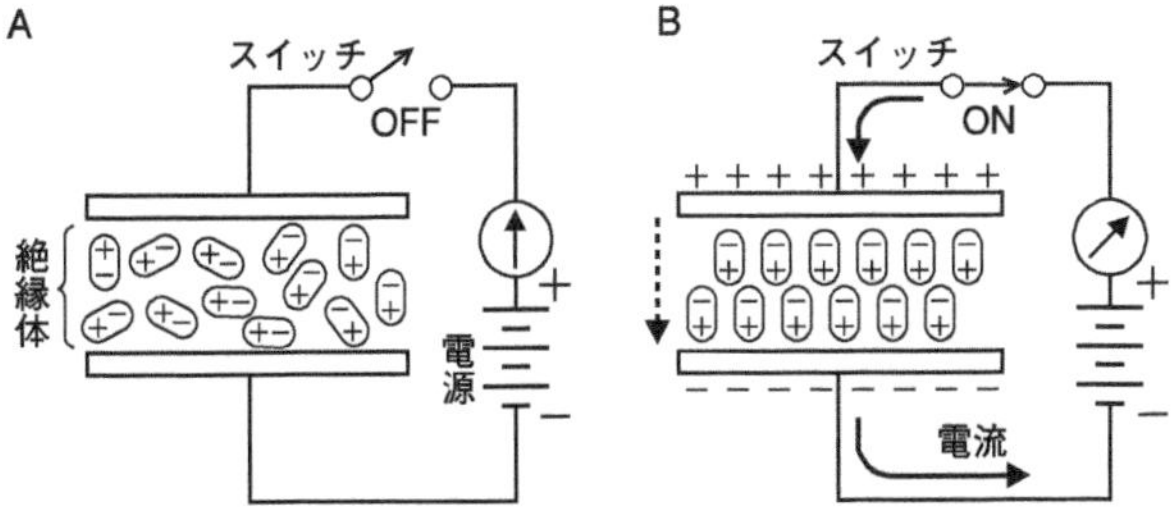

図4-2　コンデンサー内の絶縁体分子の配列。(A) 電圧を加えないとき、(B) 電圧を加えたとき

い、分子内の＋に荷電した部分はコンデンサーの－極板に向き合うようにその向きを変える（図4-2B）。この現象は静電気の静電誘導（異なる符号の静電荷が互いに引き合う）のような現象と考えればよい。

この絶縁体分子の向きの変化が進行するには時間がかかり、この期間にコンデンサーの極板には電源からの荷電が流入する。つまりコンデンサーに荷電が蓄えられる。したがってコンデンサーは蓄電器とも呼ばれる。あるコンデンサーが蓄える荷電の量（電気量）をQ、コンデンサーに加える電圧をV、コンデンサーの容量をCとすると、次のような式が成立する。

$$Q = C \times V$$

この式からわかるように、あるコンデンサーが蓄えうる荷電の量は、コンデンサーに加えられる電圧が高いほど、またコンデンサーの容量が大きいほど、大きい。コンデンサーの容量は極板の面積が大きいほど、また極板間の距離が短いほど大きい。

容量Cのコンデンサーに電圧Vを加えると、コンデンサーの中の絶縁体分子は次々と向きを変え、この期間コンデンサーを「見かけ上流れる」電流が記録される。向きを変える絶縁体分子の数がコンデンサーが蓄えうる荷電量Qに相当する数に達すると、荷電のコンデンサーへの流入、つまりコンデンサーを見かけ上流れる電流はストップする。

図4-2Bに示すように、電圧によって向きを変えた絶縁体分子のうち+極板に最も近いものは、極板に対してその負に帯電した部分を向けて並ぶので、+極板はこれに対して正に帯電する。−極板ではこの逆に負に帯電する。

4-2 コンデンサーを「流れないのに流れる」電流の実体

コンデンサーが荷電を蓄積する間、見かけ上コンデンサーを通って流れる電流の実体はいろいろな方法で説明が可能であるが、ここでは最もわかりやすい説明を用いる（図4-3）。コンデンサーが荷電を蓄えつつあるとき、電源から極板に荷電が移動する。電源と極板をつなぐ金属線で荷電を電流として運べるのは電子だけである。

コンデンサーに電圧をかけると、異なる符号の荷電は引き合うので、+極板中の負の荷電を持つ電子は+電源に引かれて+電源に向かって移動する。したがって電子の動く方向と逆方向つまり+電源から+極板に電流が流れる。一方電源の−側では、同じ符号の荷電は反発し合うので、

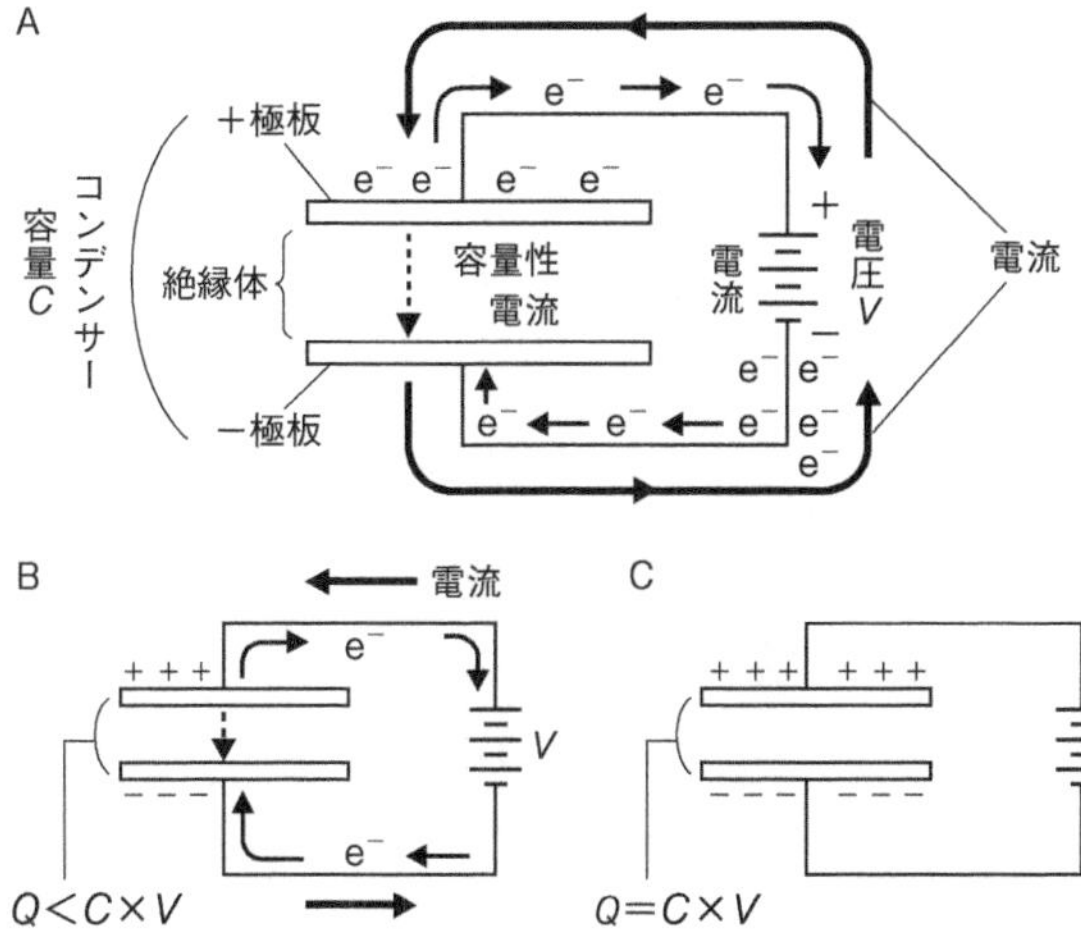

図4−3　（A）コンデンサー（容量C）に電圧（V）を加えたとき導線を流れる電流（太い矢印）と電子（e^-）の流れの関係。（B）コンデンサーが荷電をためているとき。（C）コンデンサーの荷電Qが$C \times V$に達すると電流はストップする

−電源部の電子が押し出されて−極板に向かって移動する。この結果、電流が−極板から−電源に向かって流れる。したがって、電流は実際には極板間の絶縁体を流れないが、あたかも絶縁体中を＋極板から−極板に向かって電流が流れたのと同様な現象が起こる（図4−3A）。この結果、＋極板は電子が不足して正に帯電し、−極板は電子が過剰になり負に帯電する。これがコンデンサー中を「流れないのに流れる電流」の実体である。

　このような電流を**容量性電流**という。直流電源をONにしたとき、コンデンサー中を「流れないのに流れる」容量性電流は、コンデンサーの極板にコンデンサーの容量Cと電圧Vで決まる荷電量（$Q=C\times V$）が蓄積するまで流れる（図4－3B、C）。

なお、以上の説明を難しいと考える読者は、とりあえずこの部分を読み飛ばしていただき、後でブルーバックスの電気に関する入門書を参照していただきたい。実は筆者もこの容量性電流の理解には時間がかかったのである。

余談になるが、このコンデンサーの極板間を「流れないのに流れる」容量性電流が通常の電流と同じように周囲に磁場をつくるか否か（19ページ、図1－5参照）について19世紀の物理学者の間に論争があり、マクスウェルはこのような電流も磁場をつくると主張し、さらに空間を光速で伝わる電磁波の存在を予言した。現在では彼の予言はことごとく的中し、彼の予言した現象が現在の人類の文明社会を支えているのである。

4－3 細胞膜の電気容量

話を細胞膜にもどそう。一般にコンデンサーのようにどのくらい電荷をためられるかを表す量を**電気容量**という。この電気容量は、コンデンサーの極板のように電気をよく伝える物体が、短い距離を絶縁体で隔てて向き合っている場合につねに現れる量である。

次章で詳しく説明するように、細胞膜の主成分は「油」であり、したがって細胞膜は電気的絶縁体である。細胞膜の厚さは約5nm（ナノメートル、1ナノメートルは10億分の1m）に過ぎな

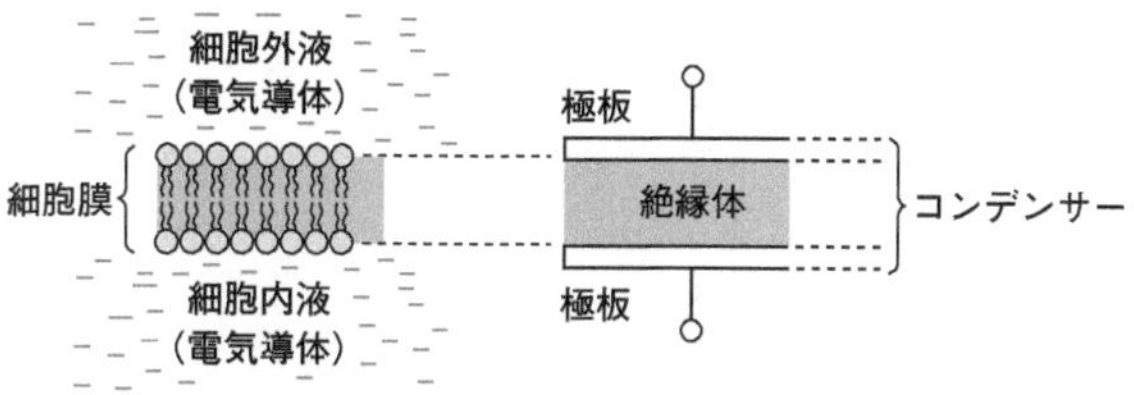

図4-4　細胞膜はコンデンサーと同様に電気容量を持つ

い。この極めて薄い細胞膜を隔てて濃い電解質溶液（電気をよく伝える物体）である細胞内液と細胞外液が向き合っている。つまり細胞はすべてその周囲を取り囲んでいる絶縁性の細胞膜のため電気容量を持つのである（図4-4）。

一般に、絶縁体の持つ電気容量の大きさ、つまり蓄積しうる荷電の量は、絶縁体をはさむ電気導体（細胞の場合は、細胞内液と細胞外液）の間の距離が短いほど、そして、その面積が大きいほど、大きくなる。

細胞は、その大きさ（体積）が極めて小さいにもかかわらず、蓄えられる電気容量が非常に大きい。これは、物体の体積が小さくなるほど、体積に対する表面積の比率が大きくなることに由来している。例えば、一辺が1㎝の立方体では、表面積6㎠、体積1㎤となるのに対して、一辺が2㎝の立方体では、表面積24㎠、体積8㎤となる。以上のことからもわかるとおり、細胞膜には細胞の大きさに比べて非常に大きな容量性電流が流れうるのである。細胞の電気容量は後で説明するように、生体電気信号の発生とその伝わりに深く関わっている。

4-4 興奮発生の引き金となる容量性外向き電流

ここで、有髄神経線維で局所電流により興奮が伝わってゆく過程（84ページ、図3-16）で、興奮発生の引き金としてはたらく、細胞膜の外向き電流を、電解質溶液の電気的中性条件や、細胞膜の電気容量と容量性電流などの知識をもとに説明しよう。

図4-5Aに有髄神経線維の隣り合った2個のランビエ絞輪（N1とN2）を示す。静止状態のランビエ絞輪の細胞膜には、外側が+、内側が−の荷電が電気的二重層を形成しており、N1とN2の間に電流は流れない。

図4-5Bのように、N1の細胞膜に興奮が起こると、N1の細胞膜の電気的二重層は消失し、N2の細胞膜に対して電気的に負になるので、N2からN1に向かって局所電流が流れる。この局所電流はN2の細胞膜を外向きに流れるが、外向き電流の最初の部分は、N2の細胞膜の電気的二重層を形成していた荷電の移動によって起こる。つまり、細胞膜の外側のプラス荷電は髄鞘の外側をN2からN1へ流れる電流となって移動し、逆に細胞膜の内側のマイナス荷電は、神経線維の内部をN2からN1に向かって移動し、神経線維の内部をN1からN2へ流れる電流となる（マイナス荷電の移動方向は電流の方向と逆になる）。この電流が流れている間にN2の細胞膜の電気的二重層の荷電量は減少してゆくが、どの時点でも電気的二重層で向き合っているプラスとマイナスの電荷の量は等し

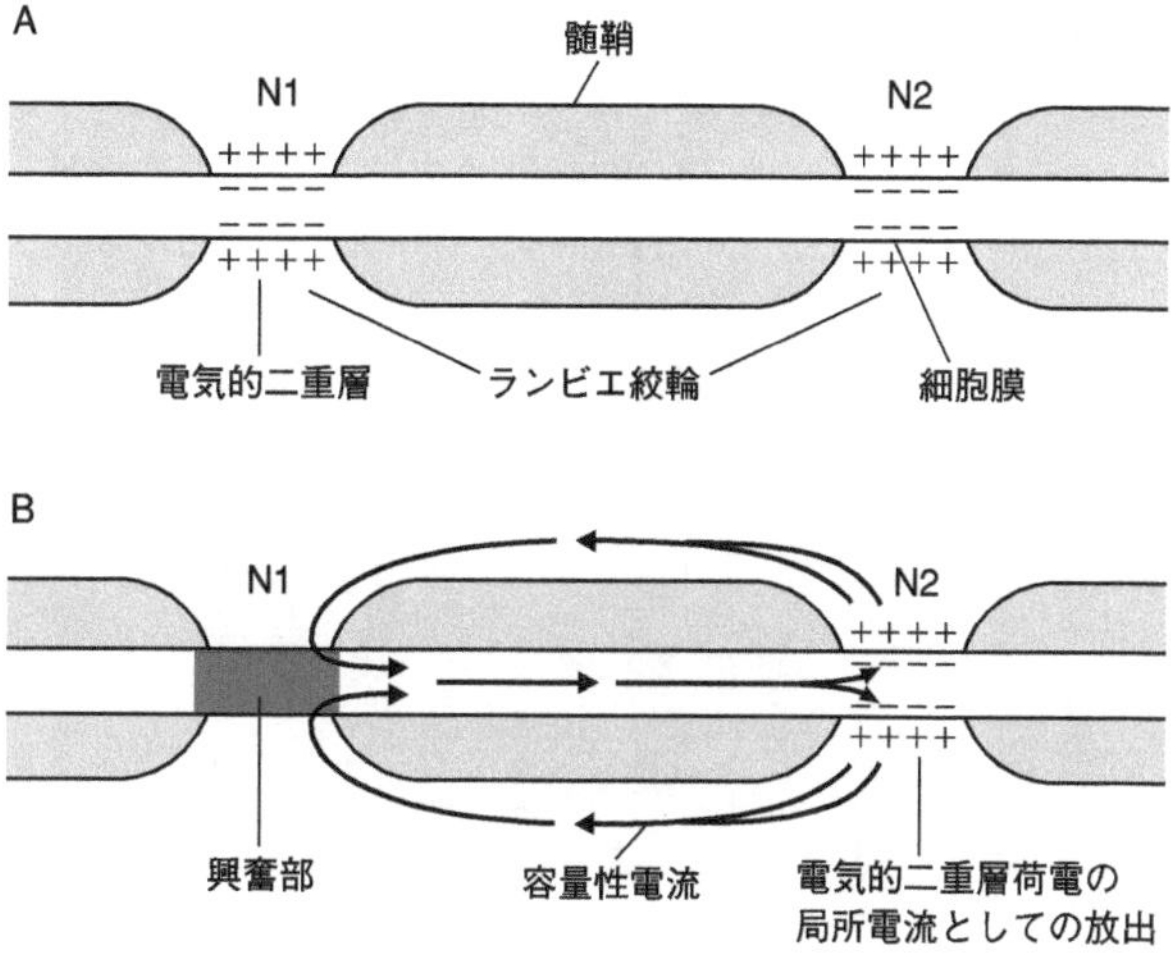

（A）静止状態、（B）絞輪 N1 の興奮による絞輪 N2 から N1 に流れる電流。N2 の電気的二重層は局所電流として放出されることに注意。

図 4-5　有髄神経線維で興奮の引き金となる容量性電流

く釣り合っている。したがって、電流は細胞膜をよぎって実際に流れないにもかかわらず、細胞膜をよぎる電流が流れているとみなしてもよいのである。

このように、興奮が伝わる際に絞輪の細胞膜を見かけ上よぎって最初に流れるのは、容量性外向き電流で、実際には細胞膜を電流は流れていないのである。図に見られるように、絞輪間を流れる局所電流は、電気的中性条件を満たすように閉じたループ状になっている。

さて、先に説明したとおり、コンデンサーでは電圧が加えられると内部の絶縁性物質の分子が向きを変えるため容量性電流が流れる（97ページ、図4-

2）。細胞膜ではどんな絶縁性物質の分子が向きを変えるのであろうか。

細胞膜を形成しているリン脂質分子が電圧により向きを変えることは考えにくい。動物の体内では細胞外液（血液、体液）からエネルギー源として脂質が分解してできるグリセロールや脂肪酸などが細胞膜を通って細胞内に絶えず供給されているので、細胞膜中のこれらの絶縁性物質が、主として細胞膜の電位差変化に応じて向きを変えるのであろう。さらに細胞膜を通るO_2やCO_2などの気体分子も電位変化により向きを変える可能性が考えられる。

なお、外向き電流が引き金となって興奮が発生すると、電解質イオンが細胞膜に開いたイオンチャンネルを通ることにより、細胞膜を横切って実際にイオン電流が流れるようになる。

4-5 髄鞘を流れる容量性電流

読者に容量性電流が実際に「流れないのに流れる」電流であることを実感していただくため、田崎が単一有髄神経線維の絶縁性の髄鞘を見かけ上よぎって電流が流れることを示した実験を紹介しよう。

図4-6に示すように、この実験では第3章の実験（81ページ、図3-14）とは異なり、中央のコンパートメント2には神経線維が絶縁性の髄鞘に囲まれた部分があるのみで、ランビエ絞輪は含まれていない。興奮がコンパートメント1の絞輪N1からコンパートメント3の絞輪N2に伝わる

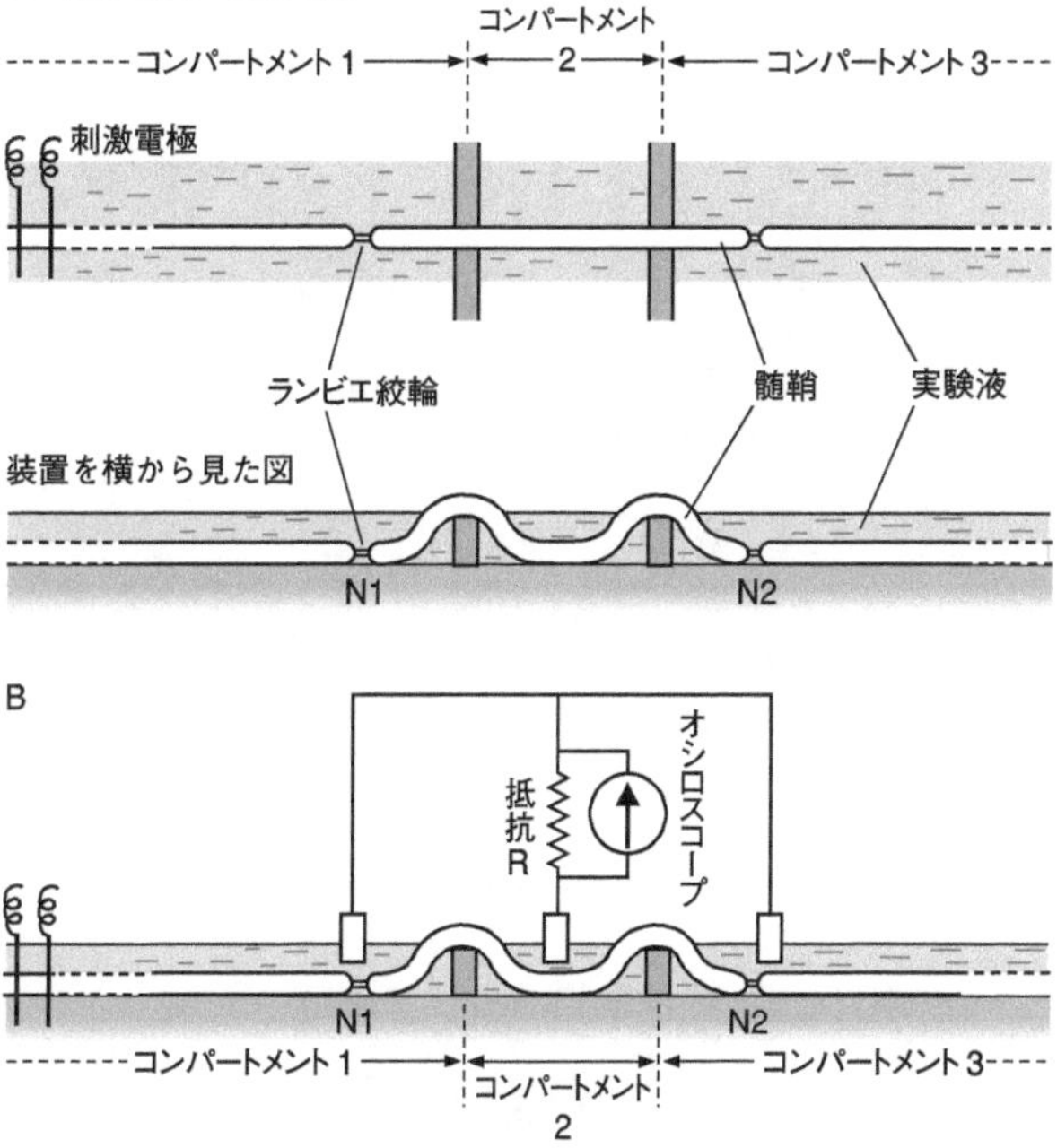

図４-６　田崎の単一有髄神経線維の実験。
中央のコンパートメント２にランビエ絞輪が含まれていないことに注意

ときN1とN2の間を流れる電流はコンパートメント2を飛び越えて導線を流れ、抵抗Rを流れることはない。したがって、興奮がN1からN2に伝わるとき、オシロスコープには電流が記録されないはずである。

しかし、実際には、興奮がN1に到着したとき、まずコンパートメント2の髄鞘をよぎってN1に向かう小さな短い電流が記録され（図4-7A）、ついで興奮がコンパートメント3のN2に到着する

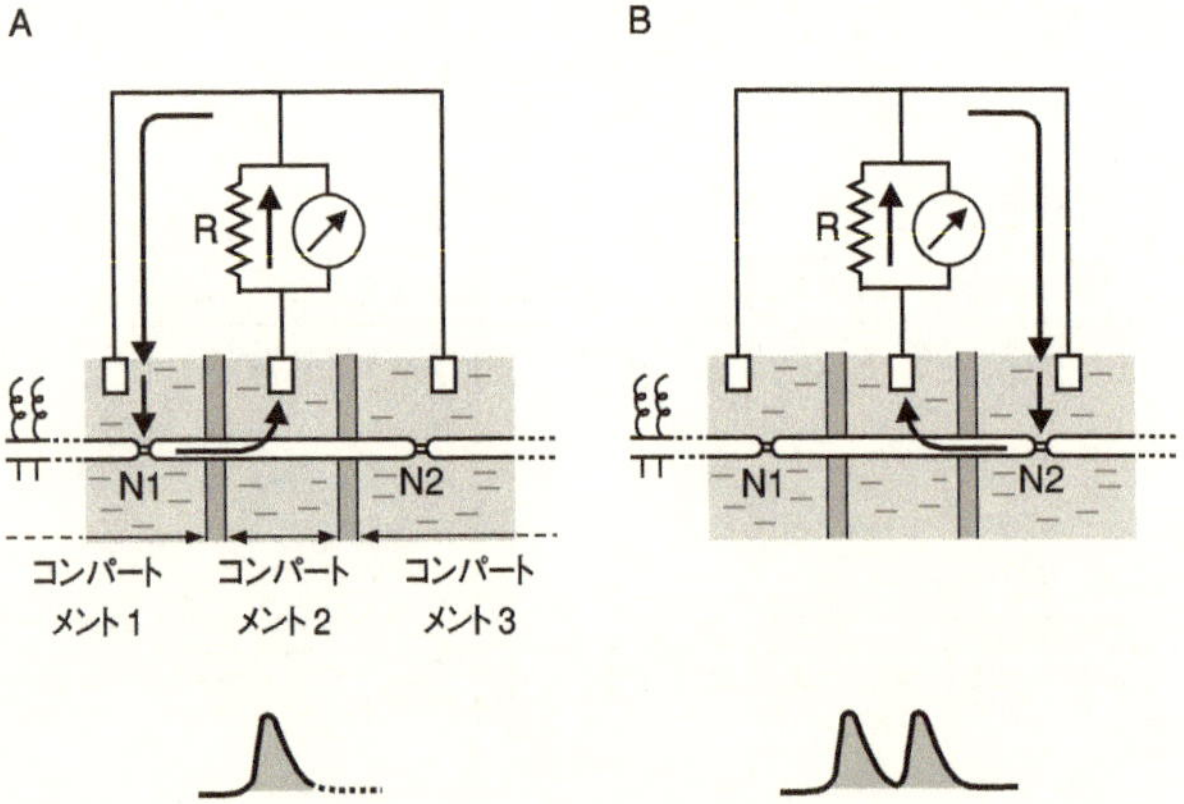

図4-7　興奮がN1に達したとき(A)とN2に達したとき(B)に、ランビエ絞輪を含まないコンパートメント2を流れる電流

と、ふたたびコンパートメント2の髄鞘をよぎってN2に向かう電流が記録される（図4-7B）。オシロスコープに記録された電流は、絶縁性の髄鞘を見かけ上よぎる「流れないのに流れる」容量性電流にほかならない。読者はこれがたしかに「流れるはずがないところに流れる」電流であることを実感されるであろう。

有髄神経線維の髄鞘は、その内部の神経線維の細胞膜と一体になって、荷電を蓄積するコンデンサーとしての性質を示す。つまり髄鞘の外側と、髄鞘内の神経線維の細胞膜の内側との間に電気的二重層が存在すると考えられる。この髄鞘の電気的二重層はランビエ絞輪の細胞膜の電気的二重層と静止状態で釣り合っている（図4-8A）。

コンパートメント1の絞輪N1の1つ前にあ

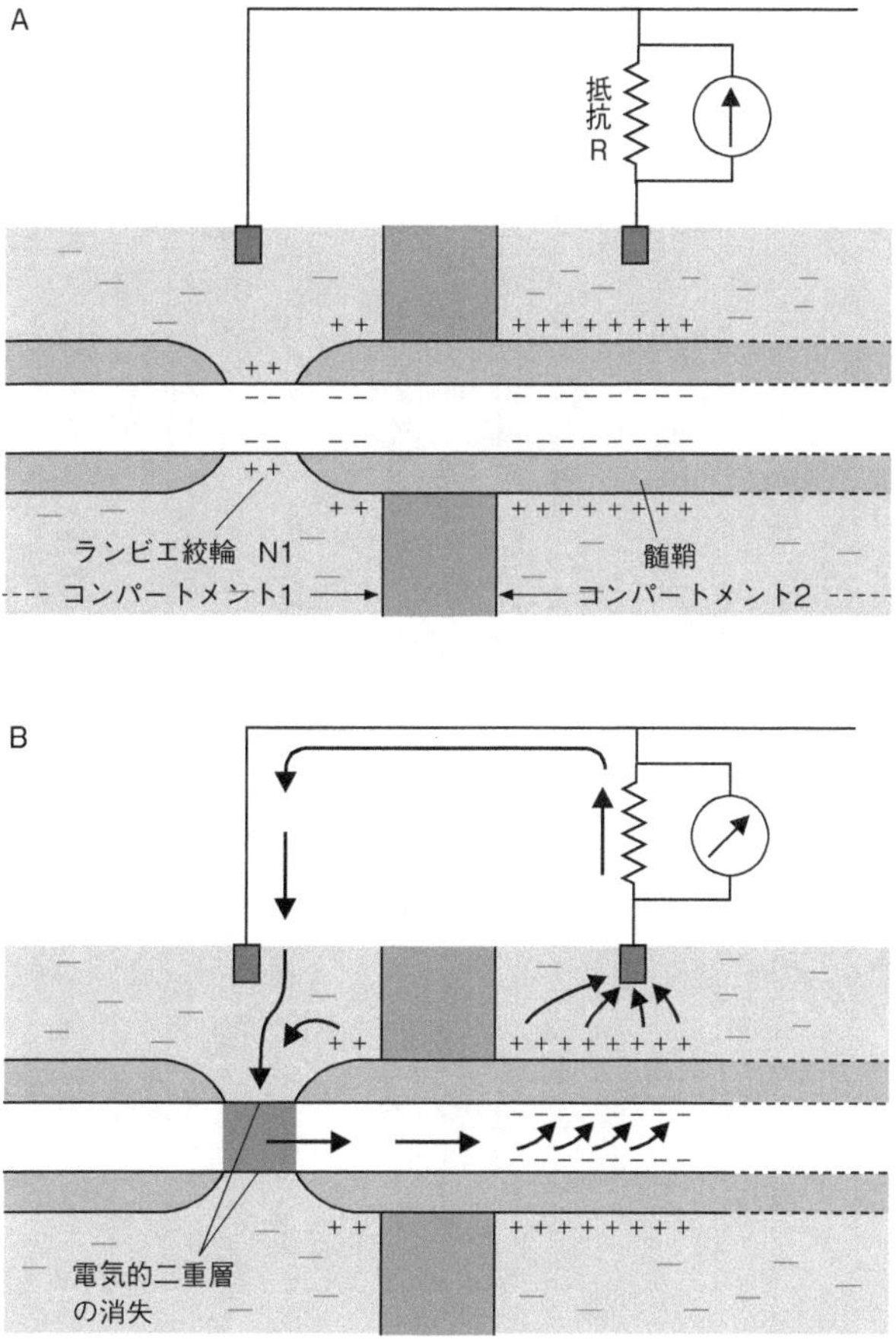

図４−８　図４−６の実験で髄鞘をよぎり抵抗Rを流れる容量性電流の説明図。(A)静止時、(B)コンパートメント1の絞輪N1が興奮したとき

る絞輪が興奮すると、すでに説明したように、この絞輪に向かって絞輪N1の細胞膜を見かけ上よぎる容量性外向き電流が流れ、絞輪N1の細胞膜の電気的二重層は消失してゆく。この結果静止状態で保たれていたランビエ絞輪N1とこれに隣接する髄鞘との間の荷電の釣り合いが破れ、コンパートメント2の髄鞘の外側の正電荷と、髄鞘内の細胞膜の内側の負電荷がループ状の電流となってN1に向かって流れる（図4-8B）。これらの電荷は、正または負の電荷を持つあらゆるイオンによって運ばれる。この電流が抵抗Rを流れる容量性電流として記録されるのである（図4-7A、B）。

コンパートメント3の絞輪N2が興奮したときも同様なことがコンパートメント2の髄鞘とコンパートメント3のランビエ絞輪の間で起こり、やはり両者の間に電流が流れる。なお、図4-7A、Bに見られる二つの電流の間隔は、興奮がN1からN2へ伝わる時間に相当する。

この髄鞘をよぎって流れる電流は、自然の状態でも興奮が髄鞘を飛び越えて伝わっていくとき髄鞘にそって起こっている。この電流は髄鞘がコンデンサーの性質を持つことによる、いわば興奮の伝わる際の副次的で無駄な漏洩（リーク）電流ともみなしうる。しかしこのリーク電流は興奮の伝わりに必要なランビエ絞輪間を流れる電流に比べればわずかである。

4-6 有髄神経がヒトの脳をつくった

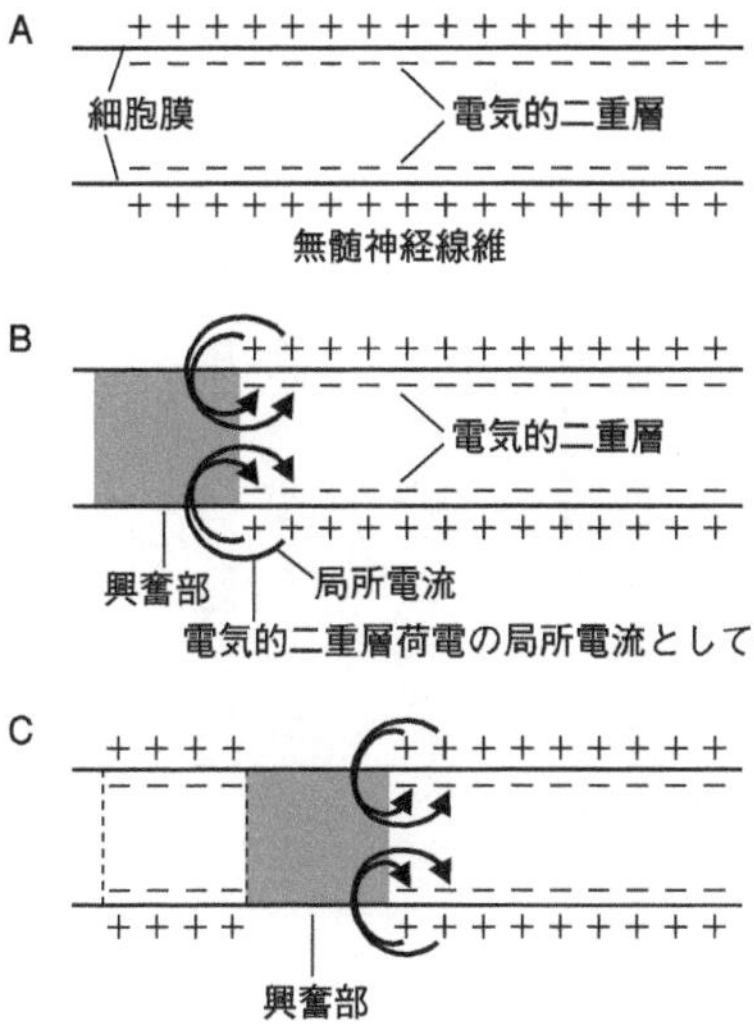

図4−9　無髄神経線維の興奮の伝わり。(A)静止状態、(B、C)隣接部から興奮部に流れる局所電流

(1) 無髄神経線維の興奮の伝わり

進化の過程で背骨を持った脊椎動物が有髄神経を所有したことは、脊椎動物の中枢神経の発達にとって巨大な利益をもたらした。この利益は、大まかに言って、①興奮の伝わる速度の増大と②神経系を維持するエネルギーの節約である。以下これらについて説明しよう。

図4−9は髄鞘のない無髄神経線維の興奮の伝わり方を示したものである。静止状態にある神経線維の細胞膜は外側が＋、内側が－の電気的二重層が一様に存在し、電流はどこにも流れていない（図4−9A）。神経線維の一部が興奮すると、この部分で電気的二

重層が消失するので隣接する静止（正常）部から興奮部に電流が流れ込む。続いてこの隣接する静止部では細胞膜に容量性外向き電流が流れ、この部分の細胞膜を新たに興奮させる。この過程が繰り返し起こり、興奮はじわじわと細胞膜の隣接部に伝わってゆく（図4-9B、C）。このような興奮の伝わり方は、火縄にそって炎が伝わってゆくしくみと原理的によく似ている。

（2）無脊椎動物の巨大神経線維

無髄神経線維を興奮がじわじわ伝わる速度は、神経線維の直径が大きいほど速くなる。これは太い火縄のほうが細い火縄よりも炎の伝わりが速いことから理解されるだろう。興奮の伝わる速さは、単純に神経線維の直径に比例して増大するのではなく、直径の平方根に比例して増大する。

無脊椎動物には捕食者から素早く逃れたり餌を素早く捕らえたりするため、身体各部の筋肉をほとんど同時に収縮させ身体を素早く動かすものがある。このためには筋肉を動かす運動神経は興奮を伝える速度を大きくするため著しく太い神経線維を持っており、これを巨大神経線維という。

例えばミミズは直径約１００㎛（マイクロメートル、１㎛＝１０００分の１㎜）の巨大神経線維を持ち、尾部に触れると急激な逃避反応を起こす。ザリガニやエビ類は直径約３００㎛の巨大神経線維を持ち、天敵に対し腹部を急激に屈伸させその反動で後ろ向きに逃げる。

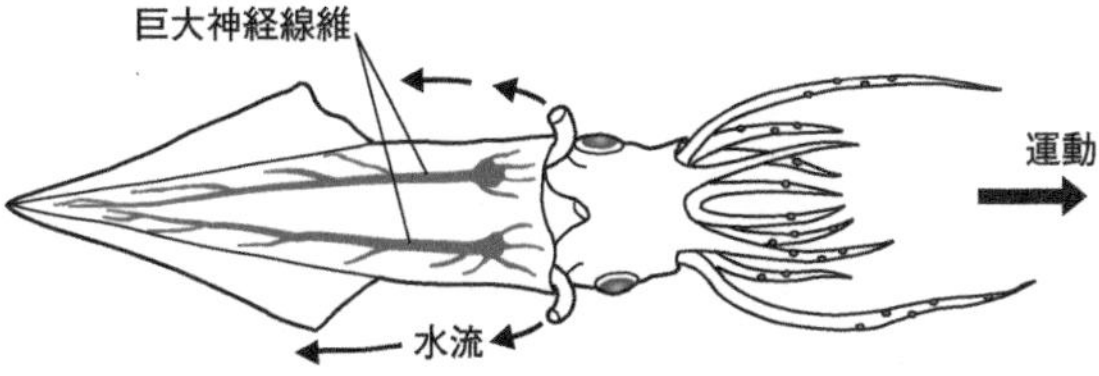

図４−10　ヤリイカの巨大神経線維

最も太い巨大神経線維を持つのはイカ類で、よく食用にされるヤリイカで直径約１㎜もある。イカ類はその体全体をほとんど同時に収縮させて体内の海水を急激に吐き出し、その反動で餌に飛びかかる（図４−10）。このイカの巨大神経線維は第６章で説明するように興奮の実体を解明する研究の実験材料として用いられることになる。

（３）有髄神経線維の大きな利点

これらの巨大神経線維を興奮が伝わる速さは、最も速いヤリイカで毎秒約20ｍである。これに対してヒトの有髄神経では、興奮の伝わる速さは毎秒１００ｍ以上でヤリイカの巨大神経線維の値の５倍にも達する。ところが、ヒトの有髄神経は最も太いものでも直径約20㎛で、ヤリイカの50分の１に過ぎない。神経線維が細いにもかかわらず、ヤリイカをはるかに上回るスピードで興奮を伝達できるのは、興奮がランビエ絞輪から絞輪へと跳躍的に伝わるためにほかならない。つまり脊椎動物は有髄神経のおかげで、巨大神経線維なしに十分速く身体を動かせるのである。

有髄神経のさらに大きな利点は、神経を維持するエネルギーを著しく節約しうることである。生物の体の組織や器官の大きさが相似形であると考えると、神経線維の直径が2倍になるのはその体積が2の3乗倍つまり8倍になることを意味する。直径が2倍になっても、興奮の伝わる速さは、$\sqrt{2}$倍つまり1・4倍しか増加しないが、体積は8倍になってしまう。これは明らかに神経の機能の増大に見合わない過大なエネルギーの負担である。

生物は神経系の維持以外にも多大の代謝エネルギーを必要とする。したがって無脊椎動物は、エネルギーをいわば浪費する無髄神経のため、限られた数の神経細胞（ニューロン）しか持つことができず、神経系の進化はタコ、イカ類程度で限界に達してしまう。

これに対して脊椎動物は直径が小さくても興奮を速く伝える有髄神経を持ったため、無脊椎動物よりはるかに多数のニューロンを持つことができ、その結果中枢神経系のニューロン回路を発達させることができたのだろう。この中枢神経系の発達の頂点にあるのがヒトの脳である。つまりわれわれの今日の文明生活の基盤は有髄神経線維にあるといってもよいのである。

第5章　活動電位の謎に迫る細胞内微小電極法

本書は第4章まで、神経線維の細胞膜にそって伝わる生体電気信号を興奮と名付けて、この解明に努力した先人たちの足跡を記述してきた。１９２０年代の陰極線オシロスコープの開発により、神経線維を伝わる興奮は活動電流、つまり細胞膜の興奮した部分とこれに隣接した静止状態の部分との間に流れる局所電流であることがわかった。

さらに第二次大戦後のエレクトロニクス技術の発達をもとにして開発された細胞内微小電極法は、他の分野の学問の発展と相俟《あいま》って、活動電流を生ずる生体電気信号のしくみに関する自然界のベールを次々とはがしていくのである。

5-1　細胞内微小電極法の開発

細胞膜に起こる興奮の実体の解明をさらに推し進めるには、細胞膜の内側と外側の電位差を直接測定することが不可欠である。しかし細胞は周囲を細胞膜で囲まれているため、濃淡電池の電

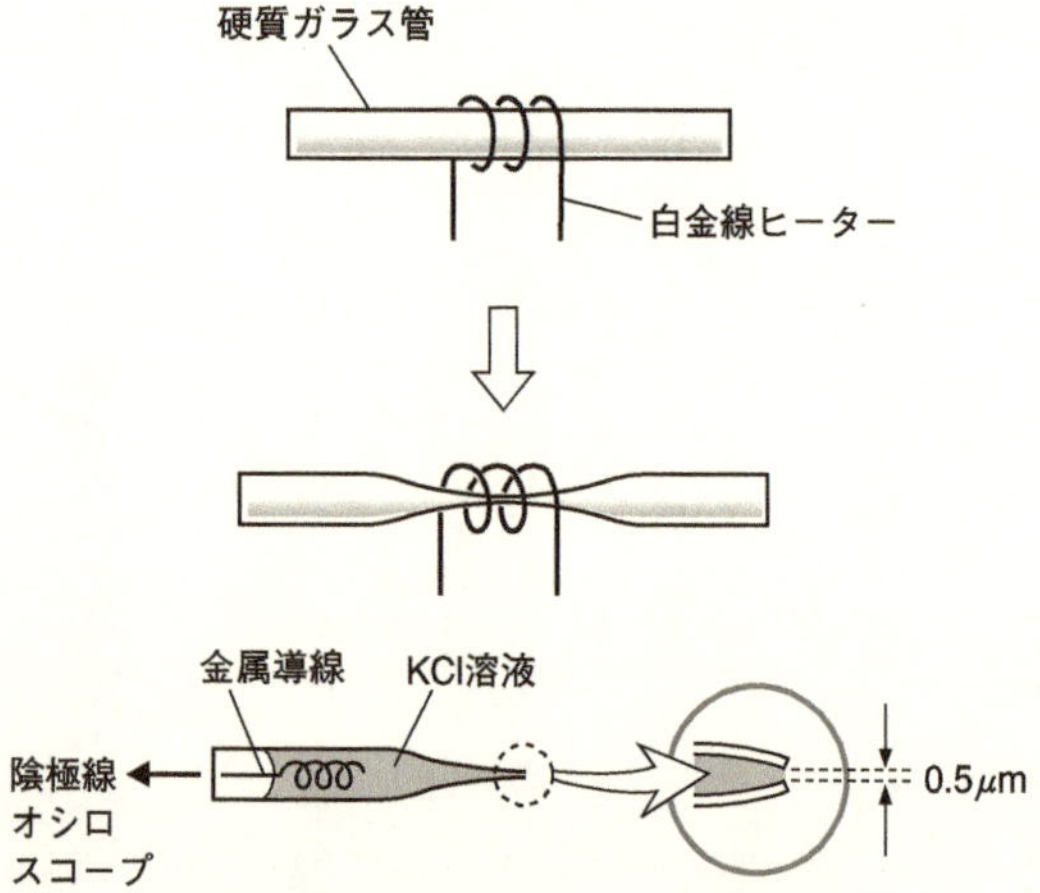

図5-1　細胞内微小電極の作製法

位差測定（第2章）のように膜の両側の溶液中に電極を入れることができなかった。この技術的制約が長いことと興奮の実体の解明を阻んできた。

１９４９年に米国のリングとジェラードが開発した**細胞内微小電極**は、図5－1に示すように、硬質ガラス管を白金線ヒーターで加熱し急激に引き伸ばして作製した、先端直径約０・５㎛のガラス毛細管中に高濃度の電解質（KClなど）溶液を満たし、さらに金属導線により陰極線オシロスコープに接続するものである。このような細い電極ならば細胞膜に差し込んでも、大型の神経細胞や筋線維は長時間生きた状態を保つのである。

ただしこのような微小電極の電気抵抗は極めて大きく、次の節で説明するように、この電極を用いた研究にはこの頃達成されたエレクトロニクス技術の進歩が不可欠であった。

5-2 細胞内微小電極による電位差測定

細胞内微小電極による細胞膜内外の電位差測定を模式図により説明しよう。図5-2Aは、細胞内微小電極法による静止状態の細胞膜の外側と内側との間の電位差を測定する方法を示したものである。電位差測定のための一対の電極のうち一方は、細胞膜を貫いて細胞内に刺入した微小電極で、その先端は細胞内液に接している。他方の電極は細胞外液（実験液）中に浸した金属板で不関電極という。微小電極と不関電極は陰極線オシロスコープの増幅器の二つの入力端子につながれている。

このような状態で、例えばベルンシュタインが考えたように、細胞膜の外側に正、内側に負の電荷が向き合って電気的二重層を形成しているとすると（54ページ、図2-19）、図5-2Bに示すように、細胞膜の内側に差し入れた微小電極の先端は、細胞膜の外側に置かれた不関電極に対して電気的に負になる。電流は正から負へ流れるので、電流が細胞外液→不関電極→陰極線オシロスコープの増幅器→細胞内微小電極→細胞内液の方向に、図5-2Bに示すようにループ状に流れる。ここで、Iは電流、Vは細胞膜の外側と内側の間の電位差（電圧）、R_1は微小電極の電気抵抗（入力抵抗）、R_2は増幅器の入力端子間の電気抵抗である。細胞膜の電気抵抗はR_1とR_2に比べて小さいので無視する。

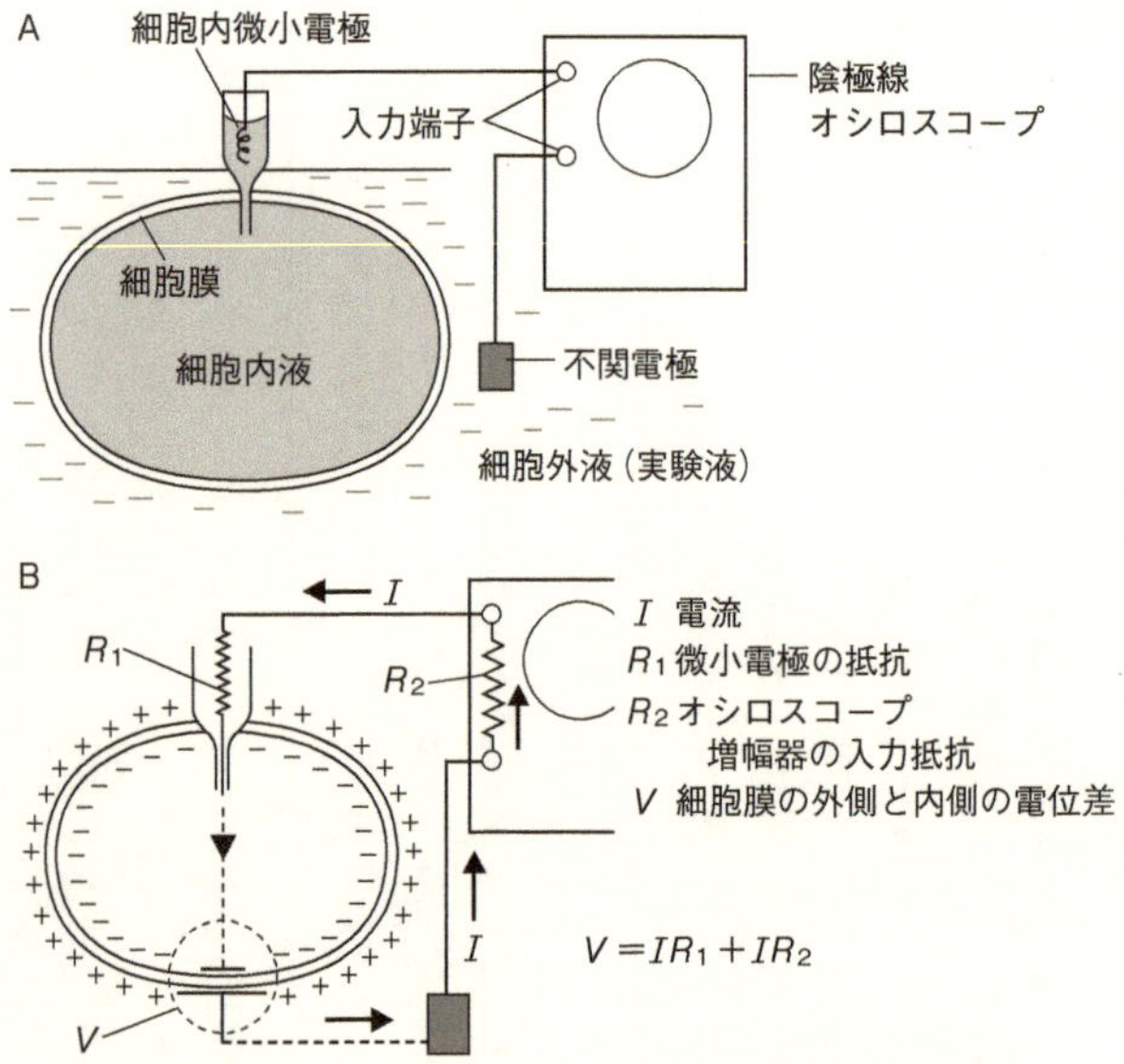

図5-2　(A)細胞内に刺入した細胞内微小電極による細胞膜内外の電位差測定。(B)細胞膜内外の電位差Vの測定時の電流Iの流れと、微小電極および増幅器の入力端子間に生ずる電圧IR_1とIR_2

第1章から第4章までの研究にもっぱら用いられてきた、磁場の中を電磁石が回転することによって指針を動かす検流計（電圧計）の電気抵抗は数十オームに過ぎない。これに対して微小電極の電気抵抗は数十メガオーム（1メガオーム＝100万オーム）にも達する。

このように、増幅器の入力抵抗R_2がR_1に比べて小さ過ぎる（数万分の1）と、電位差Vの測定は事実上不可能である。なぜなら、オームの法則（電圧＝電流×抵抗）により、電圧計に加えられる電圧（$I \times R_2$）は微小電極に生ずる電圧（$I \times R_1$）の数万分の1に過ぎないので電圧計の指針は動かず、Vの測定は事実上不可能である。この事態を解決するには、R_1と同程度の高い入力抵抗R_2を持つ増幅器を開発しなければならない。

微小電極で細胞膜の電位差測定が可能となったのは、トランジスターの発明により、入力端子間の入力抵抗R_2の極めて高い（R_1と同程度の値）増幅器が開発されたことによるのである。なお、微小電極を差し入れても長時間生きた状態を保つのは、もっぱら無脊椎動物の大きな神経細胞や太い無髄神経に限られるので、脊椎動物の有髄神経はこのような研究には用いられない。

この細胞内微小電極法は細胞膜を突き通す（ブレークスルー）ことにより、文字どおり生体電気信号に関する学問分野の飛躍的発展をもたらす突破口（ブレークスルー）となったのである。

5−3　細胞膜の静止膜電位、イオン濃淡電池との類似

細胞内微小電極法の出現により、細胞膜内外の電位差が測定できるようになり、それまでは神秘的とさえ感じられてきた興奮現象の実体が明らかにされてゆくことになった。

静止状態の細胞に細胞膜を貫いて微小電極を差し込むと、細胞膜をはさんで存在する電気的二重層から期待されるように、細胞外液が正、細胞内液が負の電位差が測定される（図5−3）。この場合、細胞外液（実験液）の電位を便宜上ゼロ（0V）とみなし、このゼロ電位に対する細胞内液の電位を**細胞膜の静止膜電位**または単に**膜電位**という。静止膜電位は負（−）の符号を持つ

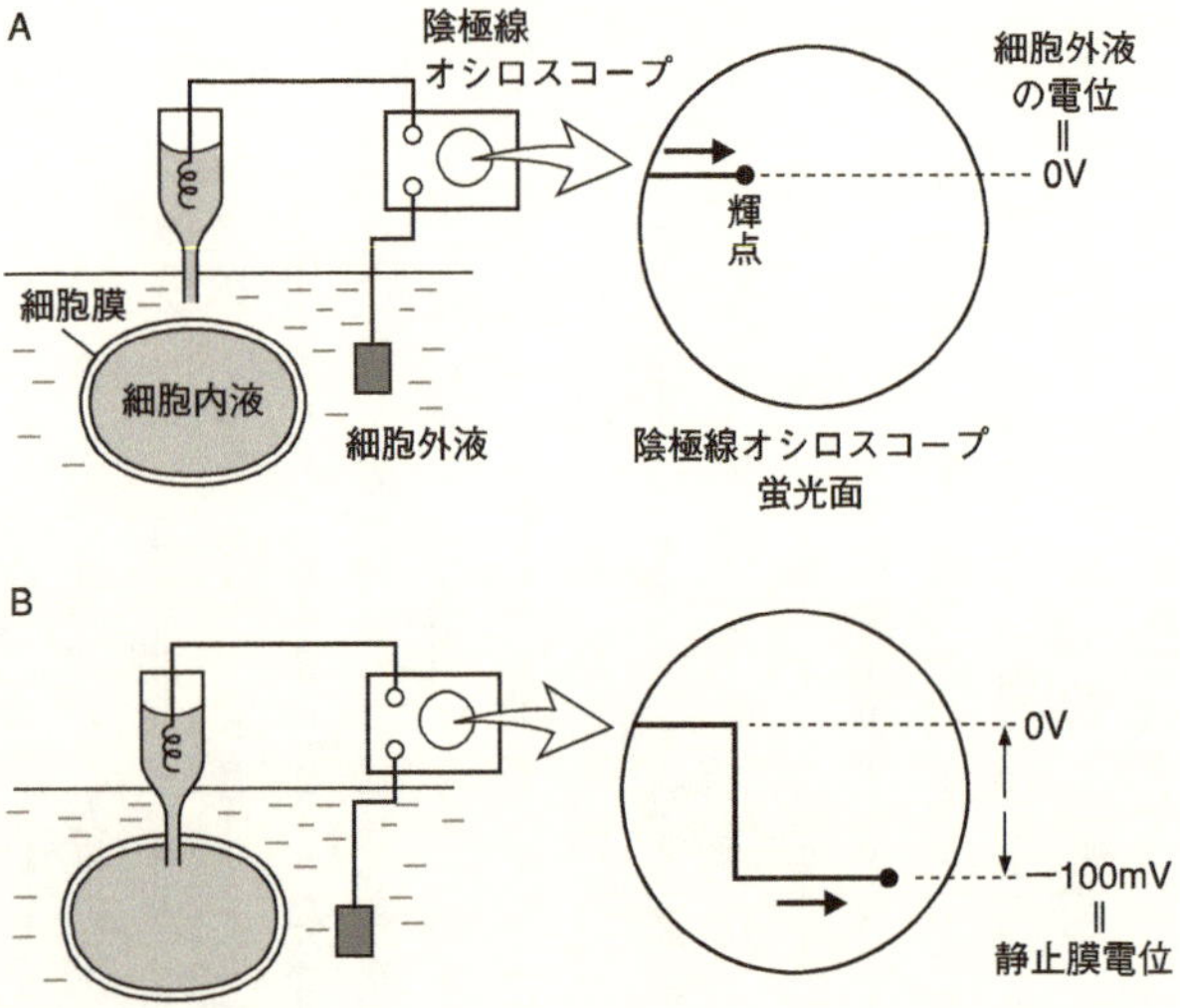

図5−3　細胞膜の静止膜電位の測定。微小電極が細胞に刺入される前（A）と刺入された後（B）の陰極線オシロスコープの記録

ことになる。

第2章で説明したように、イオン濃淡電池の電位差（電圧）は両側の水溶液を隔てる半透膜を通過しうるイオン濃度の違いで決まる。細胞の静止膜電位（V_r）はマイナス約100mVであり、この値は細胞内液のK^+濃度（約140ミリモル）と細胞外液のK^+濃度（約5ミリモル）を次の式に代入して得られる値に等しい。

$$V_r=\frac{RT}{F}\ln\frac{[K^+]_i}{[K^+]_o}=\frac{RT}{F}\ln\frac{[K^+]_o}{[K^+]_i}$$

（ここでRは気体定数、Tは絶対温度、Fはファラデー定数、$[K^+]_i$と$[K^+]_o$はそれぞれ細胞内液と細胞外液のK^+濃度）

つまりK^+は静止状態の細胞膜を通過できることがわかる。したがって静止膜電位はK^+の濃淡電池の電圧（以下K^+電池と略記）とみなせる。

図5-4に微小電極を細胞内に入れて細胞膜内外の電位差を測定する際のイオンと電子の動きを示す。第2章で説明したイオン濃淡電池のイオンと電子の動き（56ページ、図2-21）と対照していただければ、細胞膜の両側で起こっている現象がイオン濃淡電池と基本的に同じしくみで起こることが理解できるであろう。

細胞内の高濃度のK^+は細胞膜の通路（K^+チャンネル①、後で説明する）を通って細胞外に出て、細胞外液の不関電極（金属板②）に＋電荷を渡してK（金属カリウム）となる。一方、電気的中性条件により細胞内のCl^-は微小電極中に入り、電極内の導線（③）にe^-を渡して塩素ガスCl_2となる。この結果、電圧計（陰極線オシロスコープ）に接続された導線中のe^-の流れる方向と逆方向に、細胞外液中の不関電極（＋極）から細胞内の微小電極（－極）に電流が流れる。つまり高濃度K^+を含む細胞内液は低濃度のK^+を含む細胞外液に対して電気的に負になるのである。

ところで細胞内にはK^+以外にもNa^+がある。このNa^+は影響を与えないのだろうか。Na^+濃度は細胞外液で１４０ミリモル、細胞内液で10ミリモルである。したがってもしNa^+もK^+と同じく細胞膜を通過しうるなら、Na^+の濃淡電池（Na^+電池）の電位差はK^+電池の電位差と反対の符号（細胞内が正、細胞外が負）になるはずであり、両者は互いに打ち消しあって静止電位はずっと小さな値になるはずである。しかし実際に測定される静止電位の値はK^+電池の値とほぼ等しくNa^+濃度とは無関係である。この結果は、Na^+は静止状態の細胞膜を通過できないことを示している。

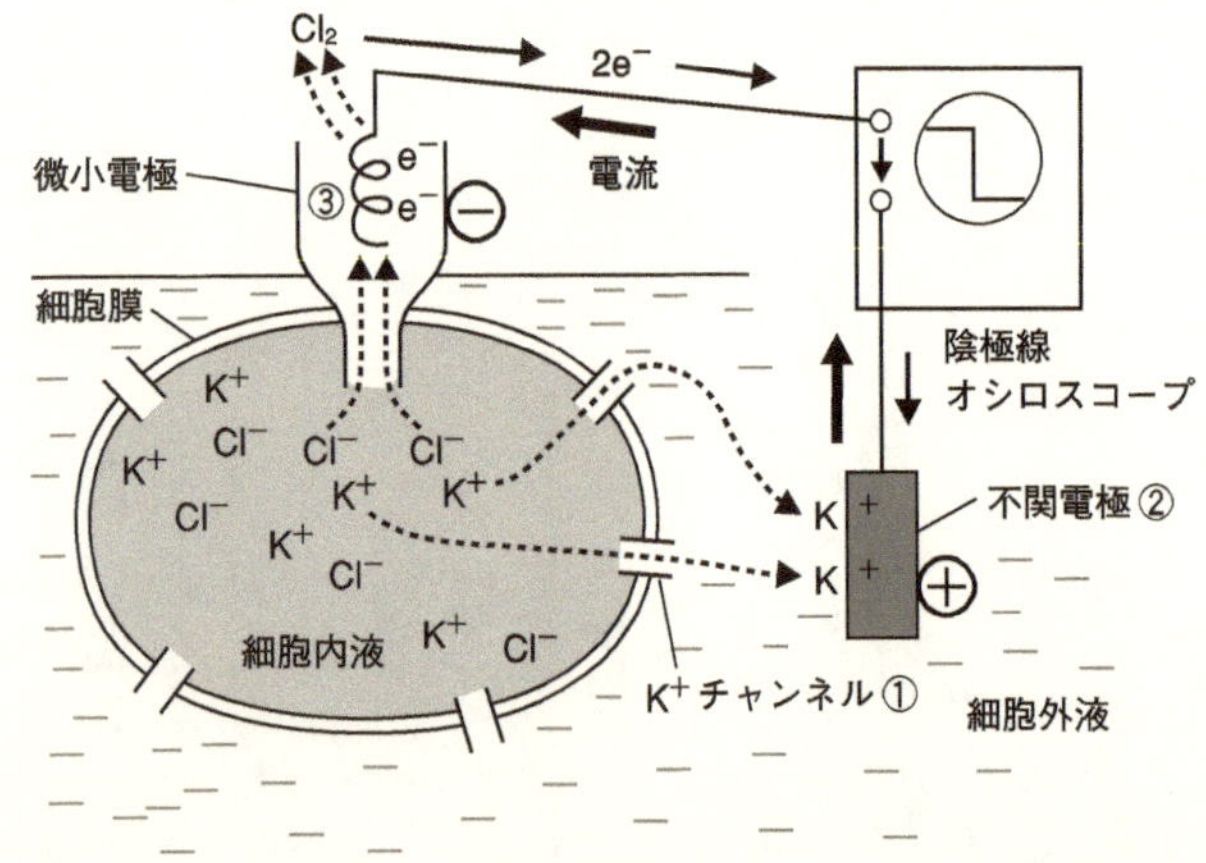

太い矢印は電流の向き（e^-の向きとは逆）を示す。細胞外液中の不関電極が⊕極、細胞内に刺入された微小電極が⊖極となる。図で細胞内のNa^+は省略されている。

図 5-4 細胞膜内外の電位差（静止電位）を測定する際のK^+とCl^-の動き

イオン濃淡電池のコロジオン膜の選択的透過性は膜の小孔内面の負の電荷によるもので、陽イオンは通過できるが陰イオンは通過できない、つまり荷電の符号でイオンを選別するものであった。これに対して静止状態の細胞膜では、イオンの通路（イオンチャンネル）をK^+は通過できるが、同じ陽イオンであるNa^+は通過できない。

原子の質量（大きさ）を表す原子量はNaが23、Kは39でK原子はNa原子よりはるかに大きい。しかし、細胞膜のイオンチャンネルを大きなK^+は通過し、小さいNa^+は通過できない。したがってイオンチャンネルは、イオンをその大きさによって選別する篩目《ふるいめ》のようなものではなく、別の機構でイオンの選択を行っていると考えられる。このように静止状態の細胞膜においてK^+のみを通過させるイオンチャンネルをK^+チャンネルという。大自然がデザインした細胞膜の選択的透過性はコロジオン膜の選択的透過性よりはるかに複雑精妙である。

なお、イオン濃淡電池のコロジオン膜の両側のイオンはNa^+とCl^-のみであったが、細胞膜の両側のイオン分布ははるかに複雑であり、イオン分布が一定に保たれているしくみもイオン濃淡電池のように電気的二重層のみでは説明できない。この問題については後で議論する。

5−4　細胞膜の構造

(1)　細胞膜をつくるリン脂質分子

地球上の生命の起源は、細胞膜によって外界と隔てられた袋、つまり細胞の出現にあるという。したがって細胞膜は大自然による生体の最も基本的なデザインであり、その構造は太古の昔から現在に至るまで不変と考えられる。

生体電気信号の発生する場所としての細胞膜の化学組成と構造は、有機化学の発達とともに20世紀はじめから活発に研究された。当時の化学分析の技術では、細胞膜の成分である化学物質を明らかにするにはキログラムのオーダー（つまりバケツ何杯分も）の試料が必要であった。

このような研究に用いられた試料はもっぱら赤血球であった。この理由は赤血球の細胞ははじめから血液中に浮遊しているので、組織の細胞のようにばらばらに分離する必要がなく、またウシのような大動物の血液から大量に採取できるからである。採取した動物の血液をまず遠心分離機にかけて血清と血球とに分け、ついで血球を蒸留水に入れて浸透圧で破裂させ、再び遠心分離機にかけて赤血球の細胞膜をその内容物から分離する。

このような方法で集めた細胞膜を分析した結果、その大部分はリン脂質であった。リン脂質分子は水によく溶ける（親水性の）リン化合物部分と、水に溶けない（疎水性の）2本の炭化水素の鎖からなる。すなわちリン脂質分子は1個の丸い頭部（リン化合物）に2本の長い尾部（炭化水素の鎖）がついた形をしている（図5-5A）。このリン脂質を水に加えると、それぞれの分子は親水性の頭部を水につけ、疎水性の尾部を空気中に突き出して水面上に配列する（図5-5B）。これをリン脂質分子の単分子層という。

（2）細胞膜はリン脂質分子の2分子層

生きた細胞の細胞膜は内側にも外側にも水溶液が存在する。このように水溶液ではさみうちされた場合、リン脂質分子はどのように配列するのであろうか。ゴーターとブレンデルは図5-6に示すような見事な実験を行って細胞膜でリン脂質分子がどのように配列するかを明らかにした。

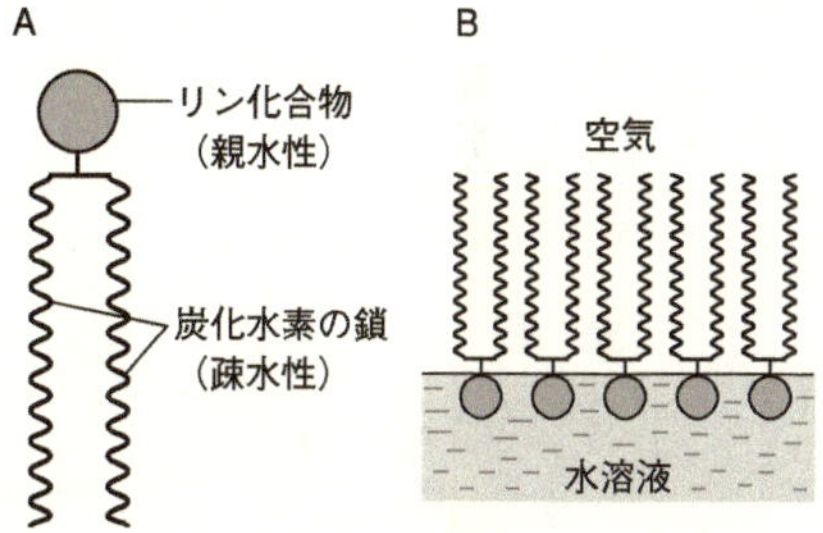

図5-5　(A) リン脂質分子、(B) リン脂質の単分子層

まず赤血球細胞膜試料から抽出した既知の量のリン脂質を、長方形の水槽中の2枚の仕切り板にはさまれた水面に加えて単分子層を形成させる（図5-6A）。次に仕切り板の間隔を接近させて単分子層を徐々に圧迫する（図5-6B）。タンカーが座礁して油が海面に流出したとき、油が海面に広がるのを防ぐため同様な方法を用いる。

リン脂質分子の単分子層を仕切り板で圧迫してゆくと、仕切り板の面が受ける力ははじめのうちごく小さいが、単分子層が水面を埋め尽くすと、リン脂質分子は水面上に盛り上がるので、仕切り板の受ける力は急に増大する（図5-6C）。この方法で求めたリン脂質分子の単分子層の面積は、赤血球の形から計算で求めた赤血球細胞膜の全表面積の約2倍であった。彼らはこの結果から、細胞膜ではリン脂質分子は頭部を外側に尾部を内側にして2分子層を形成すると結論した（図5-6D）。

このように巧みな実験によって自然界がそのしくみを明らかにするとき、実験結果に整数比（この場合2対1）が現れ

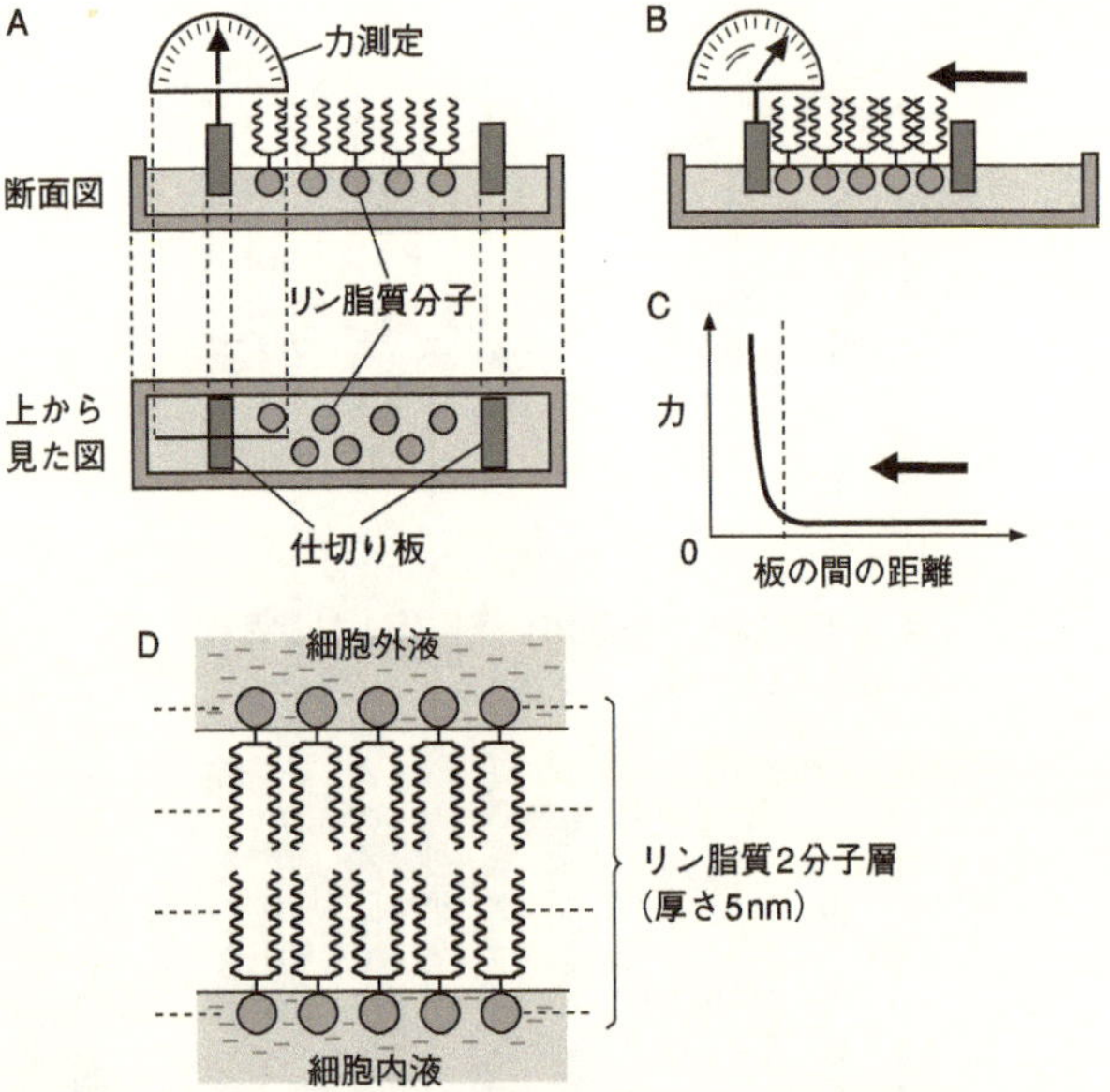

図5–6　（A〜C）水面のリン脂質単分子層の面積の測定、（D）リン脂質の２分子層

ることがしばしばある。水素２容積と酸素１容積が反応するとすべて水になる事実の発見から倍数比例の法則が導かれ、物質が分子からなることが明らかにされていったのは典型的な例である。

細胞膜は大自然の基本的なデザインなのでその構造はあらゆる細胞に共通で、厚さは約５nm（ナノメートル、１ナノメートル＝10^{-9}m、つまり10億分の１m）という極めて薄いものである。

（３）マクスウェルの悪魔、イオンチャンネル

細胞膜はリン脂質の２分子層なので、一切の水溶液を通さない。一

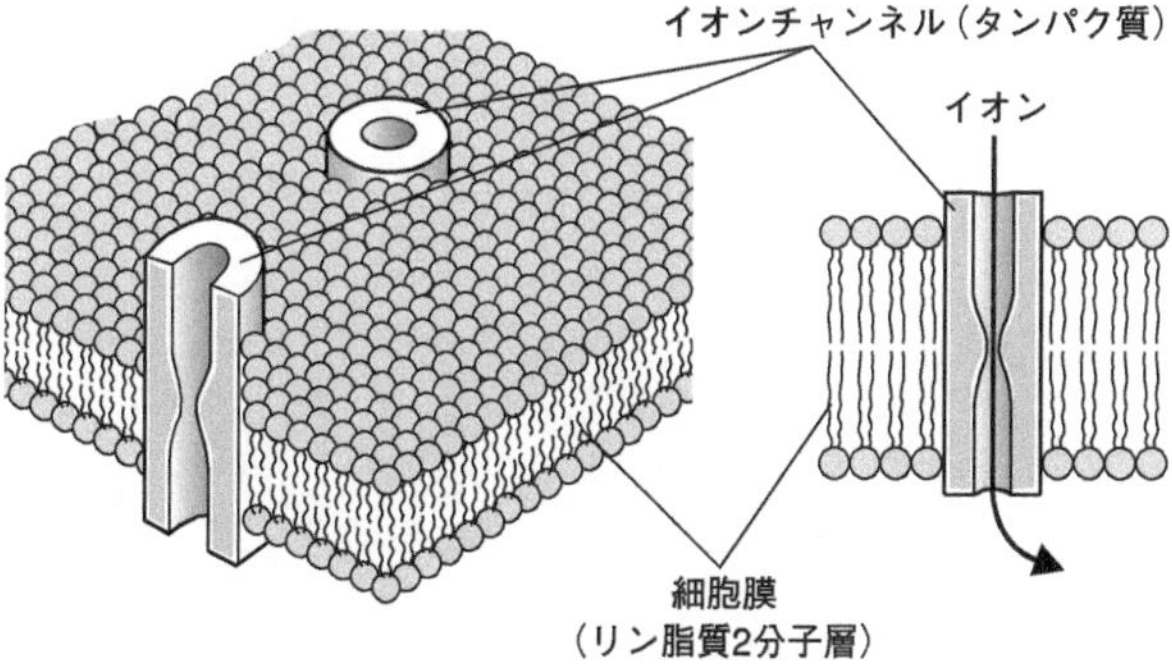

図5-7　細胞膜を貫通するタンパク質の管、イオンチャンネル

方、静止膜電位をつくり出すK^+は水溶液中でしか存在できないので細胞膜を通過することはできない。しかし、細胞膜はリン脂質だけで構成されているのではなく、ほかに少量のタンパク質を含んでいる。この細胞膜に含まれるタンパク質は細胞膜を貫通する中空の管をつくっており、K^+はこの管の中を水とともに出入りする（図5-7）。このタンパク質からなるイオンの通路を**イオンチャンネル**という。イオンチャンネルははじめ仮定の産物に過ぎなかったが、後にその実体が解明された。

さて、物質の温度はこれを構成する分子や原子のランダムな運動（熱運動）の程度によって決まる。この学問分野（熱力学）の基本的法則（熱力学の第二法則）は「高温と低温の物質を接触させると、温度は高いものから低いものに向かって両者の温度が等しくなるまで流れ続ける」というものである。この逆の現象つまり互いに接触している温度の等しい2つの物質の間に

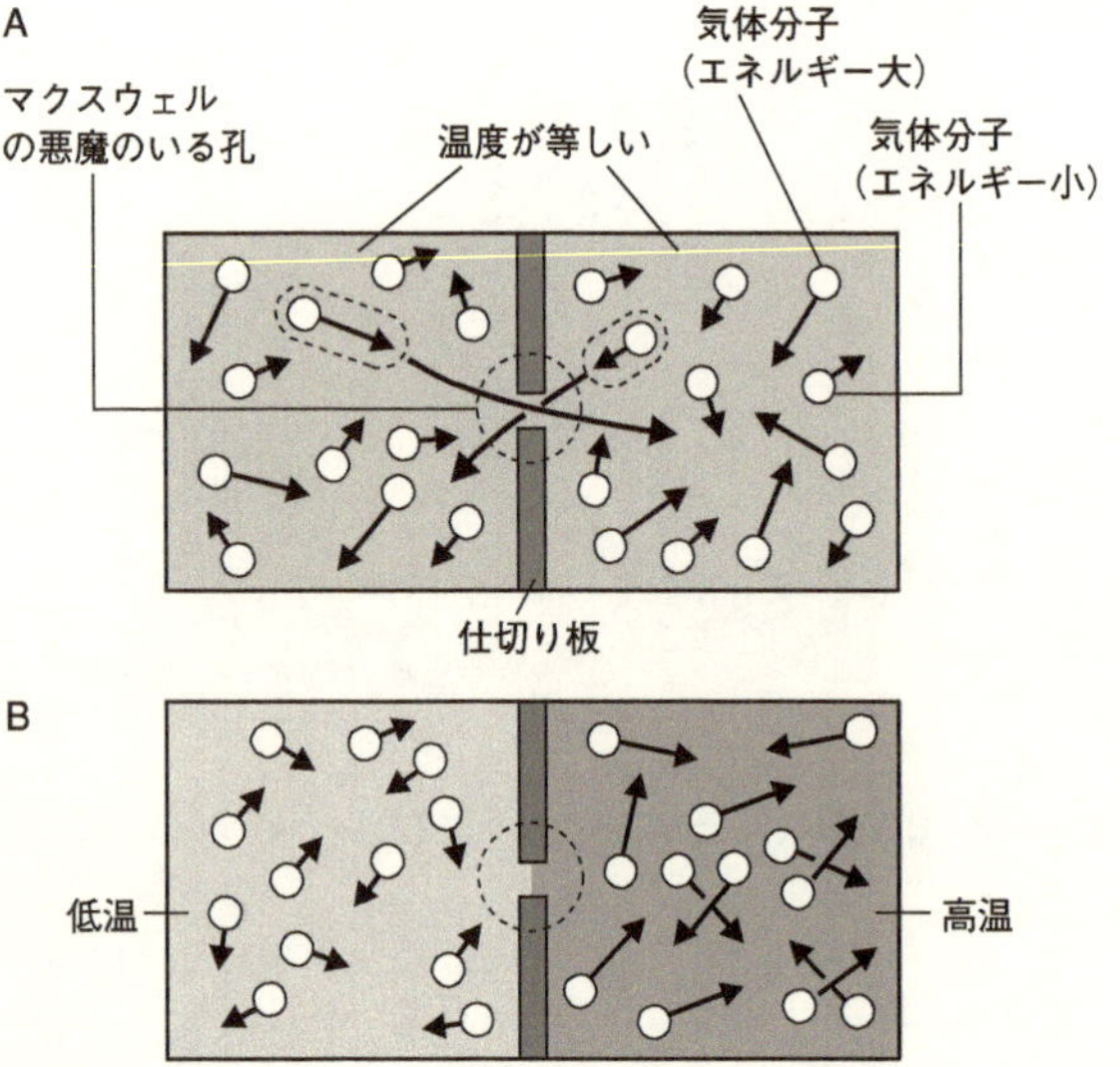

図5-8　マクスウェルの悪魔による仕切り板の左右の気体の温度差の出現

自然に温度差が生ずることはない。

電磁気学の基礎を打ち立てたマクスウェルは、次のような有名なたとえ話を用いた。図5-8に示すように、温度の等しい気体の入った箱の中央に仕切り板を置き、この板の中央に気体分子が通れるような微小な孔を開ける。この孔の中には微小な超能力者、つまりマクスウェルの悪魔がいると仮定する。この悪魔は孔にやってくる気体分子のうち速度の速いもの（運動エネルギーの大きいもの）を一方向にのみ通過させ、速度の遅いもの（運動エネルギーの小さいもの）をこれと逆方向にのみ通過させる（図5-8A）。

悪魔がこのような選別作業を続けていると、仕切り板の一方の側の気体の温度は上昇し、他方の側の気体の温度は低下していく。この結果仕切り板の両側の気体の間に温度差ができ、外部に対して仕事をする熱機関が出現することになる（図5－8B）。

このような悪魔がもし存在すれば、熱力学の法則やエネルギー保存の法則など物理学の学問体系は根本から覆されてしまうので、現実には存在しないと考えられる。しかしこの悪魔の超能力の定義を変更して、異なる原子あるいは分子を選別する能力であるとすれば、このような悪魔はあらゆる種類の細胞膜に存在することがわかっている。後で詳しく説明するように、生体電気信号もこのような原子あるいは分子を選別する能力を持つマクスウェルの悪魔、つまりイオンチャンネルによってつくり出されているのである。

5－5　活動電位発生の場、細胞膜の電気的性質

本書の記述はやっと、われわれの体の中を飛び交う電気信号を発生させるイオンチャンネルにたどり着いた。このイオンチャンネルが存在する細胞膜は、エレクトロニクス回路の部品をのせている絶縁性の基板に例えられる。

エレクトロニクス回路の基板は、回路のはたらきに直接関係がないが、生体電気信号回路をのせている細胞膜は、信号回路の一部として電気信号の発生とその伝わりに深く関わっているのである。したがって以下に説明する細胞膜の電気的性質の知識は生体電気信号の理解に不可欠であ

る。

(1) 膜容量と膜抵抗

静止状態の細胞膜の電気的性質の研究には、もっぱら無脊椎動物の大きな神経細胞体や太い無髄神経線維などが用いられる。これらの細胞の細胞膜を貫いて2本の微小電極を刺入し、一方は細胞膜内外の電位差記録のため(記録電極)に、他方は細胞膜をよぎって電流を流すため(通流電極)に使用する(図5-9)。細胞内に刺入した微小電極を流れる電流は、すべて細胞膜をよぎって実験液中の不関電極に流れる。細胞膜の内側の微小電極(通流電極)から細胞膜の外側に流れ出る電流を外向き電流、逆に細胞外の不関電極から出て細胞膜の内側に流れ込む電流を内向き電流という。

まず静止状態の細胞膜の電気的性質を調べるため、通流電極から細胞膜に興奮を起こさない程度の弱い長方形電流を流し、この電流によって起こる膜電位の変化を記録電極で記録する。細胞膜をよぎって流れる長方形電流の強さ(I)は一定であるにもかかわらず、膜電位変化はゼロからスタートして時間とともに増大し、ある時間の後一定の値に達する。この一定になった膜電位(電圧)変化Vにはオームの法則 $V=I\times R$ が成り立つ。このとき細胞膜を流れる電流はイオンによって運ばれるので、Rは細胞膜のイオンチャンネルの電気抵抗である。また電流を止めると膜電位変化は直ちにゼロにもどらず、時間とともに減少してゼロにもどる(図5-10A)。

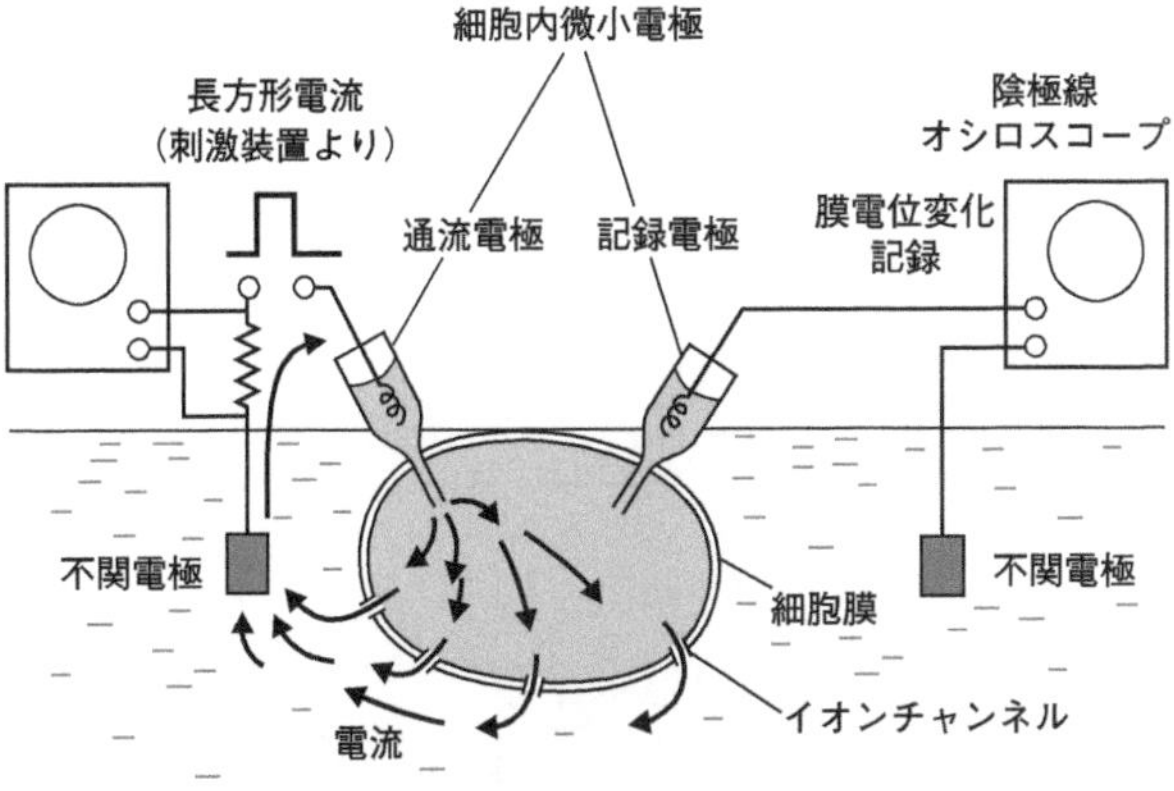

図5−9　細胞内に刺入した2本の微小電極による細胞膜をよぎる電流に対する細胞膜内外の電位差変化の記録。図の左側の電極に電気刺激装置からの長方形電流を流す

まず、初学者のために、膜電位（細胞内液の電位）と電流の変化を示す記録の見方について説明しておく。図5−10Aの上部の記録は、膜電位変化を表している。膜電位の上向きの変化は、膜電位が細胞外の実験液の電位（0V）に近づくことを示し、下向きの変化は、逆に膜電位が実験液の電位から遠ざかることを示す。図5−10A下部の記録は細胞膜に流れる電流を表している。細胞膜の内側から外側へ流れる「外向き電流」は、上方向に、細胞膜の外側から内側へ流れる「内向き電流」は下向きに記録される。

さて、細胞内微小電極を用いて流した長方形電流の膜電位の変化は、外向き電流でも内向き電流でも、同様な形状となる。ただし、静止状態では、外向き電流は膜電位を細胞外の実験液の電位（0V）に近づける方向に変化させるの

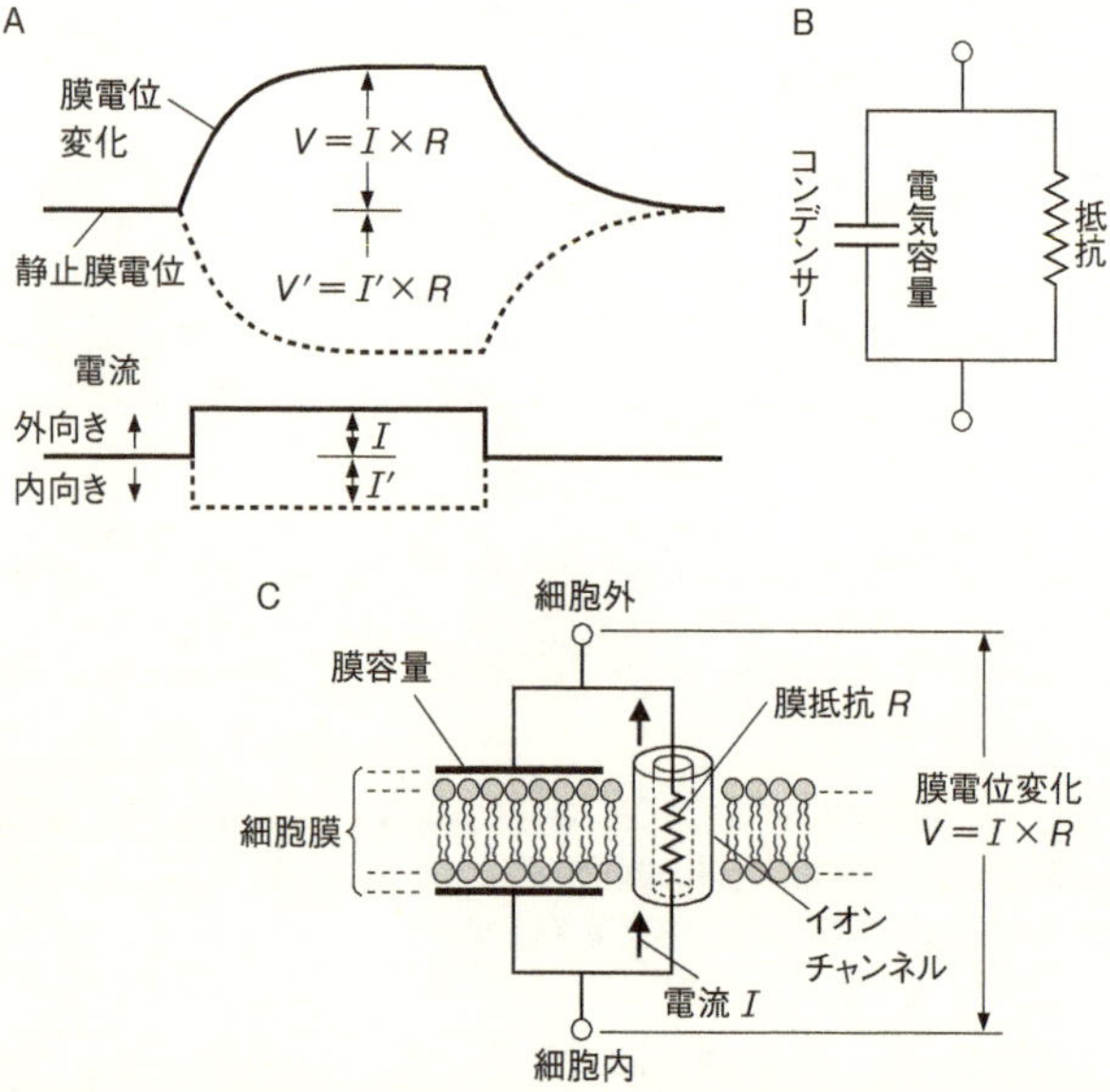

図5–10　細胞膜の電気的性質。(A)細胞膜を流れる長方形電流に対する膜電位変化の時間経過。実線は外向き電流、破線は内向き電流による記録。(B)細胞膜の性質を示す電気回路。(C)細胞膜による膜容量とイオンチャンネルによる膜抵抗

に対し、内向き電流は逆に遠ざける方向に変化させる。したがって、同じ強さと持続時間の外向き電流と内向き電流による膜電位変化は上下対称である（図5–10A）。

このような長方形電流が細胞膜をよぎって流れるときの膜電位変化は、コンデンサー（電気容量）と電気抵抗を並列につないだ電気回路（図5–10B）に長方形電流を流したときの電圧変化の時間経過と同様である。つまり、細胞膜はこれに加えられる電流に対し、電気容量（膜容量）と抵抗（膜抵抗）が並列につながった電気回路とみなすことができる。

この膜容量は、すでに第4章で説明したように、絶縁性のリン脂質2分子層からなる細胞膜の両側に電流をよく伝える電解質溶液（細胞外液と細胞内液）が存在するために生ずるものである。また膜容量と並列につながった膜抵抗は、細胞膜を貫通するイオンの通路（イオンチャンネル）がイオンの流れ（イオン電流）に対して一定の値の電気抵抗を持つことによるものである（図5−10C）。

図5−11は、このような電気的性質を持つ細胞膜に電圧を加え、長方形電流（この図では外向き電流）を流したとき、この電流がどのような割合で膜容量と膜抵抗を流れるかを示したものである。まず電流はもっぱら細胞膜の容量（C）を「実際には流れない」容量性電流として流れ、細胞膜の容量（膜容量）に荷電を蓄積してゆく。このとき膜電位変化（V）は、膜容量の蓄積する荷電（Q）の増大につれて$Q=C\times V$の式にしたがって増大してゆく〈図5−11（1）、（2）〉。この期間、膜抵抗を流れる電流はごくわずかである。

膜抵抗（イオンチャンネル）に先立って膜容量（細胞膜）のほうに電流が流れるのは、後で説明するように、細胞膜に電荷を蓄積する容量性電流は純粋な物理現象であるからに他ならない。電圧が加えられると直ちに変化が生じる容量性電流に対して、イオンチャンネルという細胞小器官を介在したイオン電流は、電流が流れ始めるまで一定の時間を要する。

細胞膜に加えた電圧に見合う膜容量の荷電の蓄積が完了すると容量性電流はゼロになり、電流

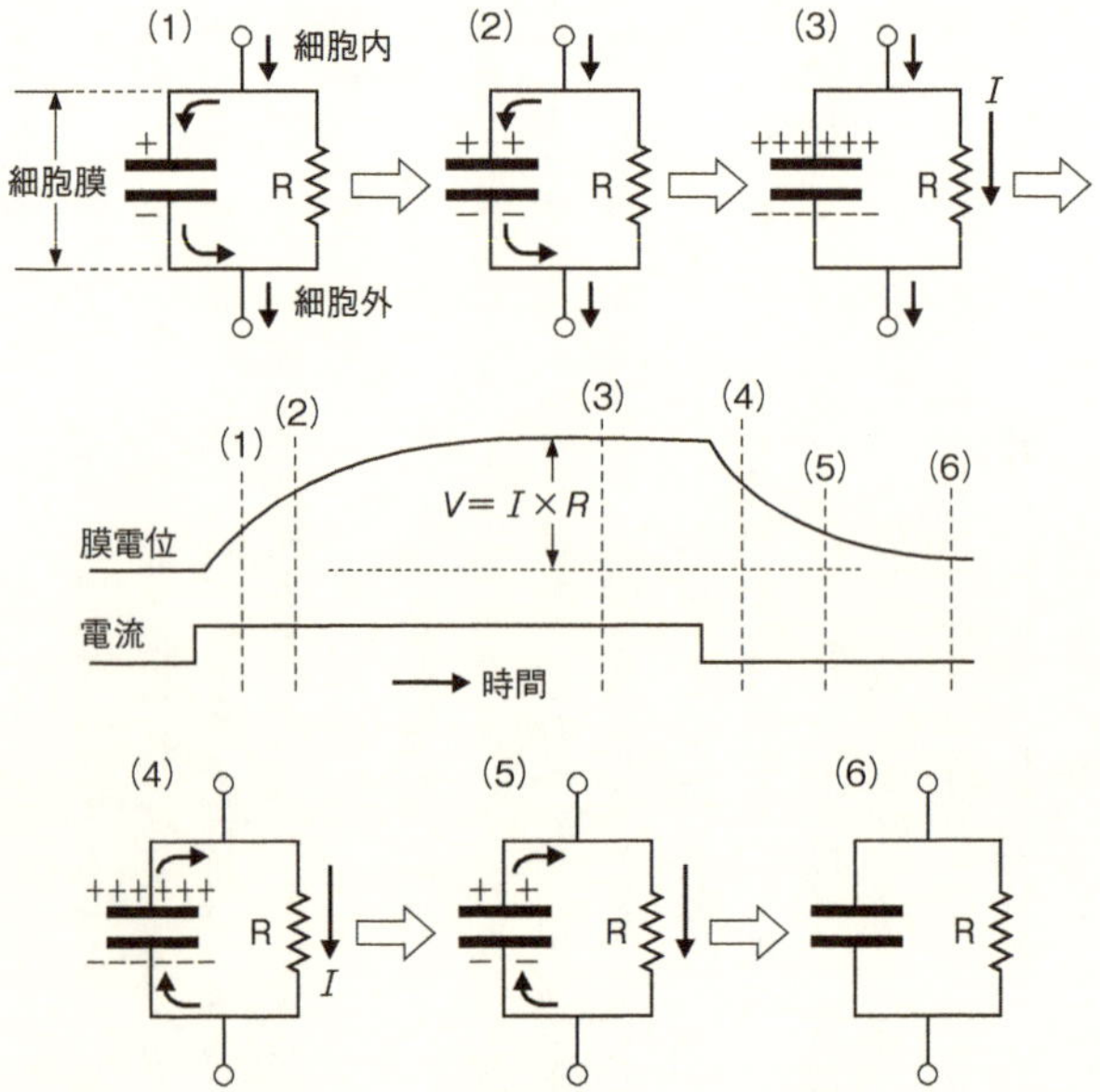

図5-11　細胞膜に長方形電流を流したときの細胞膜内外の電位差変化（図の中段）と、それぞれの時点（1）〜（6）における膜容量と膜抵抗Rを流れる電流（電流の方向を矢印で示す）

はもっぱら細胞膜のイオンチャンネルを通過するイオンにより運ばれるようになる〈図5-11（3）〉。このときイオンチャンネルは、細胞膜の電気抵抗〈膜抵抗、R〉としてはたらき、一定の値に達した膜電位変化（V）と電流の強さ（I）との間にオームの法則 $V=I\times R$ が成り立つ。

つまり長方形電流を流した際、まず起こる膜電位の増大は、第4章ですでに説明した、細胞膜を「流れないのに流れる」**容量性電流**による膜容量の荷電蓄積期間で、電流を切った後の膜電位の減少は、細胞膜に加えられていた電圧がなくなる（$Q=C\times V$の式でVがゼロになる）結果、膜容量に蓄積していた荷電が、充電時と逆方向に流れる容量性電流により放電してゼロにもどる、電流による膜容量の荷電の消滅期間である〈図5-11（4）、（5）、（6）〉。この放電電流は、膜容量と並列につながれている膜抵抗を流れる。

なお、静止状態の細胞膜を通過するのはK^+なので、以上の説明でのイオンチャンネルはK^+チャンネル、電流を運ぶイオンはK^+と考えてよい。

（2）膜電位の脱分極と過分極

細胞膜に細胞内微小電極から外向き電流を流すとき、図5-12Aに示すように容量性電流により蓄積される膜容量の荷電の符号は、細胞膜の内側が正、外側が負である。またイオン電流により膜抵抗に生ずる電位差も細胞膜の内側が正、外側が負である。つまり外向き電流による膜電位変化は、静止膜電位（外側が正、内側が負）とは正負の方向が逆である。したがって外向き電流による膜電位変化は、静止膜電位をそれだけ細胞外液の電位（0V）に近づけることになる。この外向き電流による静止膜電位の変化を**脱分極**という。次の項で説明するように、この脱分極が活動電位を発生させる直接の原因である。

これに対して、図5-12Bに示すように、細胞膜に内向き電流を流したとき膜容量に蓄積する荷電の符号も、膜抵抗に生ずる電位差も、ともに細胞膜の外側が正、内側が負である。つまり細

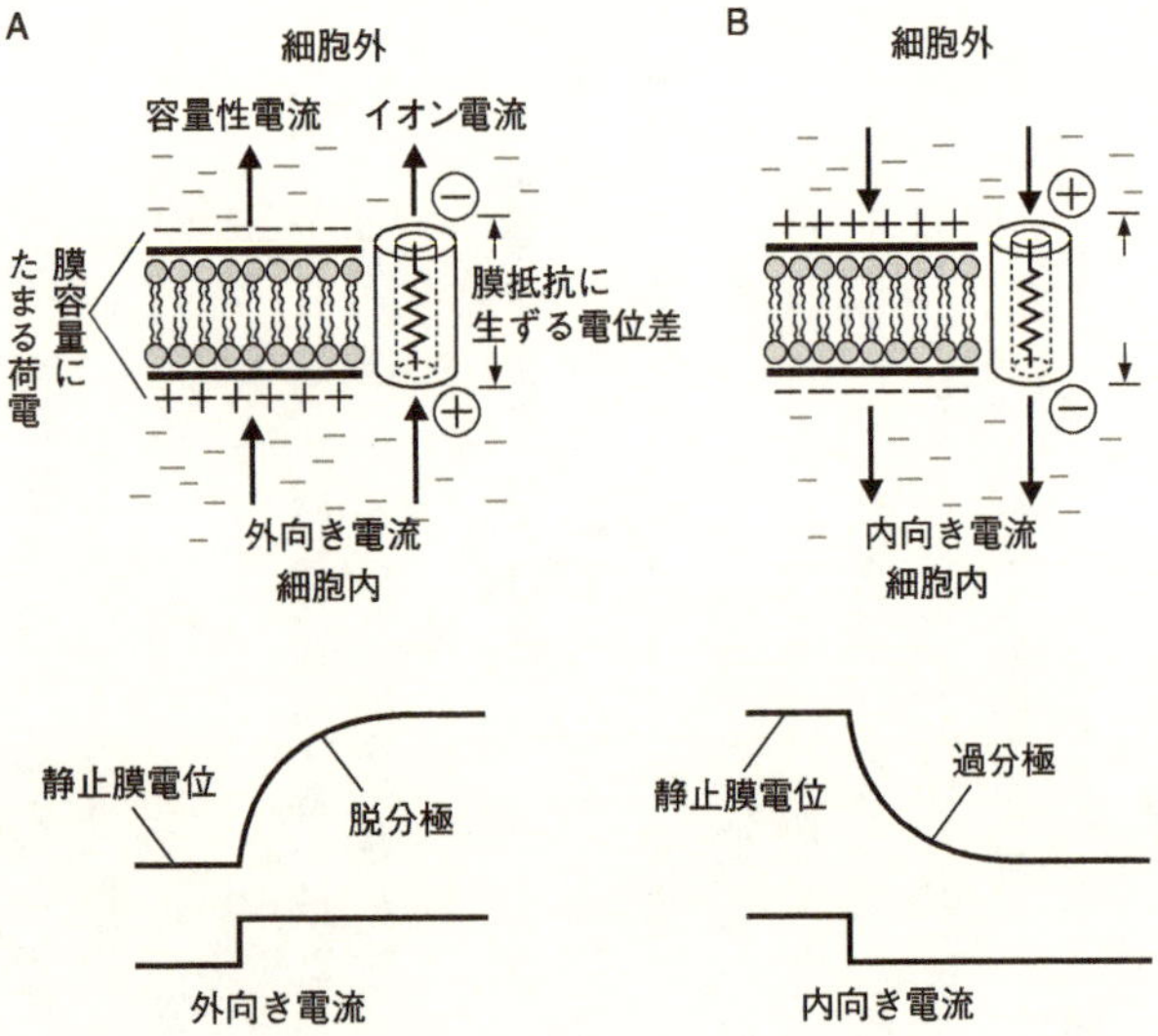

図5−12　外向き電流による膜電位の脱分極（A）と、内向き電流による膜電位の過分極（B）

胞膜の静止膜電位と方向が同じである。したがって内向き電流による膜電位変化は静止膜電位と足し合わさって、これを細胞外液の電位（０Ｖ）から遠ざけることになる。この内向き電流による静止膜電位の変化を**過分極**という。

（３）脱分極による活動電位の発生

図５‐13Ａは細胞膜に与える外向き長方形電流の強さを変えたとき、膜電位がどのように変化するかを示したものである。外向き長方形電流による脱分極の大きさは、電流の強さに比例して増大する。脱分極の大きさがある値に達すると、脱分極変化の立ち上がりの部分（膜容量がまだ荷電を蓄積してい

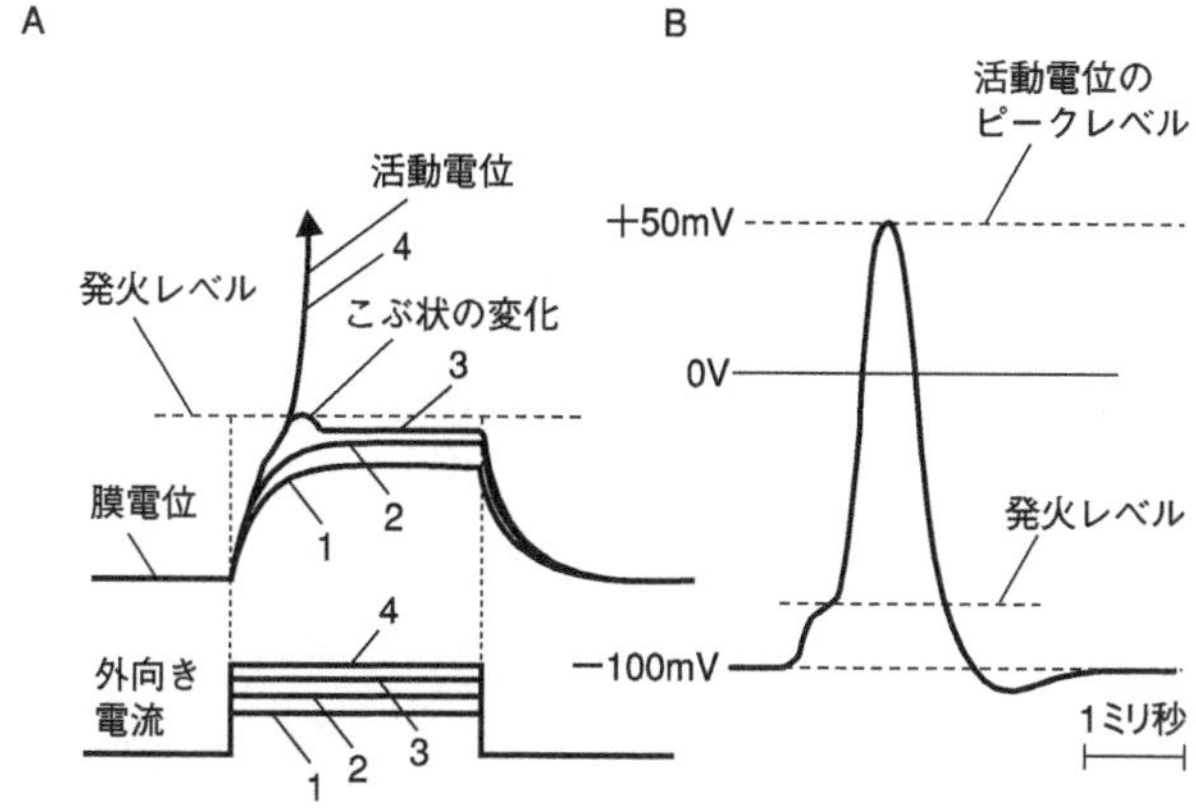

図5-13　(A)外向き電流による活動電位の発生。4種の強さの外向き電流(下、1～4)に対する膜電位変化(上、1～4)。(B)活動電位の全経過

るとき)に小さな「こぶ」が現れる。このこぶは、130ページ、図5-10の細胞膜の電気的性質を表す電気回路では説明できず、細胞膜の性質が劇的に変化しようとしている前触れである。

脱分極がさらに増大すると、外向き電流により脱分極方向に上昇していた膜電位は突然はるかに急激に上昇をはじめる(図5-13A)。この急激な膜電位の変化は、あたかも引き絞られた弓から矢が放たれるように、外向き電流をこの時点で流すのを止めても自動的に進行する。このような変化を引き起こす臨界的な脱分極を閾脱分極あるいは**発火レベル**という。これは発火点まで加熱された木材が突然発火するのに例えたもので、本書では以後発火レベルという言葉を使うことにする。

これに対して、細胞膜に内向き電流を流すことにより起こる過分極はいくら大きくなっても細胞膜に劇的な変化を起こすことはない。つまり細胞膜は加えられる電流の向きを感知しているのである。

(4) 活動電位の全か無かの性質

この発火レベルに達した脱分極が引き金となって起こる膜電位変化は図5-13Bのような経過をとる。まず急激に脱分極方向に上昇して外液の電位(0V)に達し、さらにこの電位を突き抜けて上昇を続けてピークに達した後急激に下降して静止膜電位のレベルにもどる。この膜電位変化を**細胞膜の活動電位**といい、容量性外向き電流が引き金となって起こり、全か無かの法則にしたがう「興奮」の電気的実体である。活動電位は鋭く尖った棘《とげ》(スパイク)のような形をしているので**スパイク電位**ともいう。スパイク部の幅は約1ミリ秒で極めて短い。

この活動電位の形状は、細胞内微小電極法の開発以前に、神経に接触させた金属導線の電極によって記録されていた活動電流(第3章、図3-3および3-15)の速い時間経過からある程度予測されてきたことであった。しかし図5-13Bの活動電位記録によって明らかとなった意外な事実は、活動電位発生部位の細胞膜では従来考えられていたように**静止膜電位**(電気的二重層)が消失して細胞外液と同じ0Vの電位レベルに達するのではなく、さらにこの0Vのレベルを突き抜けて細胞外液に対してプラス約50mVのレベルまで上昇することであった。

この活動電位のピークの膜電位レベルは細胞膜内外のNa^+によるNa^+電池の電位、

$$V_{Na^+}=\frac{RT}{F}\ln\frac{[Na^+]_o}{[Na^+]_i}$$

にほぼ等しくなる（$[Na^+]_o$は細胞外のNa^+の濃度、$[Na^+]_i$は細胞内のNa^+の濃度を示す）。つまり静止膜電位がK^+電池とほぼ等しい値であるのに対し、ごく短時間であるが活動電位のピークの値はNa^+電池の値にほぼ等しくなるのである。

(5)　微小電極法の限界

細胞内微小電極法は興奮の実体である活動電位の記録に威力を発揮した。しかしこの方法には限界がある。本章のこれまでの説明には、便宜上球形の細胞を考えてきた。しかし、実際にわれわれの体内で活動電位を伝える神経系の神経細胞（ニューロン）の神経線維（軸索）は細長い円筒形である。したがって、神経線維の細胞膜を表す電気回路は、図5-10のように単に膜容量と膜抵抗が並列につながったものではなく、図5-14Aのように、並列につながった膜容量と**膜抵抗**が細長い神経線維の細胞膜にそって横に連なって分布しているとみなされる。

細胞内微小電極の差し込まれているのは細長い神経線維の細胞膜の一点である。活動電位は、**局所電流**によりある場所から他の場所へと次々に伝わっていくので、細胞膜のある一点で測定された膜電位変化は、細胞膜の他の部分から伝わってくる局所電流や膜電位変化を含んでいる。さ

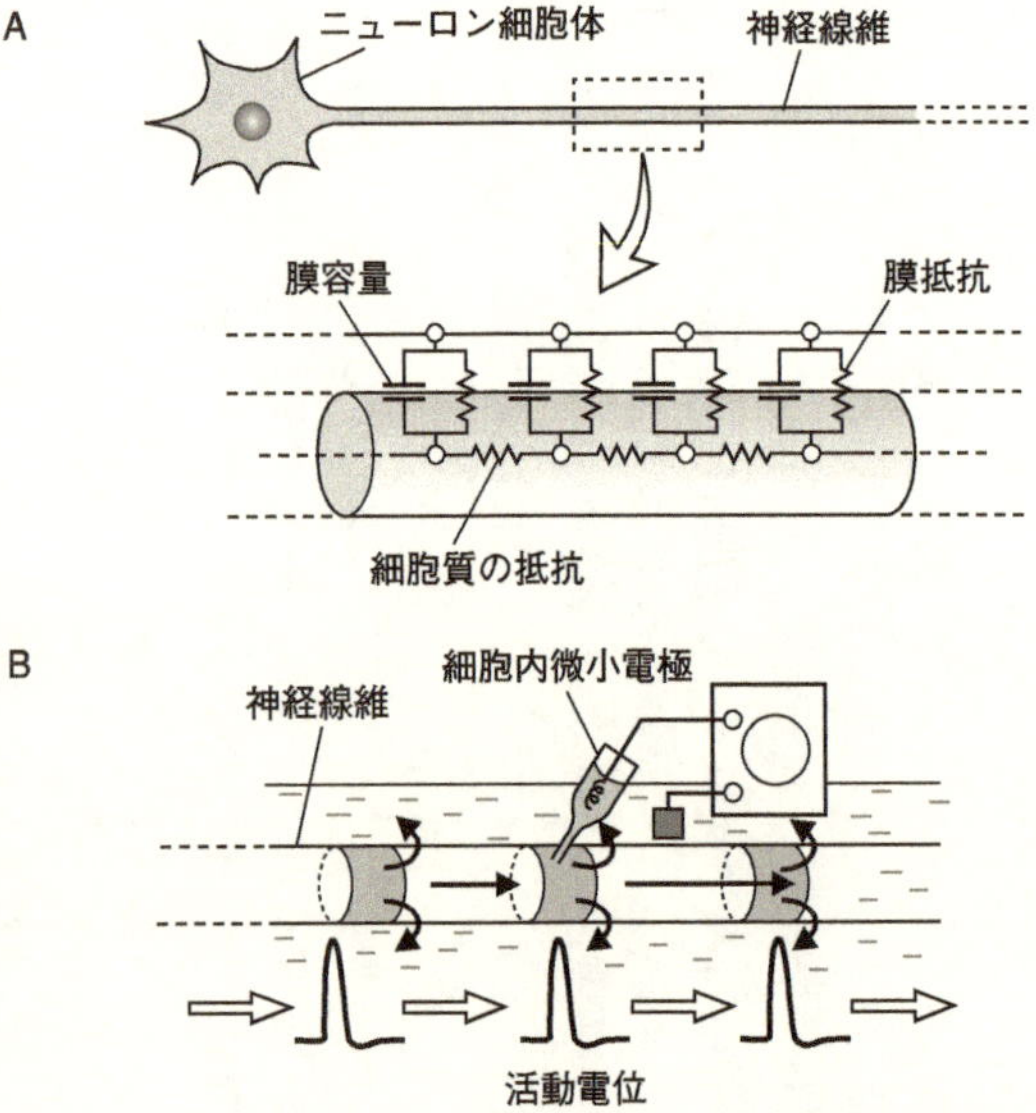

図5-14　ニューロンの神経線維での膜容量と膜抵抗の細胞膜にそっての分布(A)と、神経線維の一点に微小電極を刺入したとき、活動電位が電極に近づき、電極直下に達したのち遠ざかっていく様子(B)

らに、活動電位が微小電極の差し込まれている場所に達した後ここから遠ざかってゆくときの局所電流や膜電位変化も電位変化の記録に含まれる（図5-14B）。つまり微小電極により細胞膜のある一点で記録される活動電位は、活動電位が微小電極に近づき、通り過ぎてゆくまでに起こるすべての電流と電位変化を含んでいる複雑なものである。

昔、ガリレオやケプラーが指摘したように、学問の体系を打ち立てるには、現象を数学の力により数式で表現すること、言い換えれば、得られた結果を数式で表せるように定量化することが必要である。この目的を達成するには、実験条件を単純にする特殊な実験材料と、微小電極に代わる実験方法が必要であった。

このような要望にこたえ、極めて独創的な実験手法によって活動電位を発生させるイオン電流のしくみを一挙に解明したのが、英国のホジキンとハクスレーであった。次の第6章で彼らの実験について説明しよう。

第6章　マクスウェルの悪魔としてのイオンチャンネル——活動電位のイオン機構の解明

細胞内微小電極法の開発により、細胞膜内外の電位差測定が可能となり、神経線維の細胞膜にそって全か無かの法則にしたがって伝わる興奮の実体は活動電位に他ならないことが明らかとなった。細胞内微小電極の出現以前に、神経の表面に接触させた金属線電極（外部電極ともいう）で記録された活動電流は、この活動電位の伝わりにともなって神経線維の外側で起こる局所電流であった。

しかし、活動電位を発生させるイオンチャンネルを流れるイオン電流を詳しく研究するには細胞内微小電極法では種々の限界がある。こういった場合、巨大な実験材料を用いることがしばしば有効である。こうした実験材料は、通常では適用できない斬新な手法が適用できる。これから説明するホジキンとハクスレーの研究はまさにこのような着想に基づいて計画され、偉大な成功を収めたのである。

6−1　ヤリイカの巨大神経線維を用いた実験装置

英国ケンブリッジ大学のホジキンとハクスレー（図6−1）は1952年にヤリイカの巨大神経線維（111ページ、図4−10）を実験材料として、活動電位が特定の面積の細胞膜に同時に、しかも一様に発生する条件をつくり出し、このような条件下に細胞膜のイオンチャンネルを通るイオン電流を記録し、さらにこれを数式により定量的に説明するという偉業を成し遂げた。

図6−1　ホジキン（左）とハクスレー（右）

彼らは直径1㎜もある巨大神経線維中に金属線を2本挿入し、図6−2に示すような装置を用いて実験を行った。巨大神経線維の中央部は絶縁体の隔壁で二重に囲まれ、さらにこの隔壁と神経線維の間の隙間《すきま》はワセリンで電気的に絶縁されている。神経線維中央部の細胞膜（図のアミをかけた部分）には、細胞内の刺激電極（細胞内に差し込まれた金属線）と細胞外の刺激電極（隔壁間に置かれた金属板）により一様な外向き電流を流すことができる。

このような条件下で、中央の細胞膜は同時に一様に活動電位を発生し、これにともなう膜電位変化は細胞内に差し込まれた記録電極（金属線）と細胞外に置かれた記録電極（金属線）によって陰極線オシロスコープに記録される。この方法の利点は、太い導線が神経線維内に入れられているので、極端に強い外向き電流を、細胞膜をよぎって流せることである。

6-2 電位固定法によるイオン電流の記録

ホジキンとハクスレーは、図6-2の実験装置を用いて、外向きの容量性電流に引き続いて起きるイオン電流を研究した。容量性電流は、活動電位発生の引き金となるが、活動電位そのものを起こすのはイオン電流である。イオン電流は、特定のイオンが、細胞膜にあるイオンチャンネルを通って、細胞内に流入することによって発生する。

詳しくは後述するが、細胞膜を流れる電流は、容量性電流とそれに引き続いて起きるイオン電流の総和となる。したがってイオン電流そのものを研究しようとする場合、容量性電流は邪魔になる。そこで、ホジキンらは、容量性電流をゼロにする特殊な実験条件をつくり出した。

彼らは、細胞膜に強い外向き電流を流し、ほとんど瞬間的に膜電位を発火レベルに脱分極した（これにともない、容量性電流もほとんど瞬間的に完了してしまう）。そして、図6-2の基本回路に別の電気回路を組み合わせて電流を流すことによって、膜電位を発火レベルから変化しないように固定したのである。このような回路のことを**フィードバック回路**と呼ぶ。

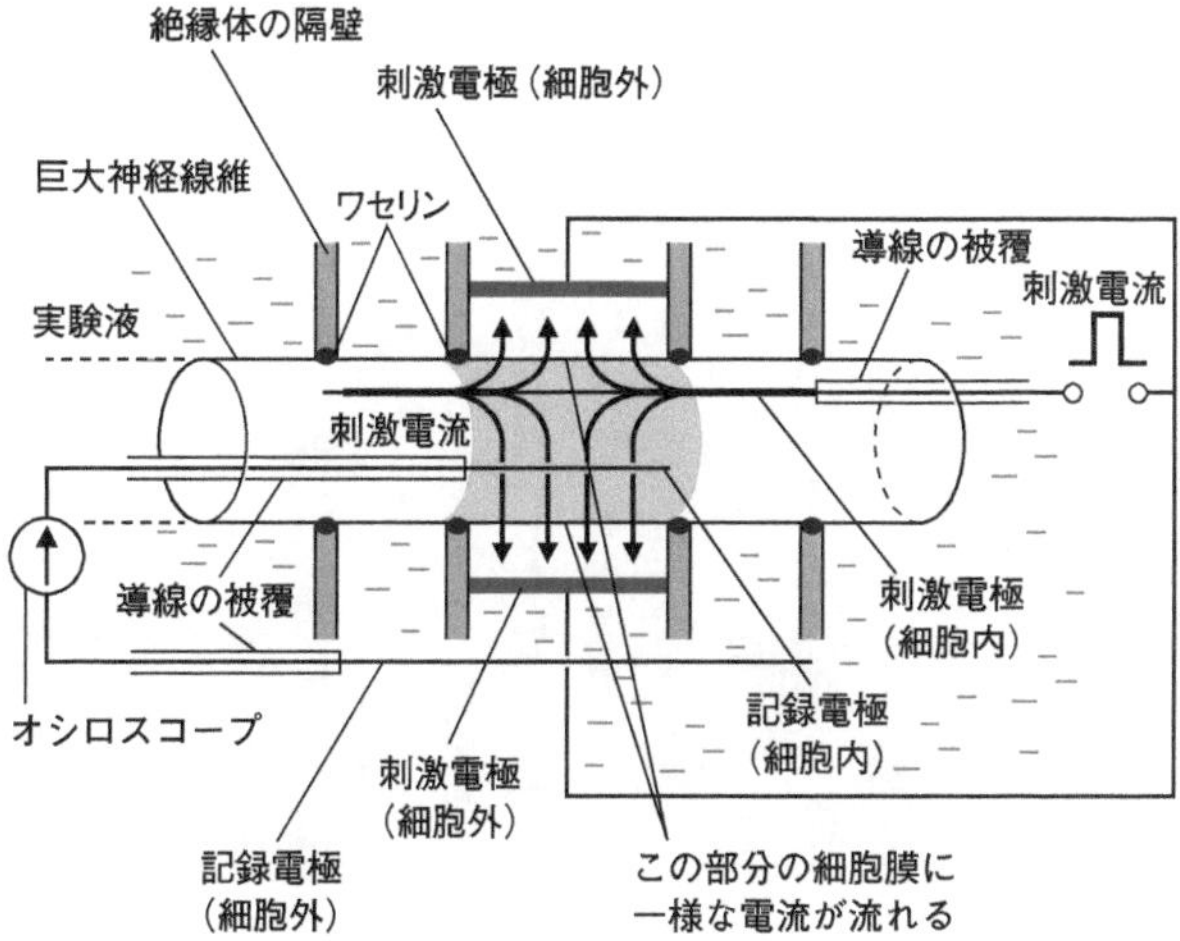

図中央部の絶縁体の壁の間の細胞膜（アミをかけた部分）は刺激電極からの外向き電流（矢印）により同時に一様に活動電位を発生し、その際の膜電位変化は記録電極により陰極線オシロスコープに記録される。

図6−2　ヤリイカの巨大神経線維による活動電位の研究

実は、このフィードバック回路を流れる電流（フィードバック電流）を計測すると、活動電位を引き起こすイオン電流が正確に測定できる。これは、97ページで解説した式を考えてみれば、その理由はすぐにわかる。前述したように、細胞膜に蓄えられる荷電量Q、加えられる電圧V、細胞膜の容量Cには、

$$Q=C\times V$$

の関係が成り立つ。膜電位が一定に保たれるということは電位変化がないことを意味するから、Vはゼロになる。必然的にQもゼロになり、細胞膜にこれ以上電荷を蓄えることもできなくなり、容量性電流もゼロになる。

したがって、フィードバック電流によって容量性電流が流れないときには、細胞膜はイオン電流のみが流れていることになる。すなわちフィードバック電流は、活動電位を引き起こすイオン電流そのものである。以上のように膜電位を発火レベルに保つ実験手法を**電位固定法**という。

6-3 内向きNa^+電流の発見

図6-3に見られるように、膜電位を急激に階段状に変化させた後、そのまま発火レベルを固定し、活動電位が発生しないようにすると、フィードバック電流（イオン電流）は、まず細胞膜をよぎって内向きに短時間流れ、ついで細胞膜を外向きに流れる。

ホジキンらは、最初の内向き電流にNa^+が関与していることを証明するため、実験液に含まれるNa^+を他の陽イオンに置き換えた。すると、この内向き電流が消失した。さらにホジキンらは、電位固定法により固定する膜電位を、発火レベル以外に変えて、それにともなって起きる内向き電流の変化を計測した。こうした実験を積み重ねた結果、細胞外液（実験液）の中にあるNa^+が、細胞内に流入することによって、最初の内向き電流（Na^+電流）が発生すると結論づけた。

また、これに続いて起こる外向き電流は、細胞内のK^+が細胞外へ流出するK^+電流であることがわかった。彼らは、このようなデータを蓄積して、細胞膜のイオンの通路であるイオンチャンネルの膜電位変化に対する反応についての定量的な学問体系を打ち立てた。この偉業によって、ホ

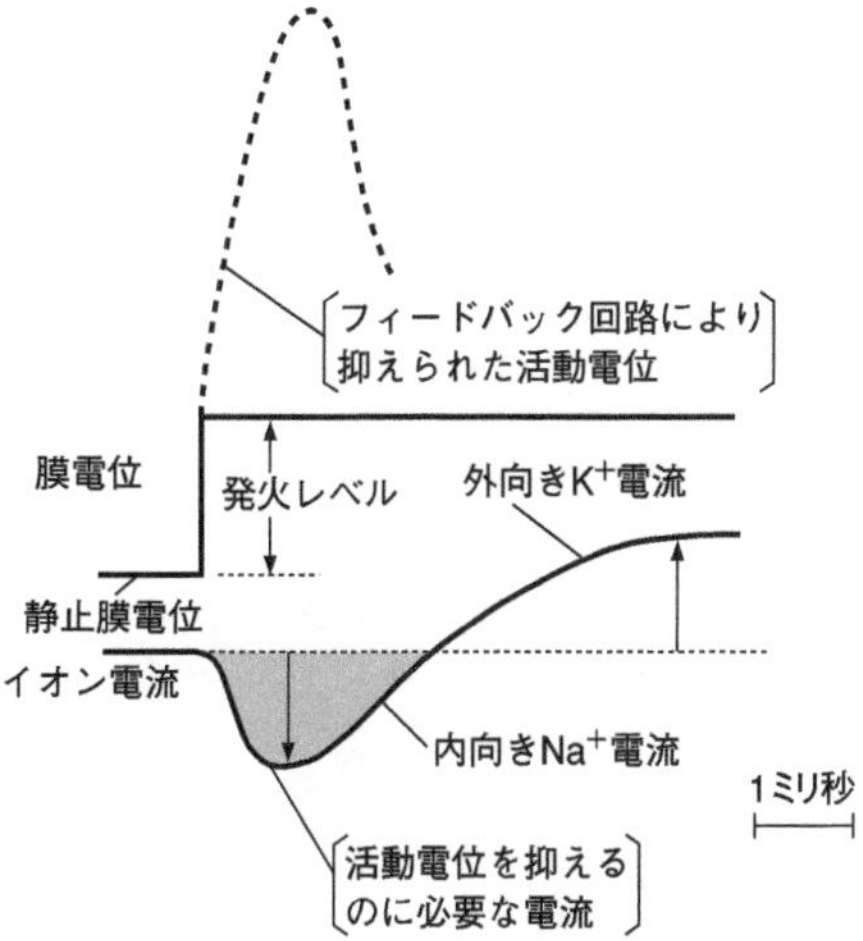

図6-3　電位固定法により膜電位を発火レベルに固定し発火レベルからの活動電位の立ち上がり（破線部）を抑えたとき、細胞膜を流れるフィードバック電流

ジキン、ハクスレーは、1963年にノーベル生理学医学賞を受賞した。

図6-3のフィードバック電流の軌跡を見て、Na^+電流は、通常であれば、興奮を抑制する内向き電流なのに、なぜ活動電位を引き起こすのかと疑問に思われる読者もあるかもしれない。

確かに、静止状態にある細胞膜は、膜容量（細胞膜）と膜抵抗（イオンチャンネル）が並列につながった回路とみなされるので、内向き電流が流れると過分極する（図5-12B）。ところが、Na^+の細胞内への流入によって、まさに活動電位が発生しようとしている細胞膜では、この回路はもはや成り立たない。Na^+が細胞内に流入することによって内向き電流は流れるものの、膜電位は、過分極ではなく、脱分極方向に大きく動き、Na^+の電池の値（細胞の内側が正、外側が負）に変化していく。

ホジキン、ハクスレーの研究の結果、興奮中の細胞膜では、静止状態の細胞膜を通過できないNa^+イオンが突然細胞膜を通過するようになり、その結果、膜電位がK^+電池の値（マイナス約100mV）からNa^+電池の値（プラス約50mV）に急激に切り替わることがわかった。彼らの研究には数式が多く使われているが、本書では数式を省略し、このしくみのあらましを説明しよう。

6-4 ホジキンとハクスレーのNa^+説による活動電位発生のしくみ

ホジキンとハクスレーは、Na^+とK^+はそれぞれ別のイオンチャンネル、つまりNa^+チャンネルとK^+チャンネルを通って細胞膜を通過すると仮定し、活動電位発生時に細胞膜においてK^+電池とNa^+電池が素早く「選手交代」する現象を図6-4のような電気回路で説明した。

細胞膜内外のイオン濃度の違いにより、細胞膜には**K^+電池**（細胞の外側が正、内側が負）と**Na^+電池**（細胞の内側が正、外側が負）が存在する。K^+とNa^+がイオンチャンネルを電流として流れるときの電気抵抗をそれぞれR_KとR_{Na}とする。

静止状態の細胞膜（図左）ではR_{Na}がR_Kよりはるかに大（$R_{Na} \gg R_K$）である。このためNa^+はほとんどNa^+チャンネルを流れず、測定される膜電位の値はほぼK^+電池に等しい。一方、細胞膜の膜電位

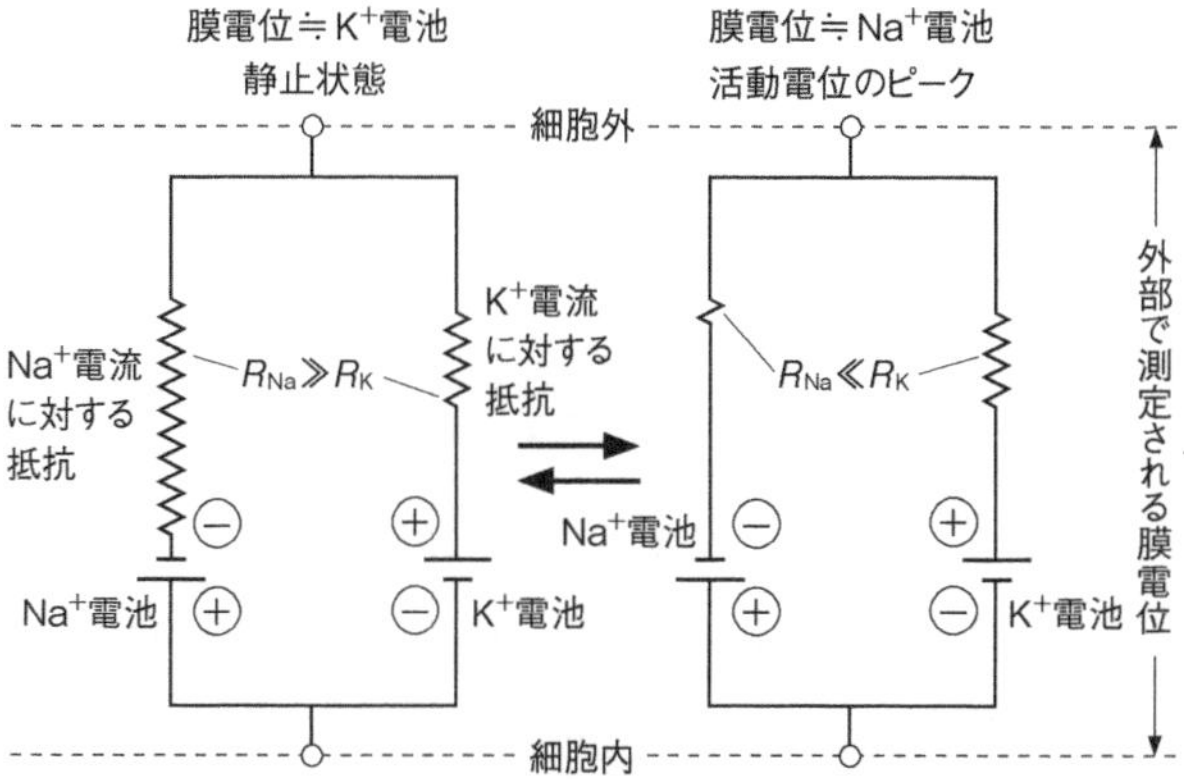

図6-4　活動電位発生による膜電位の符号の逆転を説明する電気回路（原論文の回路を簡略にしてある）

の脱分極が発火レベルに達すると、R_Kの値は変わらないが、R_{Na}の値は急激に約1000分の1に減少する。この結果R_{Na}はR_Kよりはるかに小さくなる（$R_{Na} \ll R_K$）ので、事態は静止状態と逆転し、膜電位の値はNa^+電池にほぼ等しくなるのである。このNa^+チャンネルの急激な電気抵抗の減少の結果、Na^+が細胞膜をよく通過するようになるので、この現象を**細胞膜のNa^+透過性の急激な増大**という。つまり活動電位発生の原因は細胞膜のNa^+透過性の急激な増大である。

図6-5に示すように、このNa^+透過性増大は、膜電位が発火レベルに達するとスタートし、活動電位の立ち上がりと並行して増大し、活動電位のピークで最大に達したのち、自動的に急激に減少して静止状態の極めて低い値にもどる。

すなわち膜電位の発火レベルの脱分極が引き金となって、このNa^+透過性の急激な変化が起こり、全か無かの活動電位を発生させるのである。なお、やは

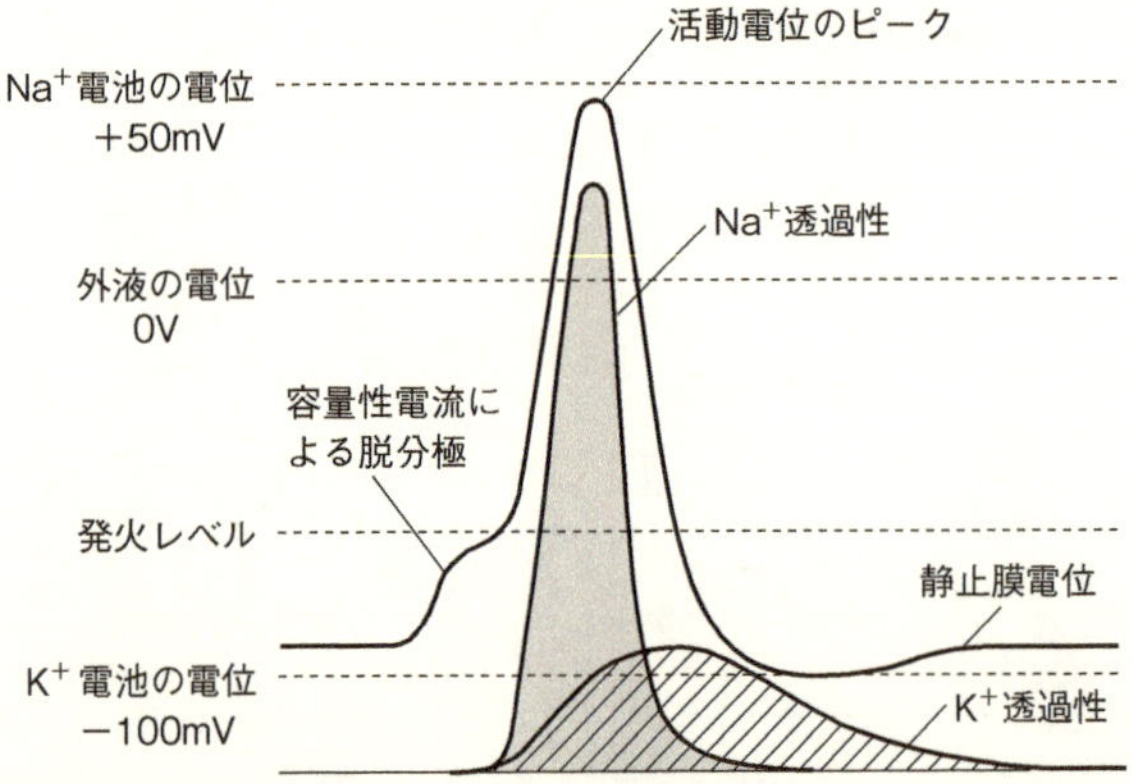

図6-5　活動電位発生時のNa^+およびK^+透過性の変化の模式図。Na^+とK^+の静止状態の透過性は示されていない

り発火レベルの脱分極が引き金となって、細胞膜のK^+透過性も静止状態の値よりやや増大する。このK^+透過性増大はNa^+透過性増大より遅れて起こり、活動電位が静止膜電位にもどる途中で最大となる。

このK⁺透過性増大がホジキンとハクスレーの電位固定法によりNa^+内向き電流に続いて記録されるK^+外向き電流（細胞内の高濃度のK^+が細胞外に流れ出る）の原因である。このNa^+透過性増大に遅れて起こるK^+透過性増大は、Na^+透過性の減少による活動電位の静止膜電位への回復をさらにスピードアップさせる効果がある。後で説明するように、活動電位の持続時間が短いほど、活動電位の頻度の変化により単位時間に伝えられる情報量は増すのである。

6-5 活動電位発生時の細胞膜でのイオンの動き

興奮が伝わる際に起こる活動電流が発見された当時（第4章、第5章）は、この電流は単なるイオンの流れとみなされ、イオンの種類は問題にされなかった。しかしホジキンとハクスレーのNa^+電池とK^+電池の考えでは、ループ状の局所電流のうち細胞膜をよぎる**内向き電流はもっぱらNa^+により、細胞膜をよぎる外向き電流はもっぱらK^+により**運ばれるのである。

図6-5は、局所電流が流れる際に、膜電位、Na^+の透過性、K^+の透過性がどのように変化するかを模式的に示したものである。

図に見られるように、容量性電流が流れ、静止状態にあった膜電位が発火レベルに達すると、Na^+の透過性が急激に上昇する。これはNa^+チャンネルが開き、細胞外から細胞内にNa^+が一気に流入することを意味している。これによって活動電位が発生し、膜電位は、Na^+電池の電位であるプラス50mV近くまで上昇する。

そして、膜電位とNa^+の透過性が下降に転じると、これと入れ替わる形で、K^+の透過性が高まる。これは、K^+チャンネルが開いてK^+が細胞外に放出されていることを意味する。このように活動電位の発生前後で、細胞膜のまわりのイオンが激しく移動するが、局所電流が起こる範囲で考えれば、正の電荷と負の電荷は釣り合っており、電気的中性条件は常に維持されている。

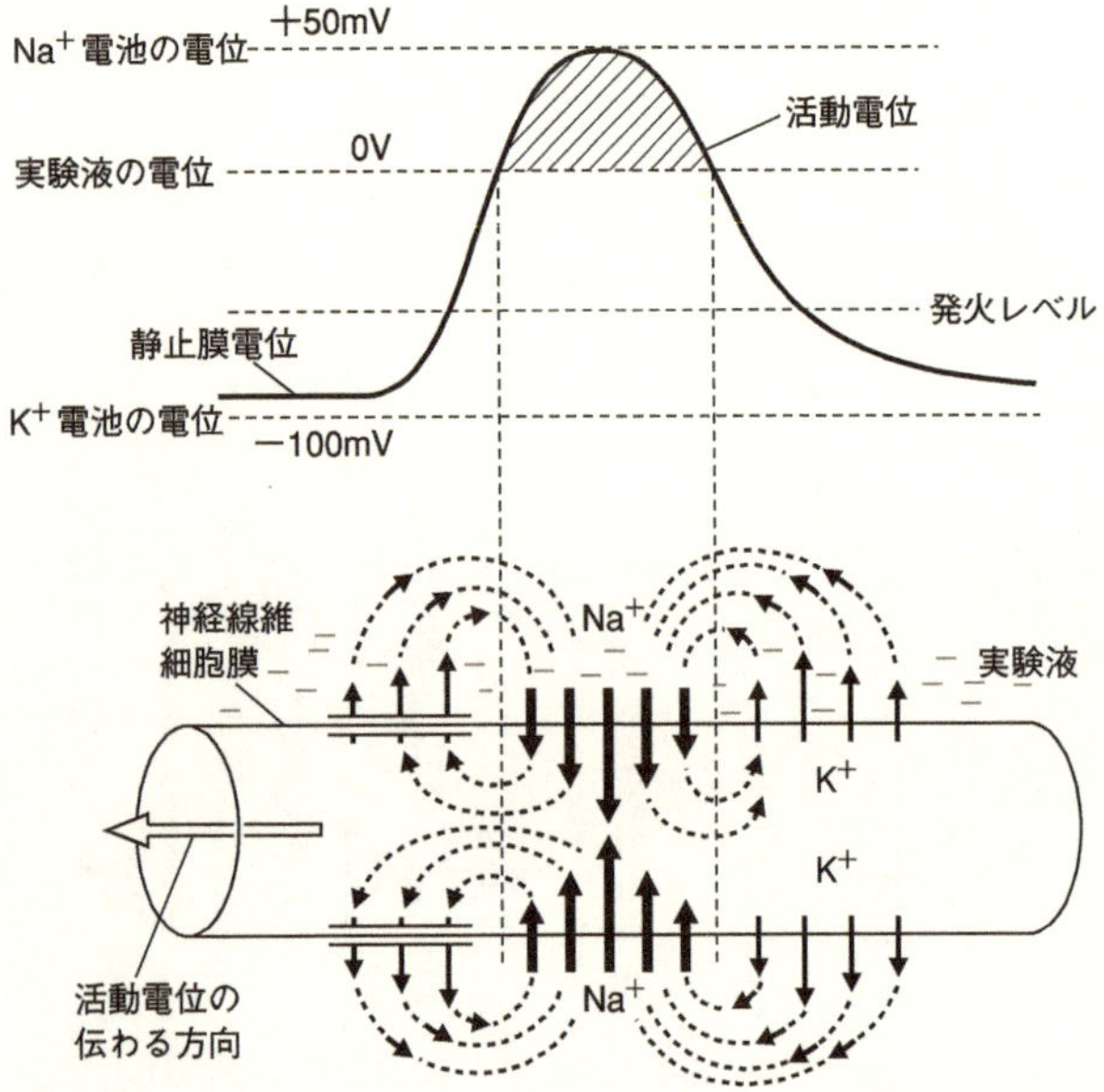

Na^+の内向き電流は活動電位が実験液の電位より高い期間（斜線）中に流れる。活動電位が消失してゆく時にK^+の外向き電流が起こる。活動電位前方の外向き電流は主として膜容量を流れる容量性電流である。

図6−6　活動電位が伝わってゆくときの神経線維細胞膜を流れるループ状の局所電流

図6−6を見ると、活動電位の前方では膜容量を外向きに容量性電流が流れ、静止状態の細胞膜を発火レベルに脱分極させせ活動電位を発生させる。この結果、活動電位が前方に伝わってゆく。

また現在では細胞膜内外の主な陰イオンであるCl^-は、K^+と同様に静止状態の細胞膜のCl^-チャンネルをよく通ることがわかっている。したがって、細胞膜内外のCl^-は、静止状態でも興奮状態でも常に細胞内外の電気的中性条

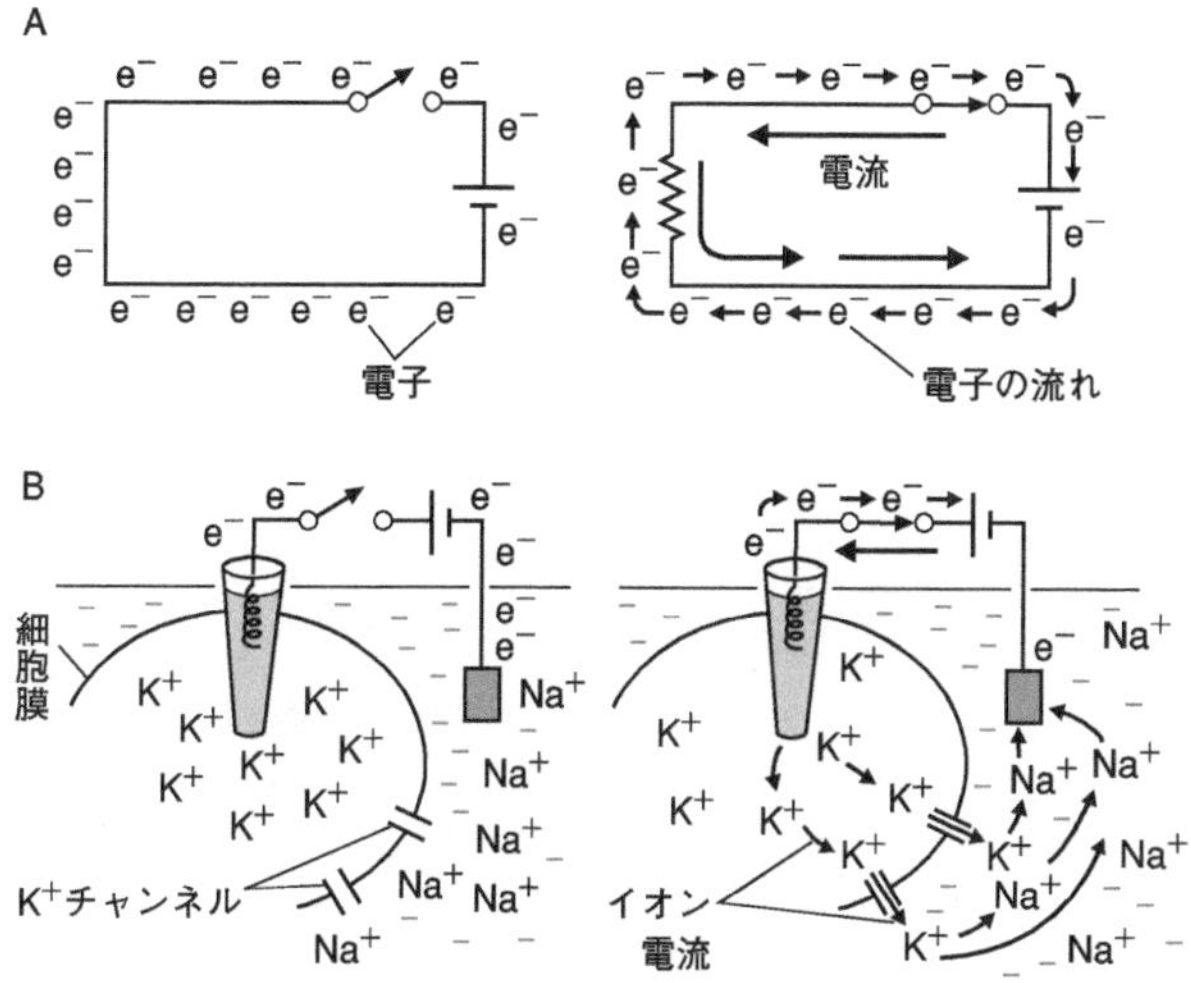

図6-7　金属導線中の電子（e^-）は電圧を加えると一方向に動く（A）。水溶液中のイオンは電圧を加えると動くが、イオンチャンネルを通過するイオンの種類は決まっている（B）

件を満たすようにCl^-チャンネルを通って動いていると考えられる。

なおこの際、荷電を運ぶ電流の実体について説明しておこう。まず金属導線中で電流がほぼ光速で流れるとき、この電流を運ぶ個々の電子の動く速度は多くの場合毎秒1cm以下に過ぎない。それにもかかわらず電流がほぼ光速で伝わるのは、導線中の電子があらゆる場所で一斉に動き出すためである（図6-7A）。つまり電子を動かす電圧が導線の端から端までほぼ光速で伝わるのである。

同様なことが水溶液中で電流を運ぶイオンにもあてはまる。水溶液中の個々のイオンは電位差が加えられると一斉に動き出すので、イオン電流は個々のイオンの動きよりもはるかに速やかに回路の端から端まで伝わる（図6－7B）。ループ状に流れるイオン電流では、イオンの種類を選別するイオンチャンネルを流れるイオンの種類ははっきり決まっているが、実験液や細胞内液を電流が流れるときはNa^+やK^+が交互にリレーして運んでいると考えられる。

ホジキンとハクスレーがナトリウム説を提唱した当時、イオンチャンネルの存在はまだ疑問視されており、彼らの考えは「興奮のナトリウム説」と呼ばれていた。現在では彼らの考えは正しいことがわかり、ナトリウム説という名称は使われなくなった。ナトリウム説が広く信じられるようになったきっかけは、後で説明するようにわが国におけるフグ毒の研究であった。

6－6　活動電位が伝わる際の容量性電流とイオン電流との関係

本書で最も難解な部分は細胞膜を流れる容量性電流とイオンチャンネルを通って流れるイオン電流が活動電位の発生と伝わりにどのように関わり合っているかであろう。この点の理解には本章の図6－5と図6－6の説明は不十分と思われるので、ここで補足説明しよう。本書では、これまで数式をほとんど使わずに生体電気の解説を進めてきたが、ここではまず数式を用いて容量性電流とイオン電流とをはっきり定義してから、両者の活動電位の発生と伝わりにおけるはたらきをより明確に説明する。

$$Q = C \times V$$

の式をもう一度思い出していただきたい。これは細胞膜に蓄えられている荷電量Q、細胞膜内外の膜電位V、細胞膜の膜容量Cの関係を示した式である。Cは定数なので、Qが変化すれば、必ずVも変化する。式からわかるように、Qの変化量とVの変化量は比例関係にある。

では、細胞膜をよぎって流れる容量性電流I_Cは数式を使って、どのように定義できるだろうか。容量性電流は、細胞膜の膜容量に蓄えられている荷電量Qが変化するときに起こる。すなわちQの変化はI_Cとして現れる。変化量を考えるうえで、考えなければいけないのが時間（t）である。V（およびQ）が時間tとともに変化すると、I_Cも変化する。

したがって容量性電流I_Cは、次の式で定義される。

$$I_C = C\frac{dV}{dt}$$

つまり、細胞膜のある部位をよぎって流れる容量性電流は、同じ部位で起こる膜電位変化を時間について微分した値に、膜容量を乗じたものとなる。この式からわかるように、容量性電流は、細胞膜が容量を持つことにより発生する単純な物理現象なので、明確に数式で表すことができる。

これに対して、イオン電流I_iは、生命現象なので、その時間経過は、イオンチャンネルの性質など種々の条件によって異なり、容量性電流のように簡単な数式で表すことは不可能である。ちなみに活動電位が細胞膜のある部位を通過するときに、細胞膜をよぎって流れる電流（膜電流）I_mは、容量性電流I_Cとイオン電流I_iを足し合わせたものとなり、次の式が成り立つ。

$$I_m = C\frac{dV}{dt} + I_i$$

おおまかにいえば、容量性電流は、細胞膜のある部位の膜電位が変化すれば直ちに流れるのに対して、イオン電流のほうは一定の時間を要する。これは、イオンチャンネルは、膜電位が変化しても直ちに反応しないため、イオンがチャンネルを流れはじめるまでに時間がかかるためである。

したがって、活動電位（興奮）にともなう電位変化を、まず神経線維の細胞膜にそって伝えているのは容量性電流である。そして、この容量性電流が引き金となってイオン電流が発生し、大きな膜電位変化、すなわち活動電位が発生する。このような循環を繰り返していくことによって、活動電位（興奮）が伝わっていくのである。

改めてランビエ絞輪間の活動電位の伝わりを図6−8に模式的に説明する。便宜上ここではイオンチャンネルとしてNa^+チャンネルのみを考えることにする。静止状態のランビエ絞輪N2とN3の細胞膜には、静止膜電位（細胞外が+、細胞内が−）、膜容量に蓄えられている電気的二重層（外側が+、内側が−）、およびNa^+チャンネル（閉じている）がある。

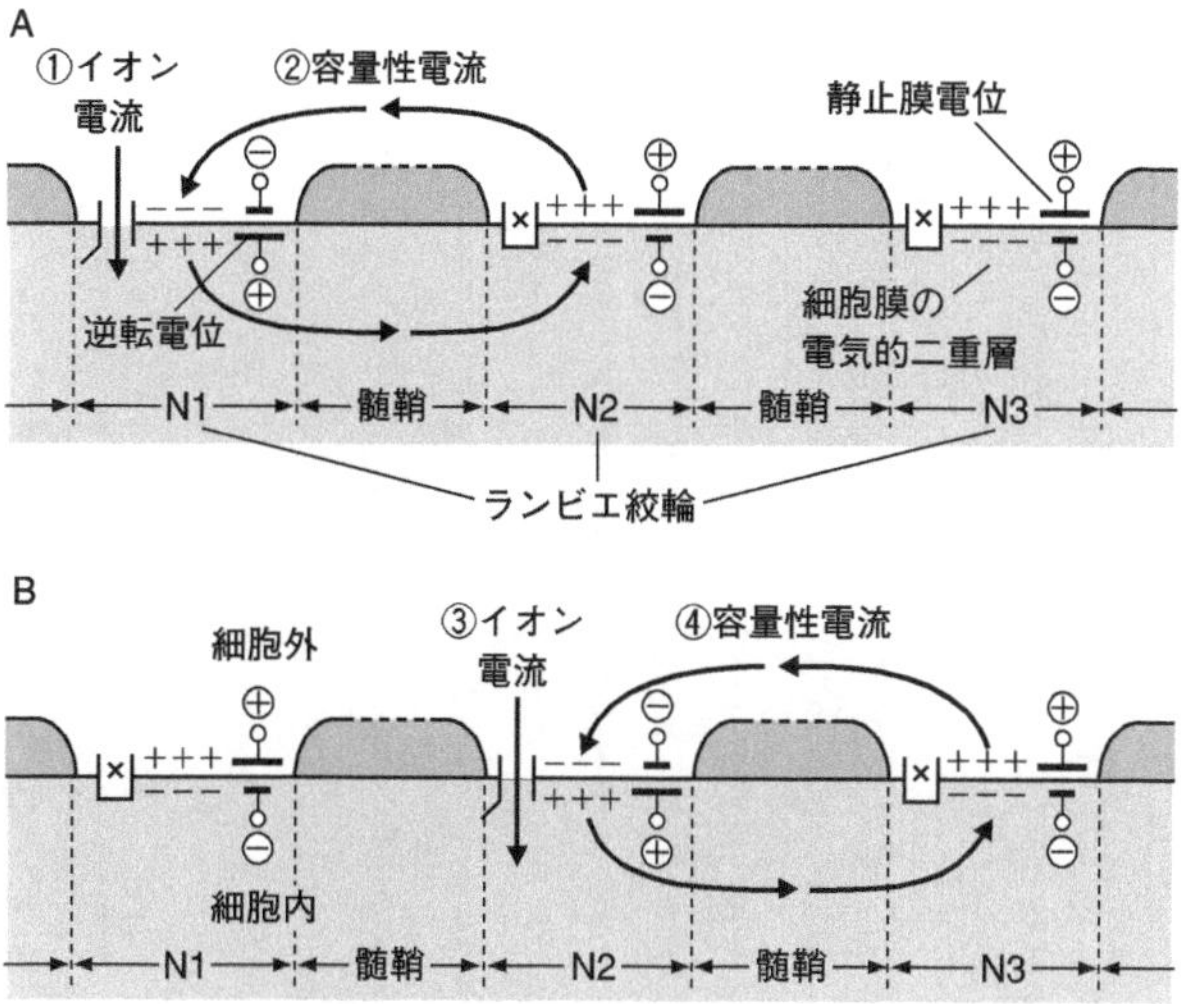

図6−8　有髄神経線維のランビエ絞輪N1、N2、N3間の活動電位の伝わり。①〜④は現象が起こる順序を示す

図6−8の左側の絞輪N1は活動電位を発生しており、Na^+チャンネルが開いてNa^+が運ぶ内向きイオン電流が流れている（①）。膜電位は逆転して細胞外が−、細胞内が＋となっている。また細胞膜の電気的二重層も逆転し、細胞外が−、細胞内が＋となる。

これに対し、静止状態にあってこれから活動電位を発生する中央のランビエ絞輪N2では、隣の絞輪N1に向かって細胞膜をよぎる容量性電流が流れはじめている（②）。この容量性電流は、N1の活動電位発生によりN1とN2の間に生ずる電位差によって電気的二重層の電荷が動くことによって起こる（図6−8A）。

中央の絞輪N2の膜電位が容量性外向き電流により活動電位の発火レベルまで脱分極

するとNa^+チャンネルが開き、N2の細胞膜をNa^+が運ぶ内向きイオン電流が流れる（③）。この結果、膜電位の逆転が起こり、N2での活動電位はピークに達する。これに合わせて、絞輪N2と右側の絞輪N3の間に容量性電流が流れはじめる（④）。このように、細胞膜のある部位では、つねに容量性電流がイオン電流に先立って起こるのである（図6―8B）。

6―7　活動電位の発生を阻害するフグ毒、テトロドトキシン

（1）厚生省によるフグ毒の研究

１９５０年代にはその存在が疑問視されていたイオンチャンネルの実体が解明されるきっかけとなったのは、わが国におけるフグ毒の研究であった。現在フグの調理師は厳格な国家試験をパスしなければ認可されず、フグ毒で死亡する人は極めてまれになっている。しかしこの制度ができる以前は毎年おびただしい人がフグ毒で死亡していたのである。

当時の厚生省はこの文明国にあるまじき事態を改善するため、１９６０年代はじめに東京大学の薬学部を中心とするフグ毒研究プロジェクトを発足させた。これが官庁主導によるグループ研究のはじまりである。この研究の結果フグ毒の化学構造が解明され、テトロドトキシンと名付けられた。テトロドトキシンは分子量約３００の低分子の有機化合物で、いかにも毒々しいひねく

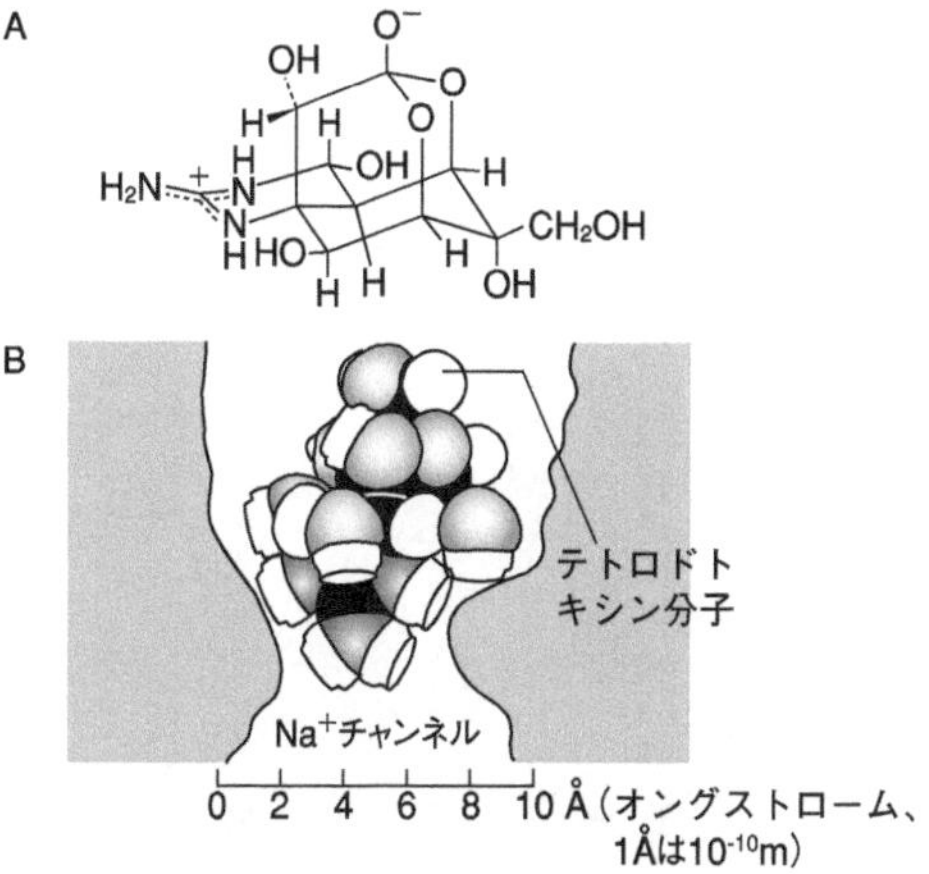

図6−9 (A)テトロドトキシン分子の構造式。各線の交点には炭素原子がある。(B) Na^+チャンネルにはまり込むテトロドトキシン分子

れた形をしている（図6−9A）。

テトロドトキシンは煮沸しても変性せず、また分子量が小さいので抗体による解毒剤の作製も原理的に不可能であった。この結果、厚生省はフグ毒の解毒剤の開発をあきらめ、フグ調理師の資格を免許制とした。したがってフグ毒の本体は解明されたもののフグ中毒の治療には役立たなかった。

（2）フグ毒による活動電位の阻害

フグ毒は呼吸中枢や呼吸筋の活動を阻害する神経毒であることが以前から知られていた。しかしわが国の生理学者は、テトロドトキシンが活動電位を阻害する薬物として第一製薬から製造販売されたにもかかわらず、この活動電位に対する作用を研究しようとする者がいなかった。結局テトロドトキシンはわが国の研究制度に見切りをつけて米国に頭脳流出した生理学者、楢橋敏夫によって米国の学者に紹介され、一躍外国の研究者の注目を集めることになった。

テトロドトキシンは水溶液1 mℓあたり10^{-8}gという極微量で神経線維の細胞膜にあるNa^+チャンネルのNa^+透過性の急激な増大を抑制することによって活動電位発生を阻害することが楢橋らにより示された。またその作用は不可逆的で神経線維に作用させたテトロドトキシンはそのまま細胞膜に固く結合し、これを引き離すことは困難であった。

(3) Na^+チャンネルとK^+チャンネルが存在する証拠

一方、テトロドトキシンで活動電位発生を阻害しても、神経線維の静止状態の膜電位や細胞膜のK^+チャンネルの性質は全く変化しないことがわかった。これらの結果からはK^+とNa^+はそれぞれ別々のイオンチャンネルを通る、つまりそれぞれ専用の通路を持つことが強く示唆された。つまり、細胞膜にはNa^+チャンネルとK^+チャンネルが別々にモザイク状に入り交じって存在すると考えられる。

この考えが正しければ、活動電位発生を阻害するテトロドトキシンはNa^+チャンネルにのみ不可逆的に結合しているので、テトロドトキシンを作用させた神経線維の細胞膜を集めてその中に含まれるテトロドトキシンを濃縮していけばNa^+チャンネルが純粋な形で取り出せるはずである。この予測に基づいた研究が外国で盛んに行われた結果、Na^+チャンネルは分子量数百万の高分子タンパク質であることがわかり、その形状も明らかになった。テトロドトキシン分子は、Na^+チャンネルのくびれた部分にちょうどはまり込んで、Na^+の通路を塞いでしまうのである（図6-9B）。

さらに現在はK^+チャンネルも高分子タンパク質であることがわかり、Na^+とK^+がそれぞれ専用の通路を通って細胞膜を通過することに疑いの余地はなくなった。

6-8　デジタル信号としての活動電位

(1)　活動電位とデジタル信号の比較

電気的現象としての興奮の解明は１９５０年代はじめのホジキン、ハクスレーの研究で一気に頂点に達し、その後の研究の主流はもっぱら生化学者によるイオンチャンネルの実体の解明に向けられることになった。ハクスレーはホジキンとのヤリイカ巨大神経の研究を完了させると、今後のこの分野の研究には化学的手法が必要で自分の出番はないと洞察して、研究対象を筋肉の収縮機構に切り替え、この分野でも歴史的偉業を成し遂げた。筆者の専門は筋肉なので彼とは家族ぐるみの親交を30年以上続けていた。

余談になるが、１９６６年夏に筆者とハクスレーは、それぞれ家族連れで米国ウッズホールの臨海実験所に滞在しており、あるときハクスレー一家を筆者のコテージへ夕食に招待した（図6

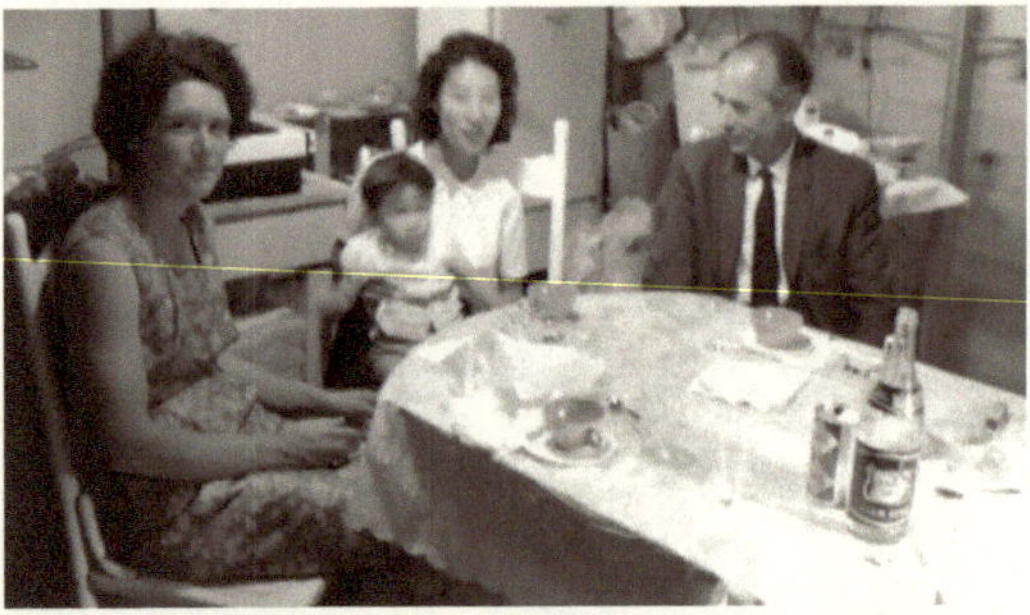

図6-10　米国ウッズホールの筆者のコテージでのハクスレー夫妻（1966年8月、中央は筆者の妻）

-10）。そのときヤリイカの刺身を出したところ、はじめ彼は手をつけなかった。そこで筆者は、「あなたがノーベル賞をとったのは、イカのおかげではありませんか」と言うと、彼は仕方なくイカを食べ始めた。

ハクスレーのように研究対象を変えてどちらの分野でも偉大な業績を残した者は極めてまれである。例えば遺伝の分子生物学分野でワトソンとともにDNAの二重らせん構造を明らかにしたクリックは、その後DNAの遺伝暗号の解読に主導的役割を果たした後、一転して脳の研究にチャレンジしたが成功しなかった。

ここで神経線維における興奮、すなわち活動電位と、人類が開発し今やラジオ、テレビ、コンピュータ、パソコンなどに広く用いられているデジタル信号との類似点を指摘しておきたい。2進法に基づくデジタル信号は1、0信号とも呼ばれるように、信号が出る（1）か出ない（0）かの2通りの状態しかとらない。デジタル信号の単位は一定の振幅と持続時間を持つ電気パルスで、0レベルと1レベルの二つのレベ

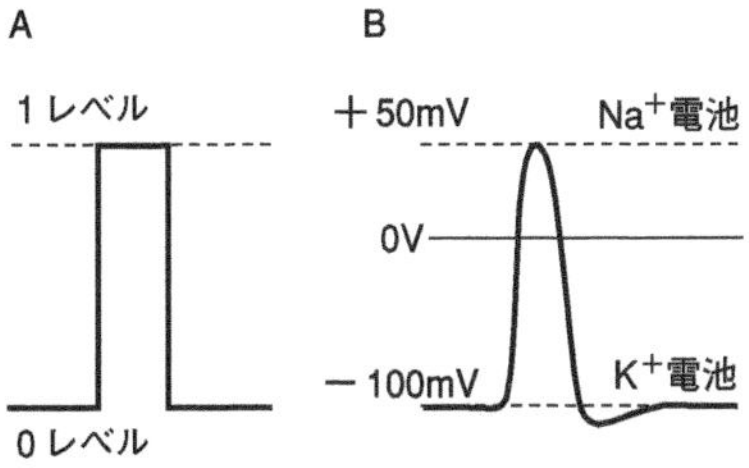

図6－11　単位デジタル信号（A）と活動電位（B）

ルの間を飛び移るパルス信号とみなすことができる（図6－11A）。
これに対して全か無かの法則にしたがう活動電位も、膜電位のK^+電池レベルとNa^+電池レベルの二つのレベルの間を飛び移るデジタル信号と考えることができる（図6－11B）。

（2）刺激の強さの活動電位発生頻度への変換

デジタル信号による情報伝達は、単位時間あたりのデジタル信号の発生頻度の変化によって行われる。活動電位による情報伝達も活動電位の発生頻度の変化により行われる。われわれの感覚器官（視覚、聴覚、味覚、嗅覚、皮膚感覚など）の場合、個々の感覚神経線維を伝わる情報は、感覚器官に加えられる刺激（光や音の強度、味覚、嗅覚物質の濃度、皮膚に加わる圧力など）の量の対数に比例する（図6－12）。したがって、われわれが外界の変化を感知する際、その変化量の対数に比例する量を感じているのである。

人類のつくり出したデジタル信号は、現在エレクトロニクス技術の進歩により、ギガヘルツ（1秒間に数十億回）という途方もない頻度で単位パルス信号を発生しうる。このため単位時間に伝達しうる情報

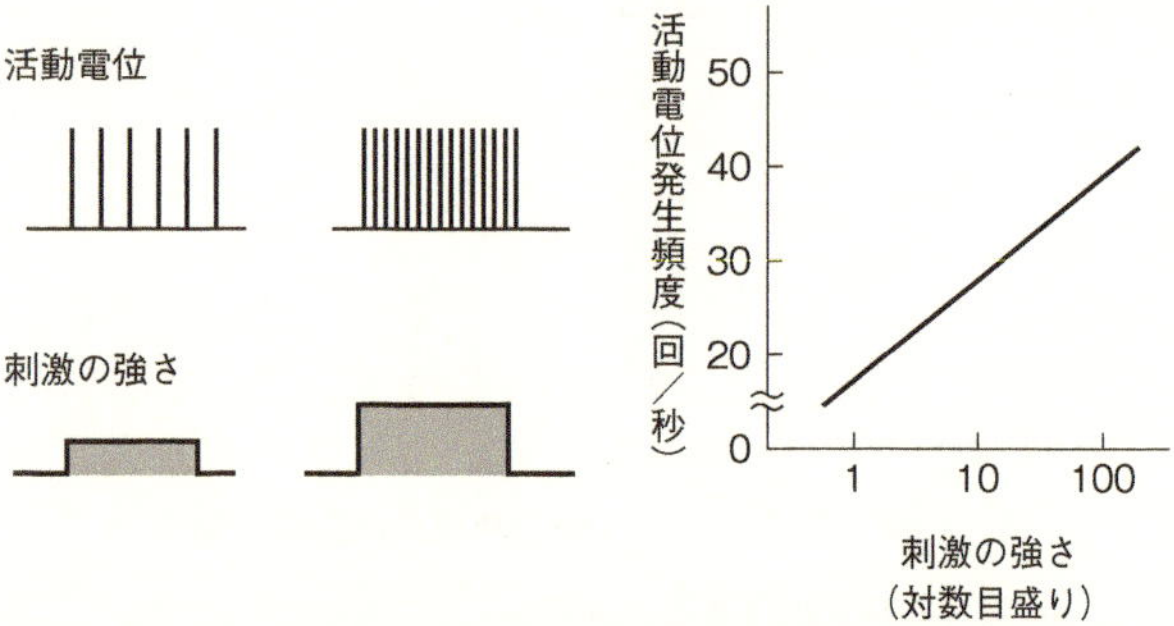

図6−12　刺激の強さと活動電位発生頻度との関係

量は膨大で、テレビで音声や画像が同時に見られるのはこのためである。

しかし活動電位はそのスパイク状に尖った部分の持続時間が約1ミリ秒なので、発生頻度は論理的に500ヘルツ（毎秒500回）を超えることはない。しかし生体内部で神経が伝達すべき単位時間の情報量はテレビなどに比べて多くないのでこれで十分なのである。

いずれにせよ人類が試行錯誤の末にたどり着いたデジタル信号様式を、何億年も前に大自然が生体をデザインしたときすでに採用していたのは驚くべきことである。

6−9　単細胞生物の行動の活動電位によるコントロール

活動電位は多細胞動物の神経や筋肉の細胞膜のみに存在するのではなく、最も原始的な単細胞動物の細胞膜にも見出される。

筑波大学の内藤豊らは、単細胞動物の一種であるゾウリム

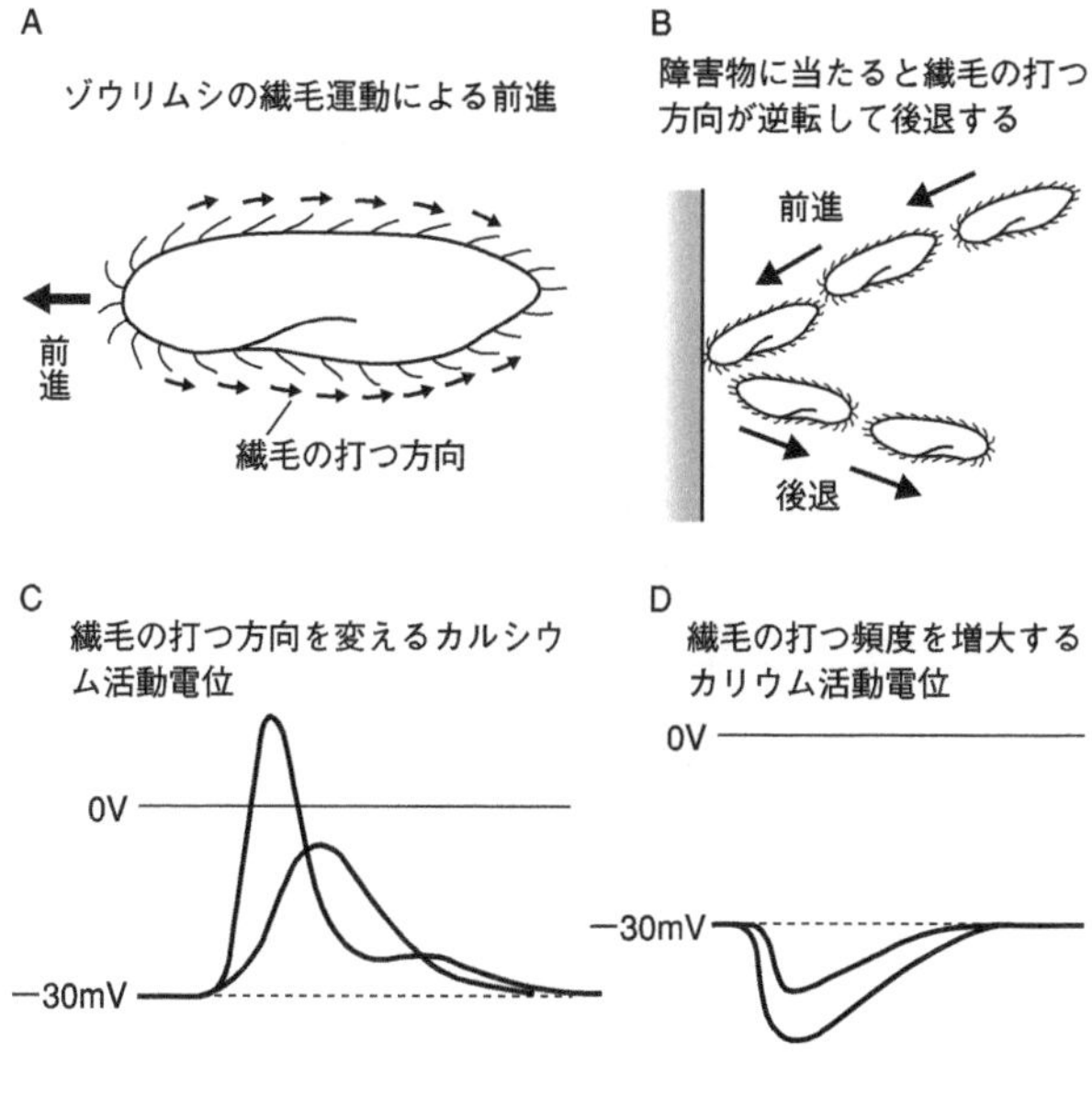

C、Dとも活動電位の大きさは刺激の大きさにより変化する。

図6−13　ゾウリムシの行動の活動電位による調節

シの行動が活動電位によりコントロールされているしくみを明らかにした。ゾウリムシは体表の繊毛を動かして水中を泳いでいる（図6-13A）。前進中のゾウリムシが障害物にぶつかると直ちに繊毛の打つ方向を逆転させて後退し体の方向を変えた後で再び前進する（図6-13B）。またゾウリムシは餌となる物質の匂いを嗅《か》ぎつけると、繊毛の打つ頻度を増加させて素早く前進して餌にありつく。

　このようなゾウリムシの行動は細胞膜に発生する活動電位によってコントロールされている。ゾウリムシの静止膜電位はマイナス約30mVで、体の前部が物体と衝突するとこれが引き金となって細胞膜に活動電位が発生する（図6-13C）。ゾウリムシはNa^+濃度の低い淡水で生活しているので、活動電位は、細胞膜のカルシウムイオン（Ca^{2+}）チャンネルが開いて、周囲の淡水中のCa^{2+}がゾウリムシ体内に流れ込むことによって起こる「カルシウム活動電位」である。この活動電位により体内のCa^{2+}濃度が増大すると繊毛の打つ方向が逆転し、ゾウリムシは障害物から後退する。この繊毛逆転のしくみは不明である。

またゾウリムシは餌となる肉片などに向かって泳ぐ速度を上げて接近する。これは肉片から出るK^+が引き金となりゾウリムシの体の細胞膜で活動電位が発生するためである。この活動電位は周囲の淡水のK^+の流入による「カリウム活動電位」で、活動電位は下向き（過分極方向）に起こる（図6-13D）。この活動電位は繊毛の打つ方向を変えずに繊毛の打つ頻度を増加させる。

なおゾウリムシの活動電位は全か無かの法則にしたがわず、活動電位の振幅は引き金となる刺激の大きさにより変化する（図6-13C、D）。例えばゾウリムシが障害物に激しくぶつかれば大きな活動電位が発生し、繊毛の打つ方向の逆転はより速く起こる。このように原始的な単細胞生物ではその行動に多様性を持たせるため活動電位の大きさが変化する。より進化した多細胞動物ではもっぱら信号を伝える神経系が分化するので、活動電位は単純明快なデジタル信号として全か無かの性質を備えるようになるのである。

6-10 イオンチャンネルの構造とはたらき

（1）イオンの種類を識別するしくみ

生体中のマクスウェルの悪魔であるイオンチャンネルの構造は1980年代から、チャンネルタンパク質のアミノ酸配列順序を示す核酸（DNA）の暗号を読みとることにより研究され、いずれも中央にイオンの通路の開いた中空の管であることがわかった。イオンの通路にはくびれた部分があり、ここでイオンの識別が行われる（図6-14）。

K^+やNa^+などの陽イオンのチャンネルではこのくびれた部分に負の荷電が配列しており、第2章で説明したコロジオン膜の小孔と同様にCl^-などの陰イオンはここを通過できない（56ページ、図2-21A）。Cl^-チャンネルでは逆にこの部分に＋荷電が配列しており陽イオンは通ることができない。それでは、Na^+とK^+のような陽イオンはイオンチャンネルによってどのように識別されるのであろうか。

一般に電解質は水溶液中でイオンに解離するとその周囲を水分子で取り囲まれる（図6-15）。これをイオンの水和状態という。Na原子はK原子よりサイズが小さいが、水和状態のNa^+は逆にK^+よりサイズが大きい。K^+チャンネルをK^+より小さいNa^+が通れないのは、K^+チャンネルのくびれた

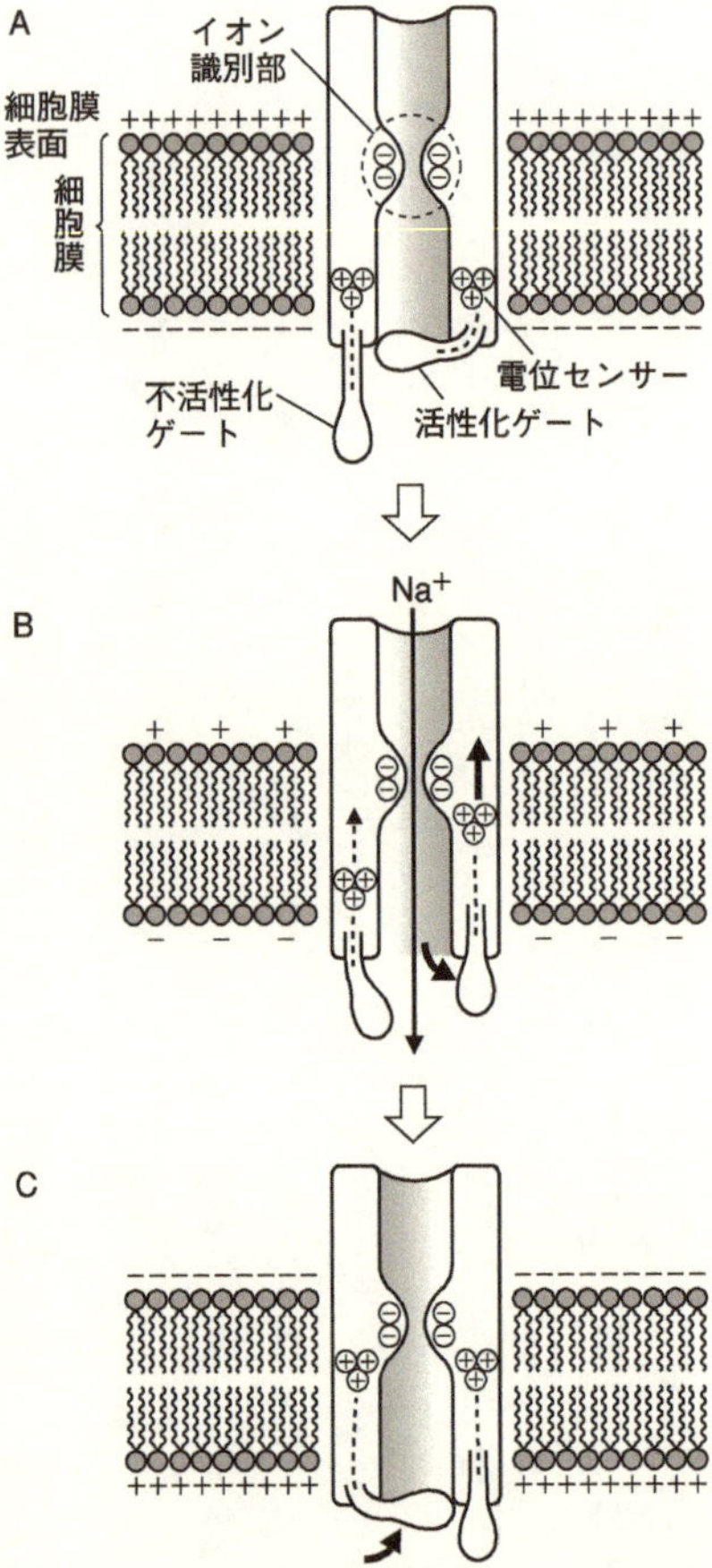

図6-14　Na⁺チャンネルの開閉機構。(A) 静止状態、活性化ゲートが閉じている。(B) 発火レベルの脱分極により細胞外の正荷電が減少すると、電位センサーが上方に移動し、活性化ゲートが開き、Na⁺が細胞内に流入する。(C) 膜電位の符号が逆転すると不活性化ゲートが閉じる

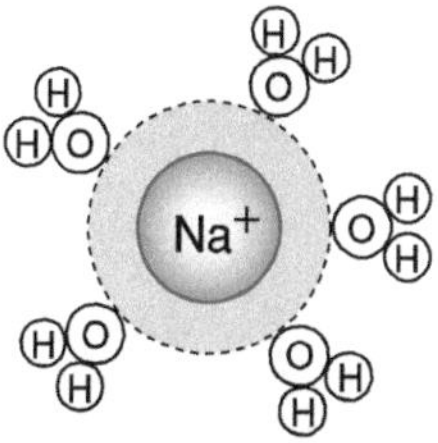

図6-15　水溶液中で水(H_2O)分子にかこまれて水和状態にあるNa^+

部分では水和状態のNa^+がつかえて通れないためである。

Na^+はまわりの水分子を離しにくく、水和状態のままでNa^+チャンネルを通る。K^+はまわりの水分子を離しやすく、水分子がとれた状態でK^+チャンネルを通る。以上が分子の種類を識別するマクスウェルの悪魔としてのイオンチャンネルのはたらきのしくみの一部であるが、まだ不明の点も多い。

(2) Na^+チャンネルの開閉するしくみ

Na^+チャンネルは静止状態の細胞膜では閉じているが、発火レベルの脱分極で開くしくみは、Na^+チャンネル内に膜電位を感知する「電位センサー」が存在するためだと考えられる。この考えにとって都合のよいことに、高分子チャンネルタンパク質には正に荷電したアミノ酸が多数つながった部分が存在する。

この正に荷電したアミノ酸グループが、電位センサーとしてはたらき、Na^+チャンネルの開閉を行う次のようなしくみが考えられている。図6-14Aに示すように、このチャンネル内の電位センサーはNa^+チャンネルの口を閉じているプラグ（活性化ゲート）と機械的に連絡している。

静止状態の細胞膜には外側が正、内側が負の電気的二重層が存在するので、正荷電の電位センサーは正電気どうしの反発力により細胞膜表面から離れたところに押し込まれている。

膜電位が脱分極して発火レベルに達すると、細胞膜外側の正荷電が減少するため、正電荷どうしの反発力が減少し電位センサーは細胞膜の表面に向かって移動し、チャンネルを塞いでいた活性化ゲートを動かしてNa^+チャンネルを開く（図6－14B）。この結果Na^+が細胞内に流入する。

いったん開いたNa^+チャンネルは、活動電位がピークに達し膜電位の符号が逆転すると自動的に閉じる。このときチャンネルを閉じるのは別なプラグ（不活性化ゲート）で、別な電位センサーによって動くと考えられる（図6－14C）。

このようにNa^+チャンネルの開閉に二つの異なるプラグ（活性化ゲートと不活性化ゲート）を考える根拠は、第2章で説明した三角波電流によって興奮を起こす際に、三角波電流の増大速度が小であると神経はいくら強い電流を与えても興奮を起こさないという事実である（42ページ、図2－10参照）。

活動電位の短い持続時間を説明するため、外向き電流による脱分極中、活性化ゲートを動かしてチャンネルを開く活性化過程と、不活性化ゲートを動かしてチャンネルを閉じる不活性化過程がわずかな時間差で同時に進行すると一般に考えられている。長方形電流による脱分極中は活性化過程のほうが早く進行してまずチャンネルが開き、ついで不活性化過程が追いついてチャンネルを閉じる。これにより短い持続時間を持つスパイク状の活動電位が発生する。

しかし三角波電流で脱分極がゆっくり進行すると、活性化過程は不活性化過程より進行が遅くなり、不活性化過程が活性化過程を追い越し、チャンネルが開く前にこれを閉じたままの状態にしてしまうと考えるのである。

しかしこの考えはまだ実験的に裏付けられていない。

6-11　生体電気信号の電源を維持するナトリウムポンプ

生体電気信号を発生させる直接のエネルギー源、つまり信号の電源はこれまで説明してきたように細胞膜内外のK^+とNa^+の濃度差と、これらにより生ずるK^+電池とNa^+電池である。活動電位発生中、Na^+は細胞内に流入し、K^+は細胞外に流出する。活動電位が終わるとNa^+チャンネルは閉じてしまうので、細胞内に流入したNa^+は細胞内に閉じ込められる。したがって神経線維が活動電位を繰り返し発生すると細胞内液のNa^+濃度は徐々に上昇する。それは細胞膜のNa^+電池の電圧が徐々に減少すること、つまり生体電気信号をはたらかせる電源の電圧が低下してゆくことを意味する。

ホジキンらはNaの放射性同位元素を用いて静止状態のヤリイカの巨大神経線維が絶えず細胞内のNa^+を細胞外に排出していることを発見した。一般に細胞は呼吸により身体内部の栄養物質を燃焼させ、このとき発生するエネルギーによりATP（アデノシン三リン酸）という物質を合成する。ATPはエネルギーをその分子内に貯蔵しており、次の反応にしたがって加水分解してリン酸（Pi）とADP（アデノシン二リン酸）に分かれるときエネルギーを発生する。

$ATP + H_2O \rightarrow ADP + Pi +$ エネルギー

つまり生体は、栄養物が呼吸によって取り入れた酸素と結合（燃焼）するとき発生するエネルギーをATP分子内に貯蔵し、必要に応じてATPを分解して貯蔵されていたエネルギーを使用する。これは金をもうけたとき一気に使用せず、銀行に預金して必要に応じてこれを引き出して使用するのに例えられる。このためATPは生体内のエネルギー通貨と呼ばれる。

生体内の細胞での栄養物の燃焼とATPの合成は種々の毒物により断ち切られる。このような毒物を代謝毒という。ヤリイカの巨大神経線維のNa^+の排出はこの代謝毒により停止してしまう。この結果はNa^+の排出にはATPの分解により発生するエネルギーが必要なことを示している。

細胞外のNa^+濃度は細胞内のNa^+濃度よりもはるかに高い。このような状態はダムの堤防の両側で水面の高さが異なる状態に例えられる（図6-16A、B）。この場合、低い水面の側から高い水面の側に水をくみ上げるにはポンプの力が必要である（図6-16B）。ポンプがはたらくにはもちろん電源が必要である。したがって細胞が細胞内のNa^+をその濃度差に逆らって細胞外に排出するにも、ATPの分解によるエネルギーを必要とする。

ホジキンらが巨大神経線維で発見したNa^+排出機構は、その後あらゆる細胞に存在することがわかり、ナトリウム（Na）ポンプと名付けられた。このナトリウムポンプはイオンチャンネルと同

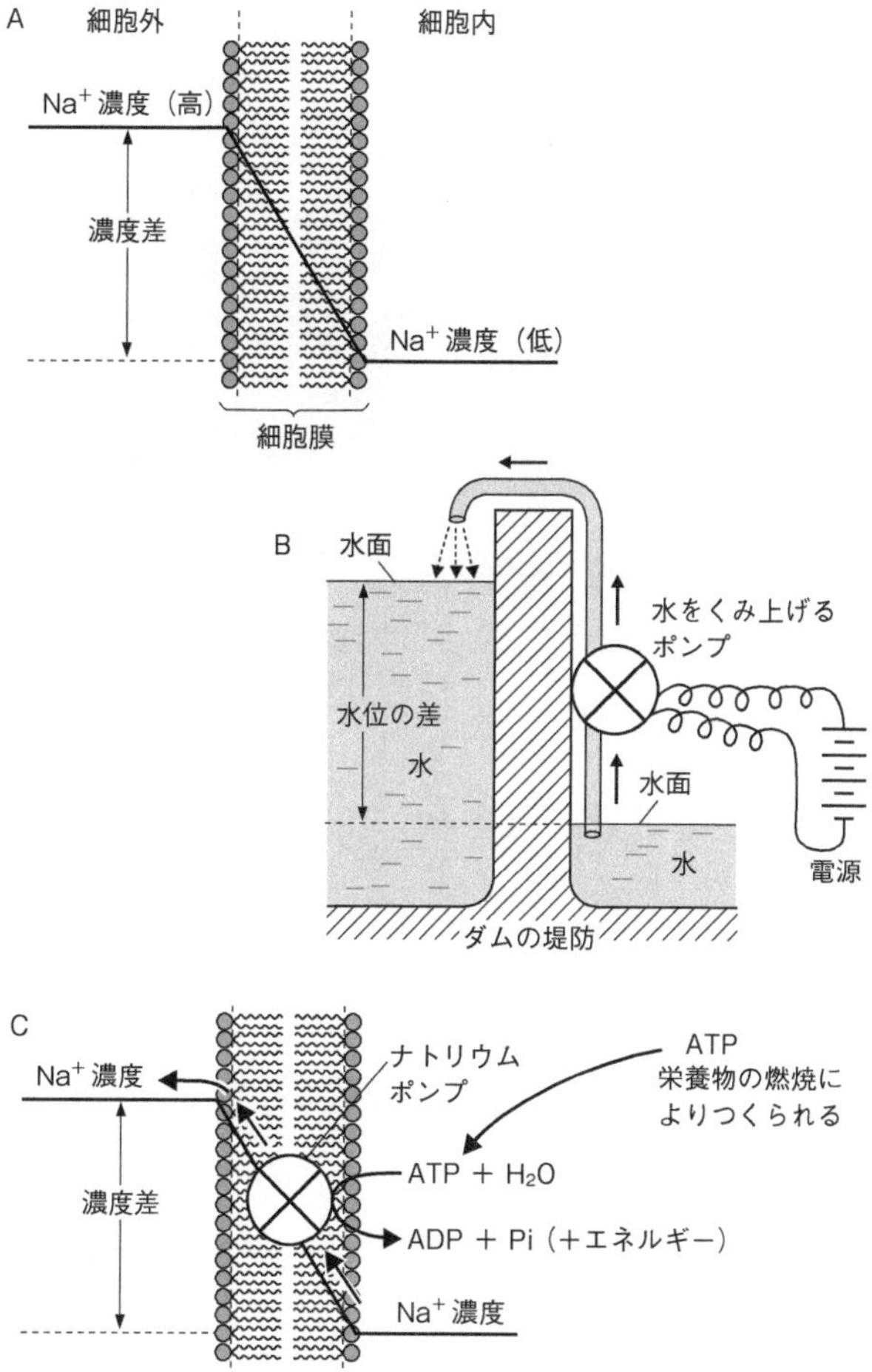

図6–16（A）細胞膜の外側と内側との間のNa^+濃度差、（B）ダムの堤防の両側での水位の違いと、水をくみ上げるポンプのはたらき、（C）細胞膜の低濃度側から高濃度側へNa^+を排出するナトリウムポンプ。矢印はNa^+の排出される方向を示す

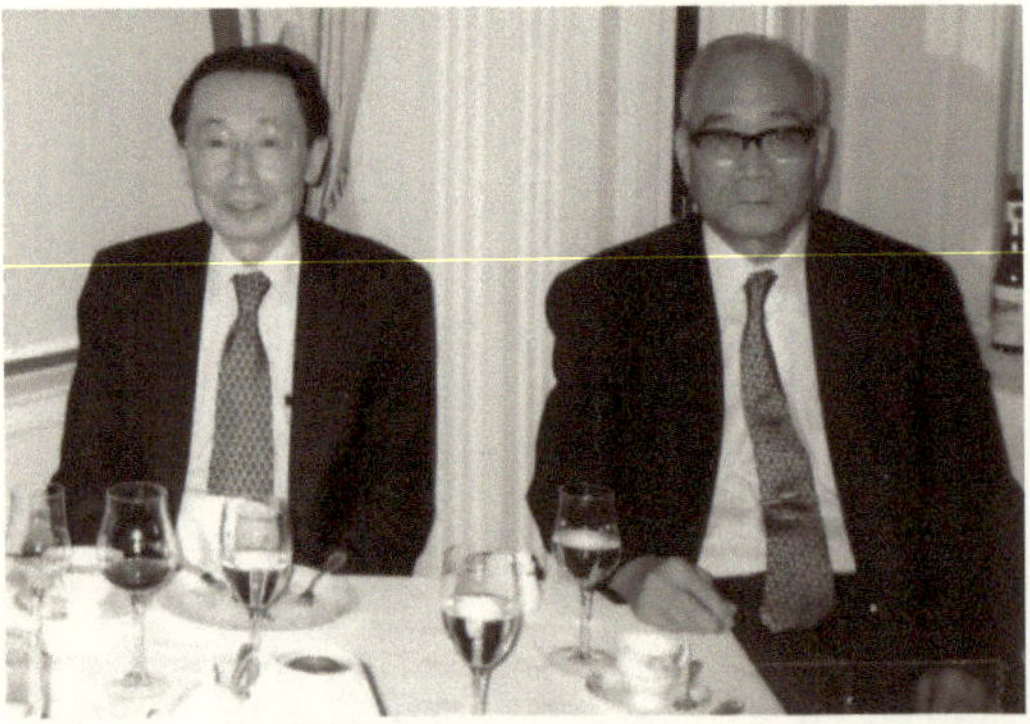

図6-17　檜橋敏夫と筆者（2003年10月、東京にて）

様に細胞膜を貫通する高分子タンパク質であるが、その役割はイオンチャンネルとは全く別物で、細胞内のNa^+を細胞外にくみ出すポンプのはたらきをしている。このポンプはATPが分解してADPとリン酸になるとき発生するエネルギーで駆動されている（図6-16C）。このナトリウムポンプにより活動電位発生中に細胞内に入ったNa^+が細胞外に絶えず排出され、Na^+電池の電圧の低下を防いでいる。

このようにヤリイカの巨大神経線維は、その巨大なサイズにより生体電気現象の研究に用いられ多くの知見を得るのに役立った。特にこの分野の学問が定量的な体系を持つことができたのは全く巨大神経線維のおかげなのである。

しかし近年、研究者の対象が脳のはたらきに向けられるにしたがい、イカのような下等な動物を研究材料にしても高等動物の脳の研究には役立たないとの「偏見」が内外で広がっており、イカの巨大神経や中枢神経を研究しようとする研究課題に対し研究費が支給されなくなった。イカやタコはネコくらいの賢さであろうといわれているにもかかわらずである。

テトロドトキシンの作用を国外に紹介した楢橋（図6–17）は、「近頃はイカの研究はイカンということになってしまったよ」と嘆いていた。イカも研究者の恩知らずの行為にイカッテいるのではないだろうか。

6–12　カルシウム活動電位の発見

これまで説明したように、われわれを含む脊椎動物の神経を伝わる電気信号は、ナトリウムイオン（Na^+）チャンネルを通るNa^+により発生するナトリウム活動電位である。また、脊椎動物の骨格筋線維の活動電位も、やはりナトリウム活動電位である。

しかし1950年代の初めにバーナード・カッツらは、人類を含む脊椎動物の消化管などを構成する平滑筋細胞や、海産甲殻類（エビ、ロブスターなど）の筋肉の筋線維などでは、外液のNa^+を除去しても、フグ毒テトロドトキシンを作用させても消失しないことを報告し、Na^+以外のイオンによって起こる活動電位が存在することが示されていた。

東京大学医学部を卒業後、東京医科歯科大学助教授を経て、カリフォルニア大学ロサンゼルス分校医学部の生理学教授となった萩原生長《すすむ》は、節足動物甲殻類の一種である巨大なフジツボが米国西海岸に生息しているのに着目した。このフジツボはフットボールの球くらいの大きさで固着

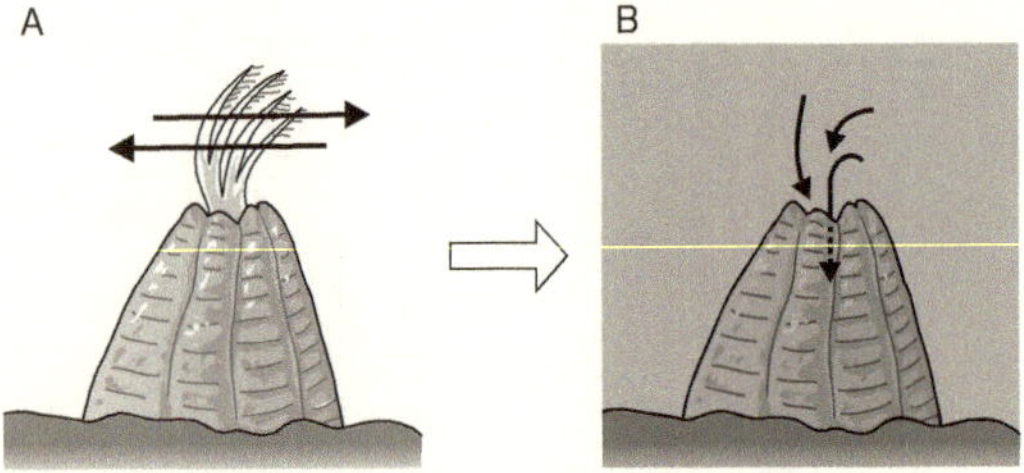

図6-18　フジツボのshadow reflex

生活をし、殻の上部の穴から蔓脚を出して動かし、海水中のプランクトンを捕食している（図6-18A）。

フジツボはその体に影がさすと、これを感知して急速に蔓脚を体内に引き込める（図6-18B）。この反射をshadow reflexという。

この運動は蔓脚基部の巨大筋線維（直径2㎜にも及ぶ）の収縮によって起こる。萩原らは、この巨大筋線維内部にいろいろな組成の実験液を注入し、筋線維細胞膜の活動電位が、細胞膜のカルシウムイオン（Ca^{2+}）チャンネルを通過して海水中のCa^{2+}が筋線維内に流入する、Ca^{2+}内向き電流によって起こることを、ホジキンとハクスレーと同様に、電位固定法を使用して定量的に明らかにした。この研究では当時開発された、Ca^{2+}と特異的に結合する試薬EDTAを使用して、筋細胞内に注入する液のCa^{2+}濃度を10^{-4}から10^{-9}モルの低濃度に設定することにより行われた。

この研究の詳細は省略するが、これはホジキンとハクスレーが、ヤリイカの巨大神経線維を実験試料として、活動電位が細胞膜のNa^{+}チャンネルを通って神経線維内に流入するNa^{+}によることを明らかにしたことに比べられる見事な研究であった。

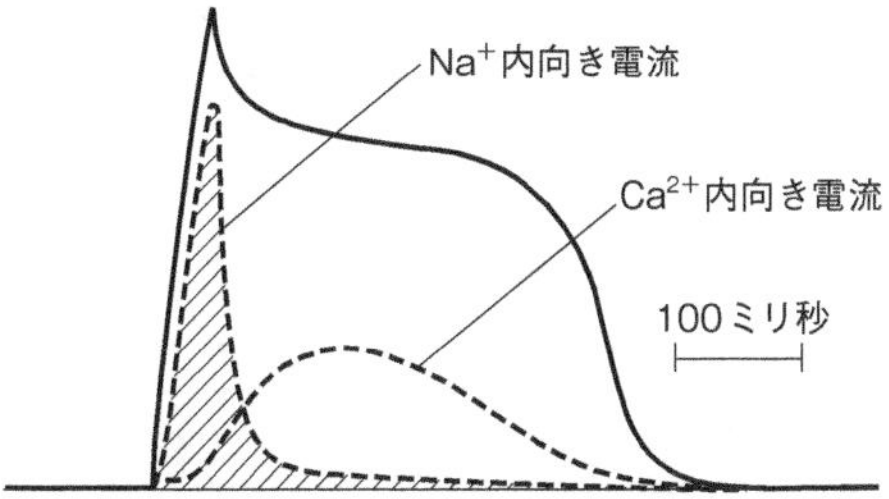

図6−19　心筋の活動電位

なお現在では人類を含む脊椎動物の、消化管の平滑筋細胞の活動電位はすべてカルシウム活動電位（カルシウムスパイクとも呼ばれる）であることがわかっている。萩原の研究は、自然界に広くみられるカルシウム活動電位の研究に先鞭をつけたのである。例えば、心臓を拍動させ血液を全身に循環させる心筋細胞の活動電位は、図6−19のようなゆっくりした経過を示し、スパイク・アンド・ドーム型活動電位と呼ばれる。この活動電位の最初の尖ったスパイク部分はNa^+の内向き電流によるナトリウム活動電位であるが、これに続くドーム部分ではCa^{2+}の内向き電流が起こっている。つまり心筋細胞では、ナトリウム活動電位とカルシウム活動電位が混在しているのである。

カルシウムイオンは、細胞内の構造を破壊する作用がある。これを防ぐため、細胞はその種類を問わず、細胞内の細胞液中のカルシウムを低濃度に保つしくみとして、細胞液中のCa^{2+}を細胞内のミトコンドリアや、筋小胞体と呼ばれる膜構造中に、カルシウムポンプによって取り込むしくみがある。このカルシウムポンプは、神経線維細胞膜におけるナトリウムポンプと同様に、ATPの加水分解のエネルギーを使って、細胞内液中のCa^{2+}を膜構造中に「上り坂輸送」する。このはたらきにより、細胞内液中のCa^{2+}濃度は10^{-7}モル以下に保たれている。

大自然は生体細胞の活動を制御するため、この細胞内液中に微量しか存在しないCa^{2+}を利用して、筋肉の収縮、細胞からの物質の放出、などを初めとする種々の細胞活動を、細胞内Ca^{2+}のわずかな濃度変化によりコントロールしている。本書第9章で詳しく説明する、運動神経線維末端からのアセチルコリン放出も、このCa^{2+}による細胞活動のコントロールの一つである。

平滑筋細胞や心筋細胞では、細胞内液中のCa^{2+}濃度が10^{-7}モル以下では筋線維は弛緩しており、この値が10^{-4}モルに上昇すると最大限の収縮を起こす。筋線維細胞膜の外側（甲殻類では海水、脊椎動物では血液と体液）のCa^{2+}濃度は数ミリモル以上なので、細胞内液との間には大きな濃度差があり、これがカルシウム活動電位の起電力となる。

カルシウム活動電位は細胞内にCa^{2+}を流入させて、細胞内液のCa^{2+}濃度を上昇させるとともに、筋小胞体内部に取り込まれているCa^{2+}を細胞内液中に流出させ、この結果筋肉の収縮が起こる。活動電位が消失すれば、細胞内液のCa^{2+}はカルシウムポンプで筋小胞体中に取り込まれ、筋線維は弛緩する。

これに対して、脊椎動物の体の運動を起こす骨格筋線維の活動電位は、神経線維と同様にナトリウム活動電位である。骨格筋線維のナトリウム活動電位は、細胞膜が内部に向かって陥入した特殊な膜構造に沿って筋線維内部深くに伝わり、筋小胞体からCa^{2+}を放出させる。このしくみの詳細については、筆者の『筋肉はふしぎ』（講談社ブルーバックス）を参照していただきたい。

6-13 細胞膜の巨大な電位勾配

本書の読者は、静止電位や活動電位が100mVのオーダーで、乾電池の電圧1・5Vの10分の1以下に過ぎないのに、電子よりもはるかに巨大なイオンを確実に動かすことを不思議に思われるのではないだろうか。この疑問に対する解答は「電位勾配」を考えることによって得られる。電位勾配という言葉の意味を読者に理解していただくため、第二次大戦後しばらくわれわれが食料不足に苦しんでいた時期、日本全国で広く自作され使われていた「電気パン焼き器」について説明しよう。

これは木製の弁当箱の内側に焼け跡から拾ってきたブリキ板を切って貼り付け、家庭の交流電源（100V）につないだものであった。この電気パン焼き器に水に溶いた雑穀やサツマイモの粉末を入れておくと電流が流れて熱が発生し、パンのようなものが焼けたのである。

この場合、弁当箱内のブリキ板の間の距離を10cmとすると、大まかに言って電位勾配は100V÷10cm＝10V／cmである。つまり1cmあたり10Vの電位勾配が水溶液にかかるとパンを焼く電流の熱エネルギーが得られるのである。

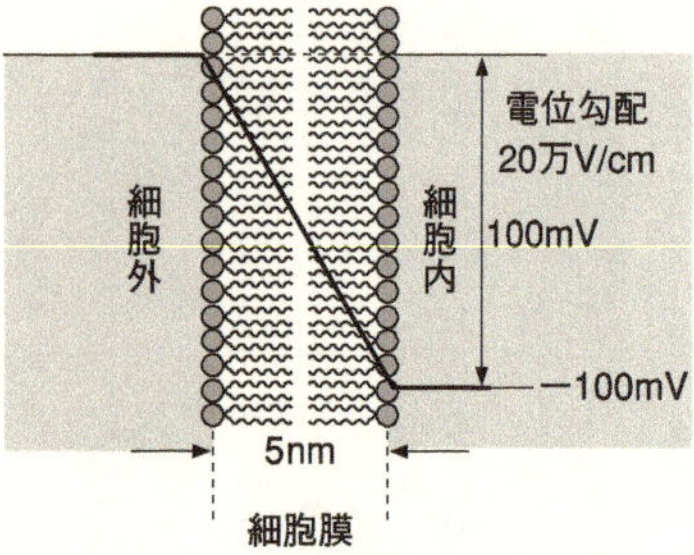

図6-20　細胞膜の電位勾配

もし弁当箱の代わりにもっと大きな箱を使って、ブリキ板の間の距離を20cmに増やすと、電位勾配は100V÷20cm＝5V／cmとなりパンを焼くのに必要な熱は生じない。逆にブリキ板の距離を1cmに縮めれば電位勾配は100V／cmとなり水溶液中の雑穀粉はたちまち黒焦げになってしまう。

細胞膜の静止電位はマイナス100mV（10^{-1}V）に過ぎないが、細胞膜の厚さは5nm（5×10^{-9}m＝5×10^{-7}cm）なので、細胞膜にかかる電位勾配は1cmあたり20万V（10^{-1}V÷（5×10^{-7}）cm＝0.2×10^{6}V／cm）という途方もない大きさになる（図6-20）。細胞膜に加えられているこの巨大な電位勾配により細胞膜内外のイオンは絶縁性の細胞膜にそって配列して電気的二重層を形成し、またイオンチャンネルを通る電流として駆動されるのである。

6-14　単一のイオンチャンネル活動の測定の成功

第二次大戦前の生理学者にとって、とても手の届かない神秘と考えられてきた、細胞膜に存在する「マクスウェルの悪魔」、イオンチャンネルは、我が国で発見されたフグ毒、テトロドトキ

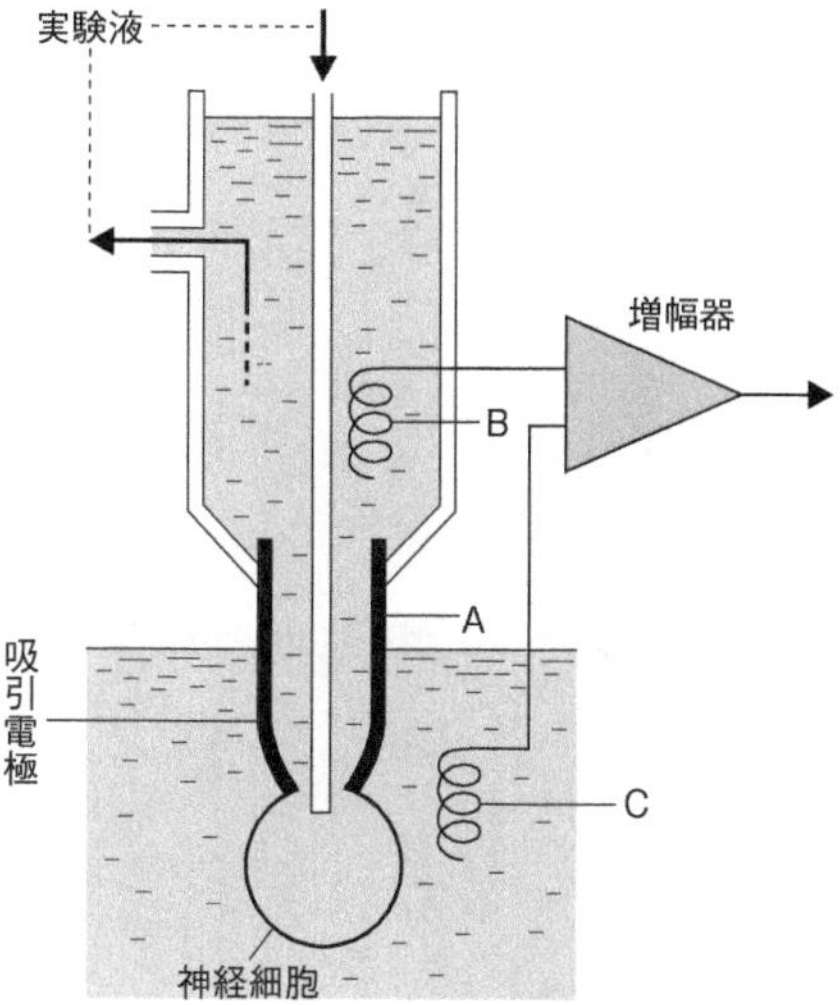

図6-21　吸引電極法

シンを用いてまずナトリウムチャンネルが単離されてその構造が解明され、これに続いて他のイオンチャンネルも次々と単離され構造が明らかにされていった。

これに対して機能の面から、細胞膜における個々のイオンチャンネルの活動を電気的に記録し研究しようという試みが1970年代、生理学者、特に我が国の生理学者によって行われ、図6-21に示すような吸引電極法が開発された。この方法は、分離した直径10㎛くらいの単一神経細胞を陰圧によりガラス細管（A）に吸引し、吸引された細胞膜を破壊すると、細胞内液を実験液に置き換え灌流することができる。この方法で、神経細胞の細胞膜内外の実験液組成を変化させ、細胞膜の両側に置かれた電極（B、C）によって活動電位、および電位固定法によるイオン電流を記録し、細胞膜のイオンチャンネルの性質を調べることができた。

この方法で、種々の神経細胞のイオンチャンネルについて多くの知見が得られた。しかし残念なことにわが国の研究者は、この方法をもう一歩進めて、ただ1個のイオンチャンネルの活動を記録することができなかった。

これを可能にしたのはドイツのエルヴィン・ネーアーとベルト・ザクマンが1981年に発表したパッチクランプ法である。彼らは吸引電極の細管よりはるかに細い、先端直径1㎛くらいのガラス細管で、神経細胞の細胞膜の小部分（パッチ）を吸引した。ガラス細管中に吸い込まれているパッチの面積は極めて小さいので、この部分にはただ1個のイオンチャンネルしか含まれない。一方強い陰圧により、ガラス細管とパッチ部の密着部の電気抵抗Rの値は数十ギガオーム（GΩ、1GΩ＝10^9Ω）に達する。したがって、単一のイオンチャンネルの開口により流れるイオン電流をIとすると、パッチ部の両側の電極で記録される電圧$E＝I×R$なので、微弱な単一イオンチャンネル電流の記録が可能である（図6−22A）。

電位固定法でパッチ部の細胞膜内外の電位差を、静止電位から脱分極させると、1個のNa^+チャンネルを流れるNa^+電流による電位変化が記録される。この電位変化は振幅が一定な短いパルス状で、反復して不規則な間隔で起こっている。脱分極の値を増大させると、Na^+電流の起こる頻度も増大する。これは個々のチャンネルが、自発的に開（ON）状態と、閉（OFF）状態を繰り返していることを意味する。これはミクロな環境での物質分子の熱運動による確率的な現象で、第

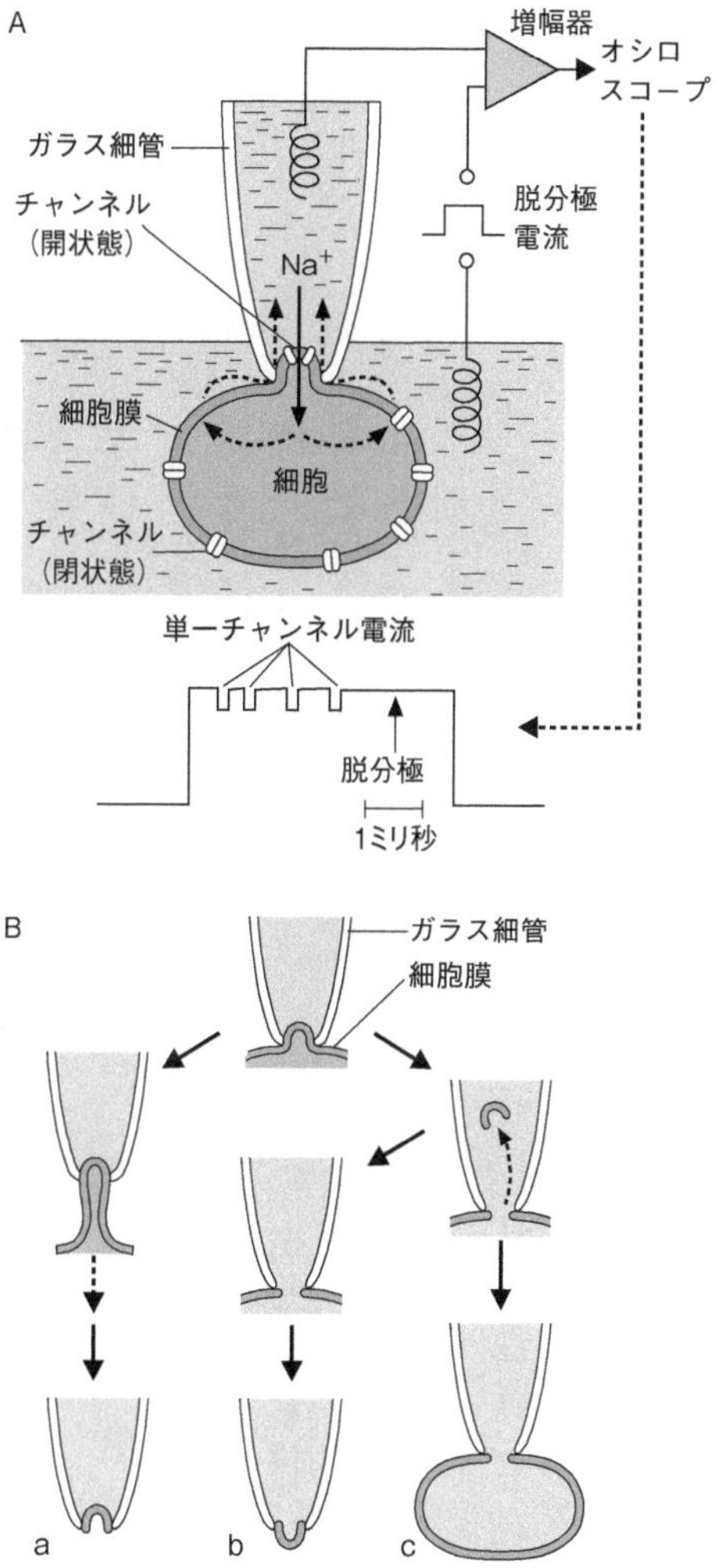

図6−22　(A)パッチクランプ法による単一チャンネル電流の記録。(B)種々のパッチクランプの変法

8章で詳しく説明する。

パッチ部の脱分極が、活動電位の発火レベルに達すると、個々のチャンネルは一斉にON状態となり、この結果大きなNa^{+}電流が流れ活動電位が発生する。

このパッチクランプ法はさらに発展して、実験目的に応じて種々の変法がある（図6－22B）。パッチ部をガラス細管に吸引したまま細胞体から引き離す方法（a）、強い吸引でパッチ部を細胞から切り離し、細胞に穴を開けた状態でガラス細管に付着させる方法（c）、さらに切り離したパッチ部の細胞内側面を外側に向けてガラス細管に付着させる方法（b）などがある。

このパッチクランプ法で、種々の細胞のイオンチャンネルについての知識は飛躍的に増大した。生理学者にとって神秘であったマクスウェルの悪魔、イオンチャンネルは、遂にその全貌を暴かれたのである。ネーアーとザクマンはこの功績により、1991年ノーベル生理学医学賞を受賞した。

コラム　生理学の巨人たちの想い出②――アンドリュー・ハクスレー

膜電位固定法を用いて、ホジキンとともに、活動電位がNa^+の神経線維への流入であることを明らかにしたアンドリュー・ハクスレー（141ページ、図6-1参照）は1917年、ロンドンの北西部の町、ハムステッドに生まれた。彼の祖父は、ダーウィンの進化論の擁護者で、「ダーウィンのブルドッグ」と呼ばれた博物学者、トーマス・ハクスレーで、彼の異母兄には有名な作家、オールダス・ハクスレーがいる。つまり彼は英国の屈指の名門の生まれであった。

ハクスレーはケンブリッジ大学に入学し、アイザック・ニュートンが学生時代を過ごし、後に教授として在籍したトリニティー・カレッジで自然科学全般を学んだ。英国のカレッジでは、学生とチューターによる個人授業が行われる。

あるときハクスレーは、担当のチューターに対し、「私は生物学部あるいは医学部で生理学を研究したいのですが、どちらを選んだらよいでしょうか」と尋ねた。するとチューターはこう答えた。「医学部の生理学は、ある特定の動物についてその生理学的しくみを研究します。一方生物学部の生理学は、医学部の生理学者がある動物で発見したしくみが、他の動物でも成り立つか否かを調べるのです」。そこでハクスレーは、ためらうことなく医学部に進学することにした。

ここで彼は、同じ医学部で先輩のホジキンとともにプリマスの臨海実験所でヤリイカの巨大神経線維の研究を開始し偉業を成し遂げた。この研究の発表は1950年代初めに行われたが、彼らが巨大神経線維の中に針金の電極を挿入するのに熱中していたのは第二次大戦中で、奇しくも田崎が髄鞘乾燥法で、有髄神経線維の跳躍伝導機構を解明しつつあったのと同時期であった。

現在では、両者の業績はあらゆる教科書に記載されているが、現在ではこの記載に研究者の名前が出ることはほとんどない。このようにして巨人たちの名前が忘れられるとともに、彼らの業績は人類の共通財産として、学問の知識の体系に組み込まれてゆくのである。

さて筆者一家は1966年の夏、米国マサチューセッツ州のウッズホール臨海実験所に滞在した。偶然同じ時期にハクスレー夫妻も同研究所に招かれて夏を過ごしていた（160ページ、図6-10参照）。田崎はNIHに移ってまだ日が浅く、やはり同じ実験所でヤリイカ巨大神経線維内外の実験液を、ただ1種類の電解質溶液に置き替えたときの活動電位を精力的に調べていた。彼は巨大神経線維内外の実験液からNa^+を除去しても活動電位が発生する条件を見出し、このデータをハクスレーに突き付けて、Na^+説では説明できないではないか、と執拗に主張した。ハクスレーは田崎の主張に対しこう答えた。「なるほど、Na^+がなくても活動電位は発生する場合があるだろう。しかし重要なのは、生きた神経が自然の状態で活動しているときのしくみである。Na^+のない条件下で起こる活動電位は、Na^+以外のイオンがNa^+チャンネルを通過したためと考えれば説明できる」

田崎は筆者に「ハクスレーに自分の実験結果を見せても、全然話がかみ合わないのだよ」と不平を言っていたが、筆者はハクスレーの考えに賛同していた。田崎はこの後しばらくして巨大神経線維の研究を止め、彼が愛するガマの神経の研究に閉じこもったのは、先に述べたとおりである。

ハクスレーは晩年、彼が若いとき学んだトリニティー・カレッジの、カレッジマスターに就任した。この地位はケンブリッジ大学学長に相当する。

彼は広大な学長執務室の壁に、祖父のトーマス・ハクスレーの巨大な肖像画を掲げていた。この肖像画の前で、忘れられない出来事が起こった。筆者の友人で昆虫生理学者のトリギアー（アイルランド出身らしい）の研究室は、トリニティー・カレッジ学長執務室の近くにあり、あるときハクスレーの執務室を訪問していた筆者は（図6-23）、トリギアーとの用件を手早く片付けるため、彼をここに呼んでもよいか、とハクスレーに尋ねると、どうぞと答えた。これに応じてトリギアーが学長執務室に現れると同時に、両者の視線が空間で切り結び、形容し難い気まずい緊張が室内に立ち込めた。筆者は無神経な行為を心から後悔し、早々にトリギアーに立ち去ってもらった。英国が階級社会であることを思い知らされた瞬間であった。

話が変わるが、当時の英国首相サッチャーは、トリギアーと同じくオックスフォード大学出身で、あるとき大学の理事が彼女に名誉博士号を贈ることを考え、教授会に諮問した。ところが教授会はこれを拒否した。トリギアーはこれを知ると筆者にこう言った。「教授会はなんということをしてくれたのだ。これはサッチャーを怒らせ、政府から支給される研究費が激減するに違いない」。不幸なことに、彼の心配は現実となった。

ハクスレーが英国女王からナイトの位を授与され、サー・アンドリュー（アンドリュー卿）となったとき、筆者が祝辞を述べると、彼は嬉しそうに、「私が女王の前に跪くと、女王は剣で私の肩を叩いてくださった」と、身振りを交えて話してくれた。

これと同時期、東京大学医学部江橋節郎教授の配慮により、昭和天皇への謁見が許されることになったが、宮内庁から突然、ハクスレーの先祖の6代（six generations）におよぶ系図を提出せよ、との指示があった。筆者もこれについて相談を受けたが、トーマス・ハクスレーよりさらに3代遡って調べることなど、時間の制約もありできるものではない。

とにかくハクスレーは天皇に謁見することができた。しかし謁見の様子を尋ねるわれわれの質問に、彼は口を閉ざして何も語らなかった。

ハクスレー夫妻は仲睦まじく、われわれの面前で濃厚なキスをするので、目のやり場に困ることが度々であった。夫人はチャールズ・ダーウィン夫人と同じく、陶磁器の製造で知られるウエッジウッド社の経営者一族の出身であった。彼女は活発、率直な性格で、筆者の長女が結婚したと報告すると、「Oh, how much you paid?」との質問が返ってきた。夫人は日本人が結婚式の披露宴に金をかけることを知っており、筆者にストレートに金額を尋ねたのである。

またハクスレー夫妻は筆者の家を10回以上訪問されたが、筆者は年を重ねるにつれ、夫妻を車でホテルまで送るため、若い教室員を頼むようになった。彼が現れると彼女は「やあ、chauffeur（運転手）が来た！」と大声を出すので、その通りなのだが教室員の手前困惑した。

1998年淡路島で、生物物理学者主催のコンファレンスが開催された。筆者は事情があってこれに参加できなかった。するとハクスレーは淡路島から「あなたがいないのは寂しい、なぜ来ないのですか」と電話してきた。しかしそれから出席することはできなかった。

筆者は当時、水溶液中で生きた状態に保たれたミオシンフィラメント上のミオシン分子のATPに対する運動を電子顕微鏡で研究していた。コンファレンス終了後、筆者の研究室を訪問されたハクスレーは、「今回のコンファレンスでの生物物理学者たちの研究は、いずれも筋肉の収縮性タンパク質を切断したり、化学修飾したりしており、生きた筋肉内で起こる出来事とはかけ離れている。あなたの研究こそが正しい生理学的研究である」と筆者を激励してくれた。読者はこの考えが、田崎の実験に対してのハクスレーの思いと似ていることに気付かれるであろう。

このときのハクスレー夫妻の筆者宅の訪問（図6－24）が、夫妻とのお別れとなった。間もなくハクスレー夫人はがんを発病され亡くなられた。そしてハクスレーは愛妻の死による衝撃からか、急速に他人とのコミュニケーションがとれなくなり、数年で夫人の後を追われた。彼の遺骨は二分され、半分はハムステッドの一族の墓地に、他の半分はケンブリッジの自宅の近くの教会の墓地に葬られた。この知らせはハクスレーの身の回りの世話をされていた令嬢から筆者にもたらされた。

図6-23　トリニティー・カレッジの学長執務室にて。ハクスレー(右)と筆者

図6-24　筆者宅にて。左から3人目がアンドリュー・ハクスレー、4人目がハクスレー夫人、右端が筆者

コラム　生理学の巨人たちの想い出③——萩原生長

萩原生長（図6−25）はこれまで取り上げた巨人たちに比べて知名度が低い。この原因は、萩原が発見したカルシウムイオンによって起こるカルシウム活動電位が、無脊椎動物の骨格筋にのみ見られるものであったため、下等動物に関する知見を不当に軽視する風潮に呑み込まれてしまったからである。

しかし知る人ぞ知るで、萩原のフジツボの巨大筋線維を用いたカルシウム活動電位の研究は、ヤリイカの巨大神経線維を用いたホジキン、ハクスレーの研究と比肩しうるものとして、不滅の光を放っている。彼が活躍した時代は、「学問の進歩は、最も研究目的に適した実験試料を使用するべきである」とする一般生理学の全盛期であった。

萩原が発見した、カルシウム活動電位と、これにともなって細胞膜のカルシウムチャンネルを流れるカルシウム電流はその後、心筋、平滑筋の収縮の制御に重要な役割を果たすことがわかり、現在でも心筋、平滑筋の疾患の鍵をにぎる現象として、盛んに研究が続けられている。つまり萩原は、偉大な生理学医学研究分野の開拓者であったのである。

萩原の業績は、本改訂版で説明したので、ここでは萩原と昭和天皇にまつわるエピソードを紹介しよう。なおこの話は、筆者がロサンゼルスで萩原を訪ね、彼から直接聞いたものである（図6−25）。

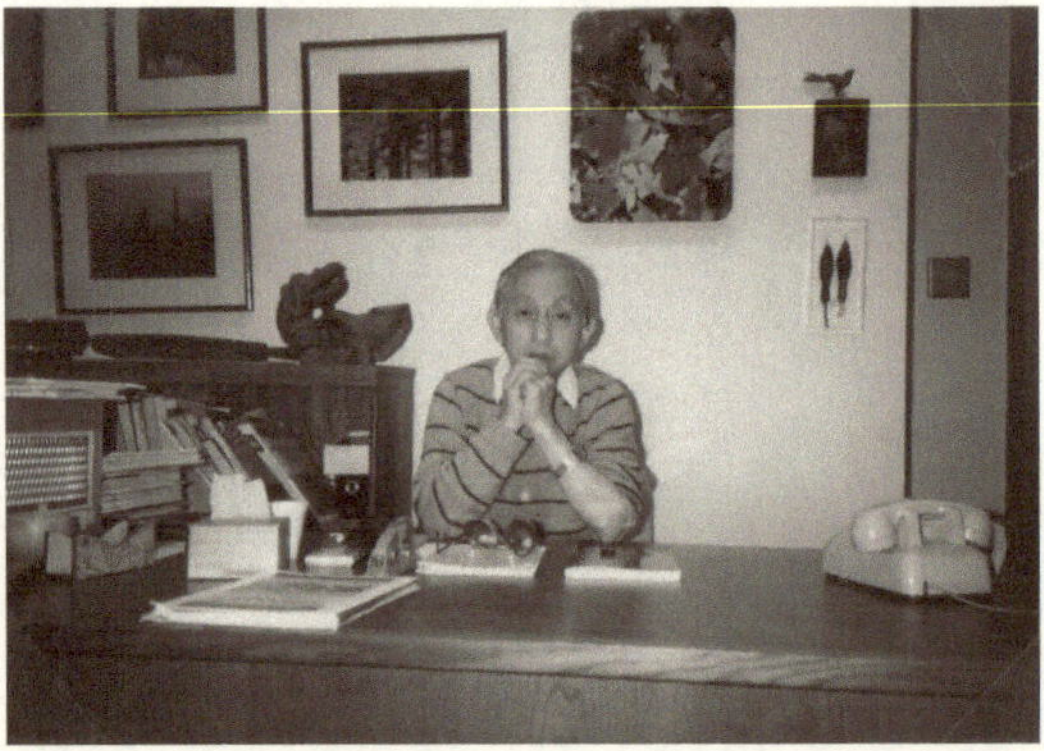

図6-25　萩原生長。カリフォルニア大学にて

１９７５年、昭和天皇ご夫妻は初めて米国を訪問され、バージニア州のウイリアムスバーグを皮切りとして、各地を巡遊された。ウッズホールで海洋学研究所を訪問されたとき、顕微鏡下の試料観察に夢中になられ、お付きの者が「陛下、もう次の予定がありますので」と申し上げると、憤然として名残惜しげに立ち去られたという。

天皇の米国ご巡遊のご予定は滞りなく進み、米国西海岸のロサンゼルスに到着された。ここで陛下の日程に余裕が生じたので、お付きの者が、「陛下、1日だけ予定が空いておりますので、どこかご訪問の希望がおありでしょうか」と尋ねると、陛下は言下に、ロサンゼルス近郊の保養地、ラホヤにある海洋博物館を希望された。このご訪問には適当なお相手が必要となり、お供として指名されたのが、当時カリフォルニア大学ロサンゼルス分校生理学研究室教授の萩原であった。

萩原が陛下と一緒に博物館に到着すると、非公式のお忍びのため、天皇はすっかりくつろがれ、嬉々として博物館が準備した標本を顕微鏡で観察され始めた。その横で皮肉屋である萩原が、「陛下、何がそんなに面白いのですか?」と質問すると、陛下は「面白くなきゃーないよ!」と陛下特有の甲高い声で応酬された。剽軽な萩原は、この話をするたびに陛下の声色をまねて、人々を笑わせた。

さて、陛下は長年、葉山御用邸、三崎の臨海実験所などで海洋生物の研究を続けられ、その知識は恐らく世界最高レベルであったと思われる。海洋博物館の職員たちは、陛下の博識ぶりに感嘆し、「陛下が特に興味を示された標本を謹呈いたしますので、どうぞお持ち帰りくださ い」と申し出た。陛下は大喜びで、「ええっ、これを皆くれるの! 有難う、有難う」と言われ、標本はロサンゼルスの領事館に運ばれた。ここまでは真にめでたい話である。

さて、ここで陛下にとって悲劇的な事態が起こった。まず陛下の随員たちが、膨大な標本を荷造りして我が国宛てに発送するのは、随員の仕事ではないとして、標本の発送を拒否した。また総領事館の職員も理由を構えて、やはり標本の発送を拒否した。この結果、博物館員の陛下に対する好意は無になり、さらにお気の毒なことに、陛下ご自身は、やがて送られてくるであろう標本を空しく待ち続けられたに違いない。

萩原は生来病弱で、肺が冒されていたにも拘わらず病軀に鞭打ってカルシウム活動電位に関する珠玉のような論文を残し、惜しまれながら66歳そこそこの若さで亡くなった。

第7章　活動電位の交通整理を行う「シナプス」

ガルバニの18世紀末の観察から数えて150年以上に及ぶ研究者の努力の結果、神経を伝わる興奮の実体はデジタル1、0信号と共通の性質を持つ活動電位であることが明らかにされた。しかし、ヒトを含む高等多細胞生物の神経系は多数の神経細胞の集合体であり、この中をデジタル信号である活動電位が伝わることのみでは生体の多様な反応は到底説明できず、神経系には活動電位の伝わる方向を決める要素の存在が不可欠であることが認識されるようになってきた。この要素は英国のオックスフォード大学のシェリントンによりシナプスと命名された。

本章ではこのシナプスのしくみについての論争の結果、シナプスでの電気信号の伝わりに化学物質が関与するという意外な事実の発見に至る研究の経過を説明する。これは神経細胞のネットワークにおける活動電位の伝わり方を制御するしくみを解明する歴史の始まりであった。

7-1　ゴルジとカハールの論争、ニューロン説の勝利

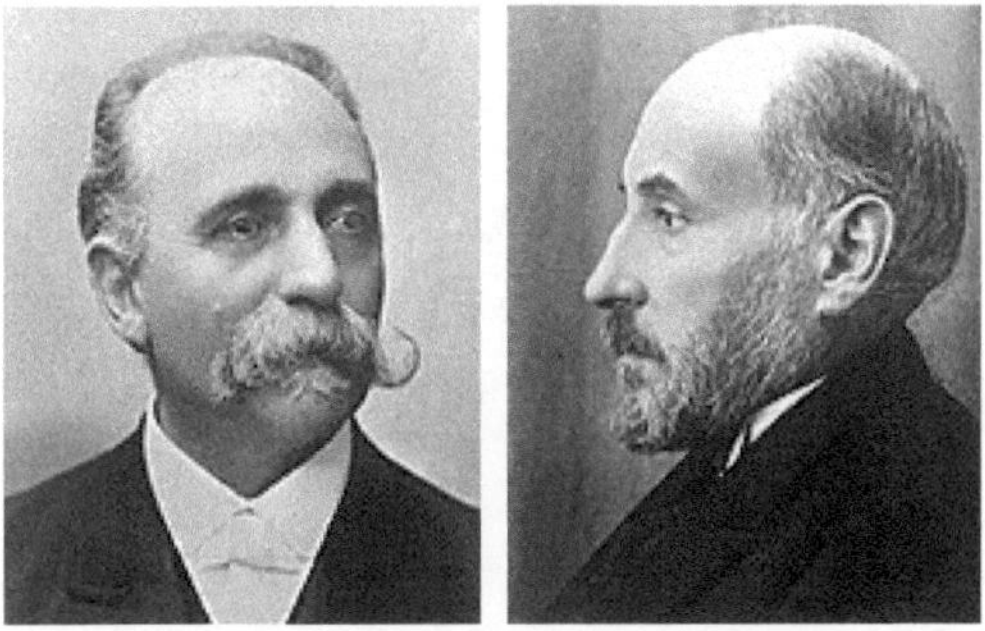

図7-1　ゴルジ(左)とカハール(右)

1873年にイタリアの解剖学者ゴルジ（図7－1左）は神経細胞を銀で染色する方法を開発し、高等動物の中枢神経は神経細胞がからみ合った網目状構造であることを示した。ゴルジは個々の神経細胞は他の神経細胞と融合して全体として巨大な網目構造をなしてはたらいていると考えた。

これに対してスペインの解剖学者カハール（図7－1右）は個々の神経細胞は互いに融合しておらず、個々に独立して機能を果たしていると考えた。彼は神経細胞は、細胞体、細胞体から突き出た多数の短い樹状突起、および細胞体から長く伸びた神経線維（軸索《じくさく》ともいう）からなり、個々の神経細胞が中枢神経系の機能を担う最小単位と考え、神経細胞を**ニューロン**と命名した。このカハールの考えが正しかったことは現在よく知られており、本書では以後神経細胞を彼にしたがってニューロンと呼ぶことにする。

このゴルジの網目構造説とカハールのニューロン説の論争は、1906年に両者が神経系の構造解明によりノーベル生理学医学賞を受賞した後も続き、ずっと後に開発された電子顕微

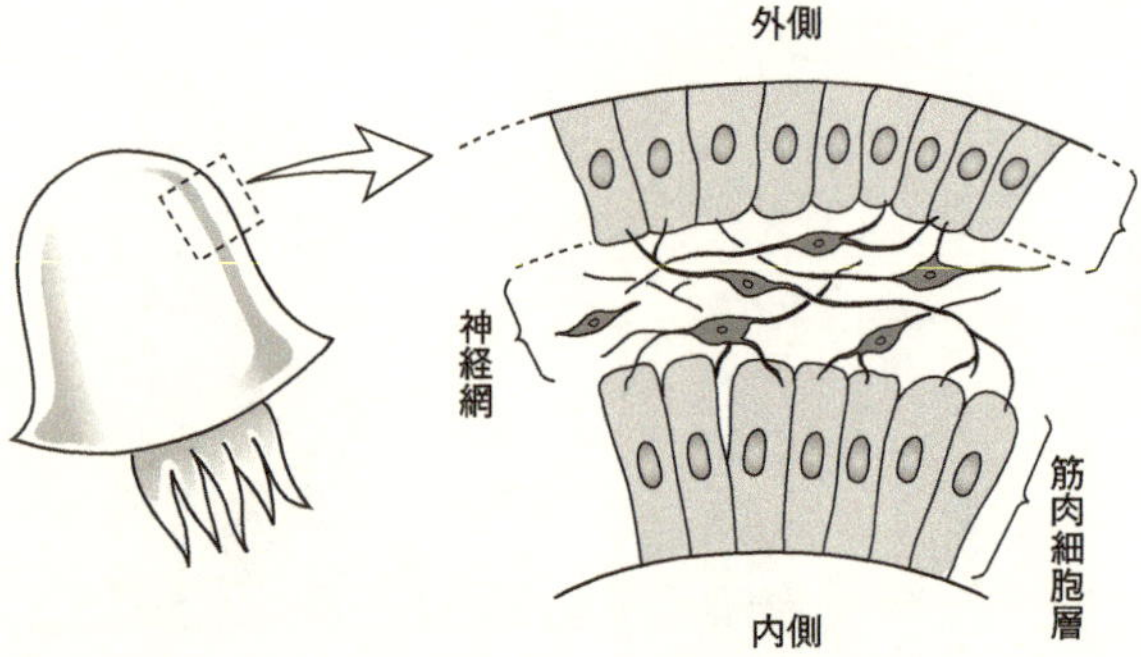

図7-2　クラゲの傘の構造

鏡によってニューロン間の接合部には必ず隙間があることが明らかになることでやっと決着した。

またこの論争とは別に以下に説明するように、神経系の機能の説明にはニューロン説のほうがはるかに優れており、網目説は電子顕微鏡観察によって最終的に否定されるよりはるか以前に忘れられていくことになった。

7-2　生体の生存に不可欠な反射反応

すべての生体は環境の急激な変化（刺激）に対してその体を動かし（反射反応）、有害な環境や外敵から逃れることによって生存している。前章で説明したようにゾウリムシのような単細胞生物もこの反射のしくみを備えている。

しかし生物が進化し、多くの細胞が集まって一個の生体を形成するようになると、個々の細胞は単細胞生物のように生存に必要なすべての機能を備えた「万能」ではなくなり、限られた機能のみを持つ「専門家」に分かれる。多細胞動物の神経系で、活動電位を発生し伝える機能のために分化した細胞がニューロンに他ならない。

ここでは最も原始的な多細胞動物である刺胞動物の一種のクラゲの神経系について反射の基本的なしくみを説明しよう。クラゲの体の主要部分である傘は三つの細胞層からなる。最も外側の細胞層は外界の変化に対して活動電位を発生する原始的な感覚細胞である。また最も内側の細胞層は筋肉細胞で、自ら活動電位を発生するとともに収縮する機能を持つ。これらの感覚細胞層と筋肉細胞層の中間に、細長い神経細胞が網目のようにからみ合った神経細胞層がある。これは動物の最も原始的な神経系で**神経網**と呼ばれる（図7−2）。

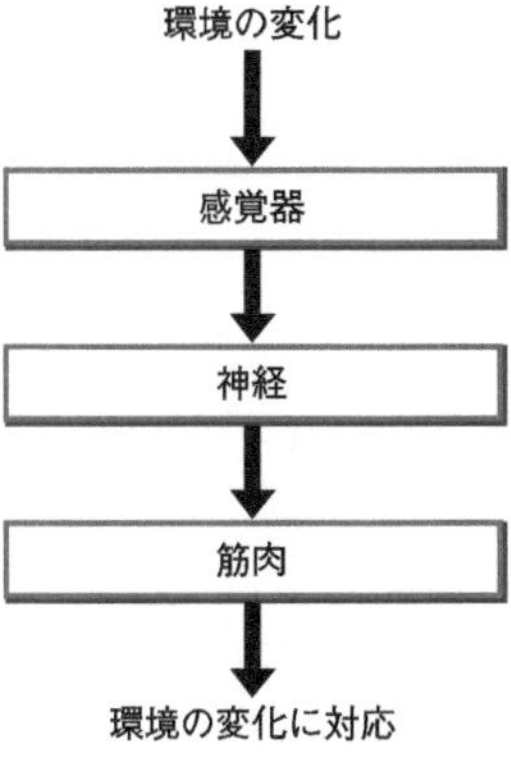

図7−3　反射の模式図

クラゲの傘の構造は、多細胞動物が環境の変化に反応して生存するための大自然の基本的デザインを表している。つまり生体は環境の変化を感覚細胞の集まりである感覚器で感知し、その情報を、神経を介して筋細胞の集まりである筋肉に伝え体を動かして環境の変化に適切に対応する（図7−3）。

このクラゲの神経網の神経細胞はゴルジの考えたような網目構造を形成し、互いに融合して一体となっている。したがってクラゲの傘の一部を棒で突くなどして機械的に刺激を与えると、傘の外側の感覚細胞に局部的に発生した活動電位が神経網に入って神経網全体、つまりクラゲの傘全体に速やかに広がる。この結果、傘の内側の筋肉細胞がほとんど同時に収縮し傘の中の海水を外に排出するので、クラゲはこの反動により逃避運動を行う。つまりクラゲは傘のどの部分を刺激しても一様な反応を起こすのである。

7-3 活動電位の伝わる方向を決めるシナプス

クラゲのような原始的な生物はこのような単純なしくみで環境に適応することができるが、より進化した高等な動物では、外部の刺激に対しさまざまな異なった反応をしなければならない。例えばわれわれの指先が高温の物体に触れると、反射反応により腕の関節を曲げる筋肉が収縮して、指先を高温の物体から遠ざける。つまりクラゲのように体のどの部分が高温の物体に触れても全身の筋肉が収縮するという不都合なことは決して起こらない。この事実は、クラゲより進化した動物の神経系では活動電位の伝わる方向が神経系の中で決まっており、あらゆる方向に伝わるのではないことを明らかに示している。

図7-4　シェリントン

つまり高等な多細胞動物では、活動電位が神経系のあ

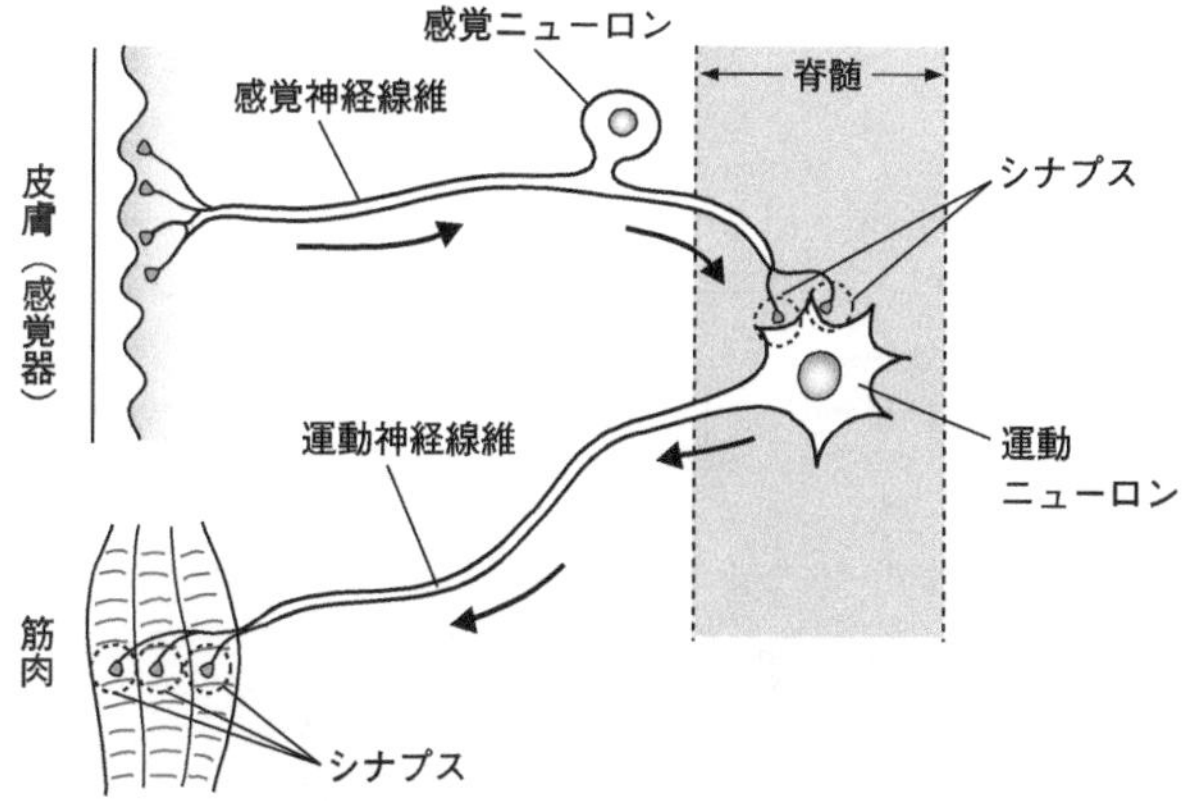

図7-5　シェリントンの考えた脊髄反射の模式図とシナプス。矢印は活動電位の伝わる方向を示す。現在では感覚ニューロンと運動ニューロンの間にもう一つのニューロンが介在することがわかっている

らゆる方向に伝わるのでは収拾がつかなくなるので、活動電位の伝わる方向の交通整理を行うしくみが必要となるのである。この結果、高等な多細胞動物の外から加えられた刺激に対する身体の反応は、目的にかなったものとなる。例えば頭部を分離したカエルでも、背中に酢酸に浸した濾紙《ろし》を貼り付けると後脚でこれを払い落とし、また尾部を突くと跳躍して逃げる。このような反応を起こすしくみは動物の背骨の中の脊髄にあるので、このような反応を**脊髄反射**という。

英国オックスフォード大学の生理学者シェリントン（図7-4）はカハールのニューロン説の立場から、脊髄反射の起こるときの活動電位は、感覚器→感覚神経→運動神経→筋肉の方向に伝わり（図7-5）、逆方向には伝わらないことから、活動電位の伝わる方向を

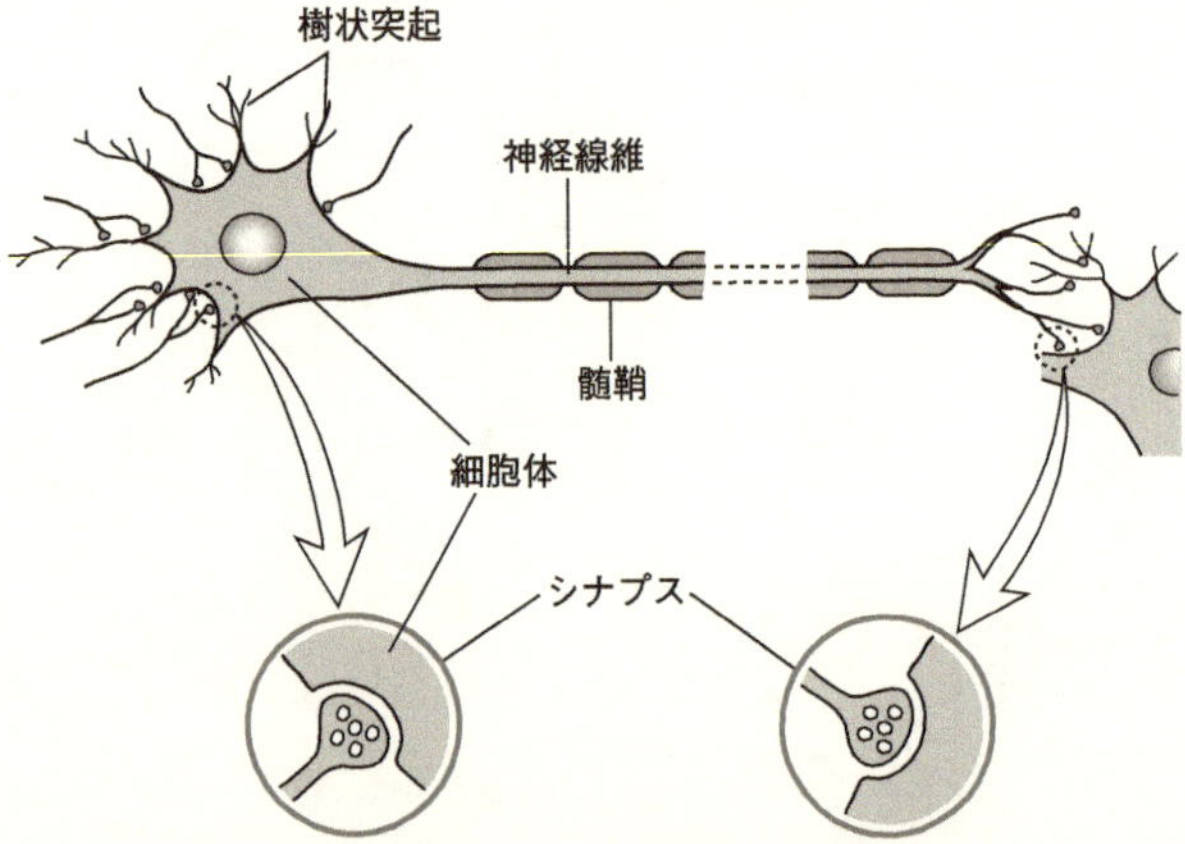

図7-6　脊椎動物の中枢神経系のニューロン

決めるのはニューロン間の接合部であると考え、1897年にこの部分をシナプスと命名した。このシナプスという名称は現在でも広く使われている。

脊椎動物の中枢神経系のニューロンの**細胞体**からは多数の**樹状突起**と1本の太く長い**軸索**（神経線維ともいう）が突き出ている。軸索の長さは体の四肢の感覚ニューロンや運動ニューロンでは数十cmから1m以上にも達する。軸索の末端は少しふくれていて他のニューロンの樹状突起や細胞体に接している。この部分がシナプスである（図7-6）。ただしシェリントンがシナプスと命名した時点では、シナプスの構造は全く不明で、これが明らかになるには、はるか後年の電子顕微鏡の開発を待たねばならなかった。

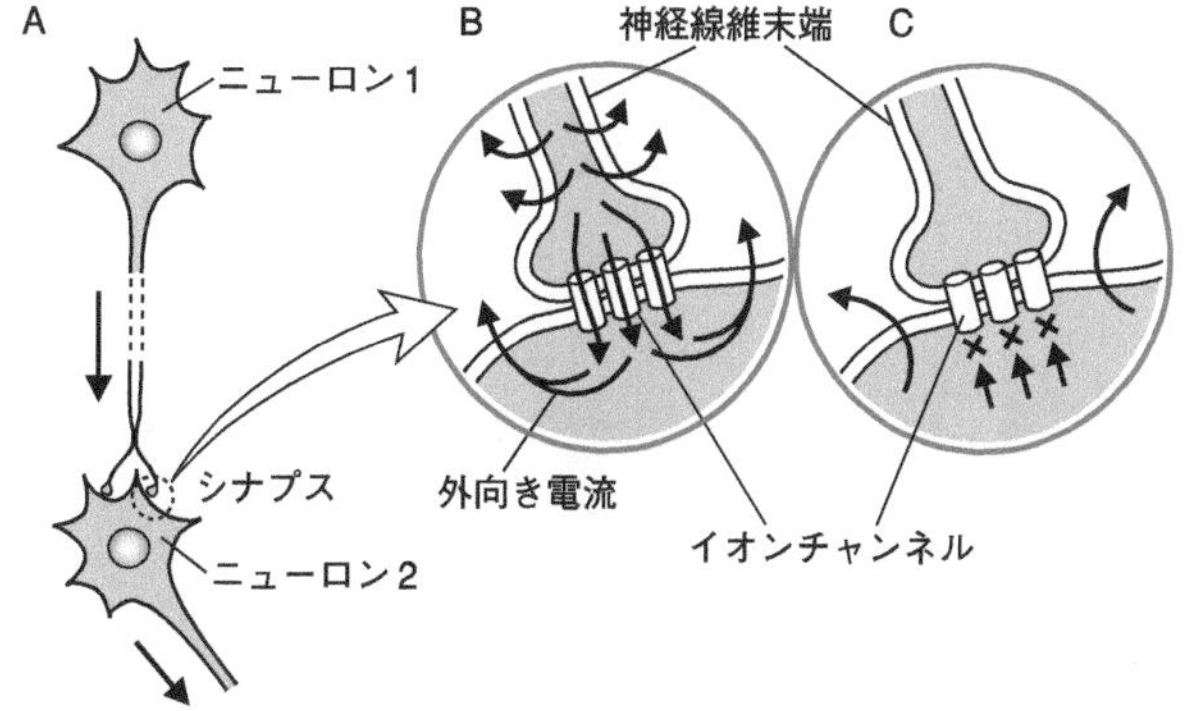

(A) ニューロン1とニューロン2の間のシナプス。(B) ニューロン1からニューロン2の方向には外向き電流により活動電位が伝わる。(C) ニューロン2からニューロン1へは活動電位が伝わらない。

図7-7　整流作用があるシナプスのイオンチャンネルによる一方向の活動電位の伝わり(電気説)

7-4　シナプスの電気説と化学説の論争

(1) 電気説、イオンチャンネルの整流性

ニューロン間の接合部では、一定の方向のみに活動電位が伝わる。このしくみとしてまず考えられたのは「電気説」であった。これは図7-7Aのようにシナプスで連絡している二つのニューロン(ニューロン1とニューロン2)の細胞膜を貫くイオンチャンネルを考えるものである。このチャンネルはある方向にのみイオン電流を通過させる。

ニューロン1に発生した活動電位が局所電流によりその神経線維の末端まで伝わってくると、この局所電流は図7-7Bに示すように2個のニューロンの細胞膜を貫くイオンチャンネルを流れ

る。この電流はニューロン2の細胞膜に外向き電流を起こし、この結果ニューロン2の細胞膜に活動電位が発生する。したがって活動電位はシナプスを越えてニューロン1からニューロン2に伝わってゆく。一方、ニューロン2に活動電位が発生してもイオンチャンネルを電流は流れない（図7-7C）。したがって局所電流はニューロン2からニューロン1に流れず、活動電位はシナプスを逆向きに伝わることはない（図7-7C）。

このように、ある物体に電圧を加えたとき、電流を一方向にしか流さない性質を**整流作用**といい、エレクトロニクス回路には整流作用を持つ素子が多く使われている。

このように電気説は、ニューロン間の接合部のシナプスが一方向のみに活動電位を伝えるしくみを、整流作用のあるイオンチャンネルで説明するもので、電気現象である活動電位を研究してきた当時の生理学者にとって理解しやすく広く支持された。

(2) 化学説、化学物質の関与

一方、化学説はシナプスを越えての活動電位の伝わりに化学物質が関与するというものである。この従来の知見からみて突飛ともいえる考えは、薬物の作用を研究する薬理学者によって提案された。

20世紀のはじめ頃から薬理学者が、心臓を支配している副交感神経（迷走神経）を電気刺激したときの心臓の拍動頻度の低下と、心臓に直接アセチルコリンなどの化学物質を滴下したときの拍動頻度の低下がよく似ていることに気付くようになった。これがいとぐちとなり、一部の薬理学者は自律神経と心臓の筋肉との間の接合部（やはり一種のシナプス）に活動電位がやってくると、自律神経の末端から化学物質が放出され、心臓の筋肉に作用して心拍頻度を低下させるのではないかと考えるようになった。

しかし当時は活動電位がシナプスを越えて伝わるのに化学物質が関与するというのは余りにも大胆な考えであり、このような考えを持つ薬理学者たちは、十数年にわたり化学説の公表をためらっていたのであった。

(3) レーヴィの実験、化学説の決定的証拠

図7-8　レーヴィ

ドイツの生理学者レーヴィ（図7-8）は1920年に化学説の証拠となる歴史的な実験を行った。まず2匹のカエルから取り出した2個の心臓内の血液を実験液にとりかえる。カエルの心臓はこの状態で一定の頻度で長時間拍動を続ける。この心拍をレバーにより記録紙に記録する（図7-9）。

ヒトやカエルの心臓の心拍頻度（1分間の心拍数）と拍動の強さは2種類の自律神経、交感神経と副交感神経（迷走神経）により調節されており、迷走神経を刺激すると心拍数と

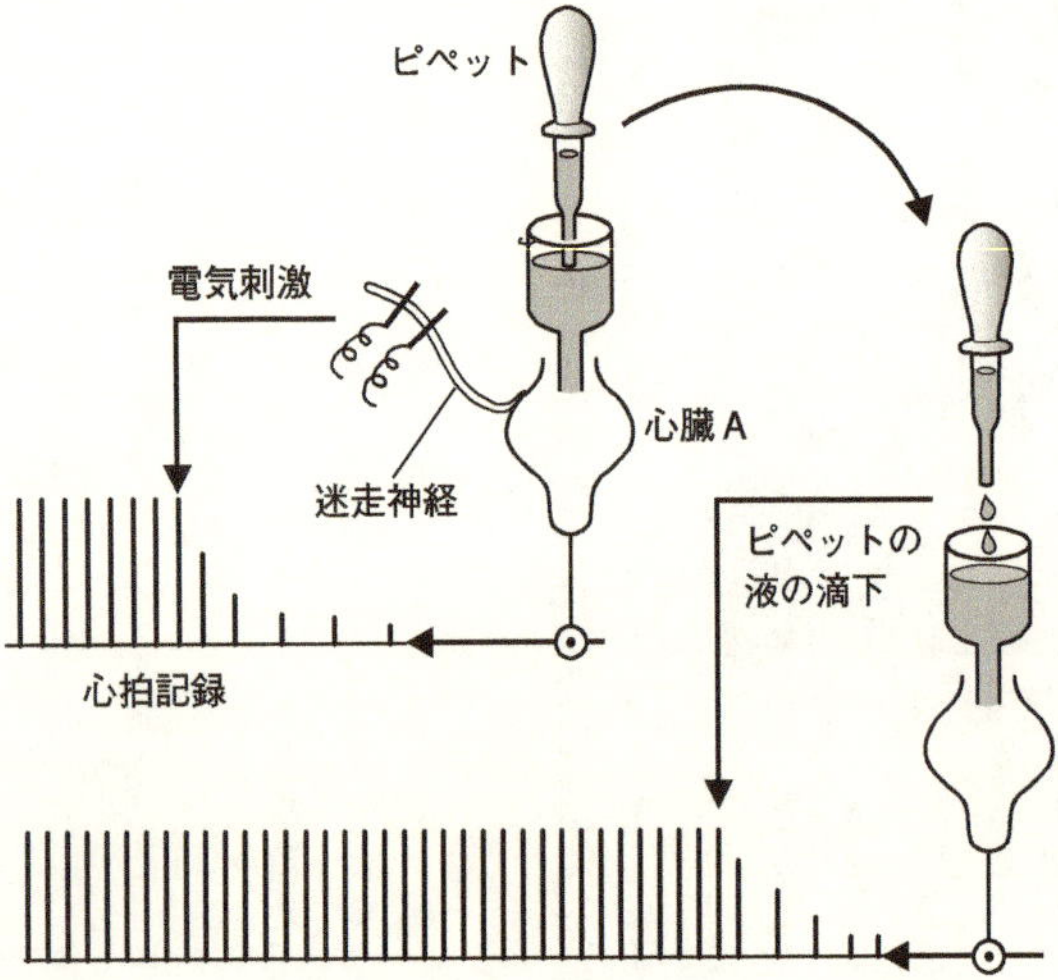

図7−9　2個の心臓によるレーヴィの実験

拍動の強さがともに低下する。レーヴィはまず一方の心臓の迷走神経を刺激して心拍数と拍動の強さを著しく低下させておき、ついでこの心臓内の実験液をピペットで吸い取って他の心臓中に入れてやると、図7−9に見られるように、この心臓の心拍数と拍動の強さも低下した。

この結果は迷走神経を電気刺激したときの作用が、その末端から放出される化学物質によることを明らかに示している。レーヴィはこの簡単な実験によって生体電気信号の伝達に化学物質が関与するという、当時の研究者にとって予想外であった大自然のデザインのベールをはがしたのである。

（4）デールの実験、化学説の勝利

レーヴィの研究に続いて英国のデール（図

7-10）は、カエル、イヌ、ネコ等の筋肉の血管中の血液を実験液に置き替えて、筋肉中を局部的に循環させ、運動神経を刺激し筋肉を収縮させると、実験液中に化学物質アセチルコリンが現れることを示した。

しかしこの時点では、化学物質は心臓や筋肉の収縮によって、シナプスとは無関係な組織から搾《しぼ》り出されたもので、シナプスにおける活動電位の伝わりとは無関係ではないかとの指摘がなされた。学問の発展の過程ではこのような半ば苦し紛れの抗弁がしばしばなされるのであって、このような抗弁も否定しなければ論争にけりをつけたことにならない。

デールはクラーレという薬物を使用することで、この抗弁を否定するのに成功した。クラーレはアフリカ先住民が動物を捕らえるため矢尻にぬっていた毒物で、中枢神経の活動電位には効果がないが、運動神経と筋肉の間のシナプスで発生する活動電位の筋肉への伝わりを阻害する。したがってクラーレを体に射込まれた動物は、気は確かなのであるが、身体の筋肉が動かなくなり捕らえられてしまう。

デールはこのクラーレを作用させて筋肉の収縮をなくした動物でも、運動神経を刺激すればアセチルコリンが実際に神経末端から放出されることを示した。アセチルコリンは心臓や筋肉の収縮によって、活動電位とは無関係に分泌されるという苦しい抗弁は、この実験によって否定された。クラーレ

図7-10　デール

は後の章で説明するようにシナプスでの電気現象の研究に威力を発揮することになる。レーヴィとデールは１９３６年にノーベル生理学医学賞を受賞した。

このようにして神経と心臓や筋肉との間のシナプスで化学物質の放出が起こることが広く認められるようになった。しかしこれらの実験に用いられたのは神経と筋肉間のシナプスであり、中枢神経のニューロン間のシナプスとは明らかに異なる。このため、ニューロン間のシナプスでも化学説が適用されるか否かの論争は１９４０年代まで続いたのである。

(5) アセチルコリンの生物学的超微量分析

レーヴィとデールが活躍した20世紀はじめは化学分析技術がよく発達しておらず、試料の化学組成を決めるにはキログラムオーダー（バケツ数杯分）の試料を集めなければならなかった。すでに説明したように、細胞膜の主成分がリン脂質であることも、キログラムオーダーのウシの赤血球の細胞膜を集めることによって明らかとなった。

これに対して、デールがシナプスからアセチルコリンが放出することを示したのは血液の化学分析によってではなく、当時盛んに用いられた「生物学的超微量分析法」によるものであった。

この方法はある種の動物の組織や器官が超微量の化学物質に対し敏感に反応する性質を利用するものである。アセチルコリンの分析には動物の皮膚から血を吸うヒルの体の筋肉が用いられた。ヒルの筋肉は1億分の１モル以下に薄めたアセチルコリン溶液に対しても収縮する。したが

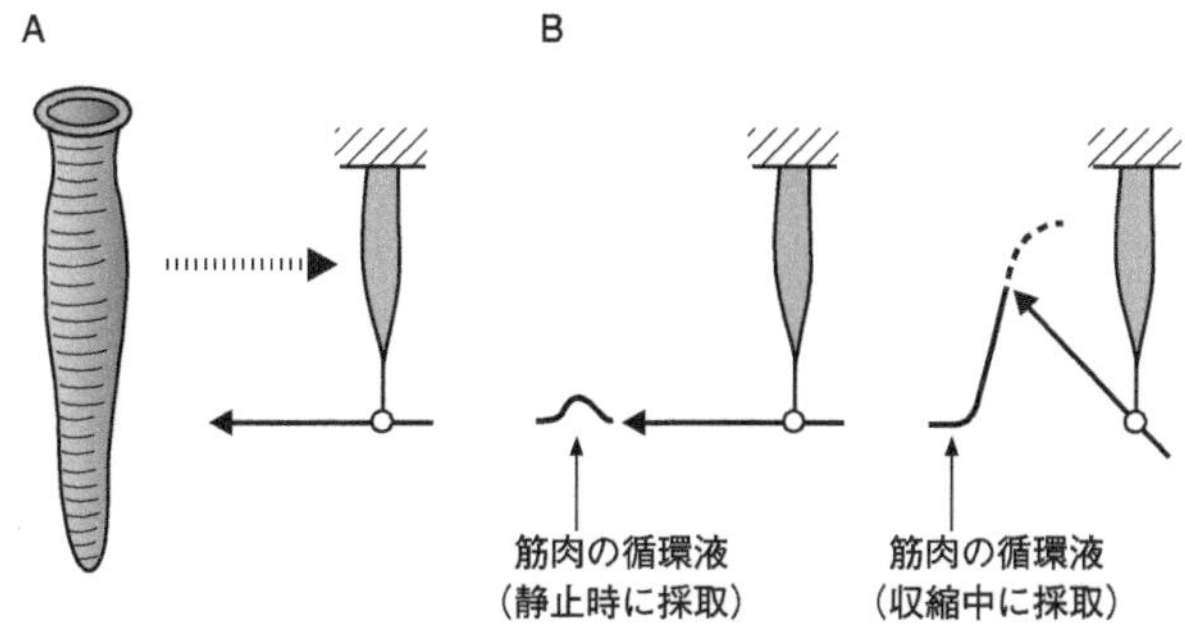

ヒルの体から筋肉を分離しレバーに装着する（A）。ヒルの筋肉が微量のアセチルコリンに敏感に収縮することを利用し、収縮中の筋肉の血管内の循環液中にアセチルコリンが放出されることが検出される（B）。

図7−11　アセチルコリンの生物学的定量

ってあらかじめ種々の既知の濃度のアセチルコリン溶液に対するヒルの筋肉の収縮の大きさをレバーで記録しておき、運動神経刺激後の動物の筋肉から採取した血液に対する収縮の大きさと比較することにより、血液中のアセチルコリンの濃度を求めたのである（図7−11）。

今日ではシナプス部にはアセチルコリンを分解する酵素が存在し、神経末端から放出されるアセチルコリンの大部分は速やかに分解されてしまうことがわかっている。したがってシナプスから血液中に出てくるアセチルコリンの量は極めて少ない。生物学的アセチルコリン定量はこのような条件でも有効であった。

なお当時デールは、血液中に出てくるアセチルコリンの量が、あらかじめシナプスにエゼリンという薬物を作用させておくと著しく増大することを見出し、この薬物を用いて研究を行った。今日ではエゼリンはシナプスのアセチルコリン分解酵素の作用を阻害することがわかっている。

ある特定の筋肉が、筋肉を収縮させようとする意思に反して収縮しなくなる疾患があり筋無力症と呼ばれる。これはシナプスで放出されるアセチルコリンの量が減少する疾患で、アセチルコリン分解酵素により、放出されるわずかな量のアセチルコリンが速やかに分解されてしまうために起こる。

余談になるが映画・演劇で活躍した中村（萬屋）錦之助が、眼のまぶたの筋肉の筋無力症にかかった。まぶたが動かなければ役者は演技できない。この疾患は体の胸腺を除去すると根治する場合があり、彼はこの治療法により幸いにも役者生命を断たれずに済んだ。胸腺の除去が筋無力症を治癒する理由は現在でも不明である。

7-5 シナプスの微細構造

電気説と化学説の論争に1930年代に一応の終止符が打たれた後、シナプスの分野の研究は1949年の細胞内微小電極法の開発までしばらく停滞する。しかしこの間に電子顕微鏡によりシナプスの微細構造が明らかにされた。図7-12にニューロン間のシナプス（A）とニューロンと筋肉間のシナプス（B）の構造を模式的に示す。

ニューロン間のシナプスでは、一方のニューロンの軸索（**シナプス前線維**という）の末端部で

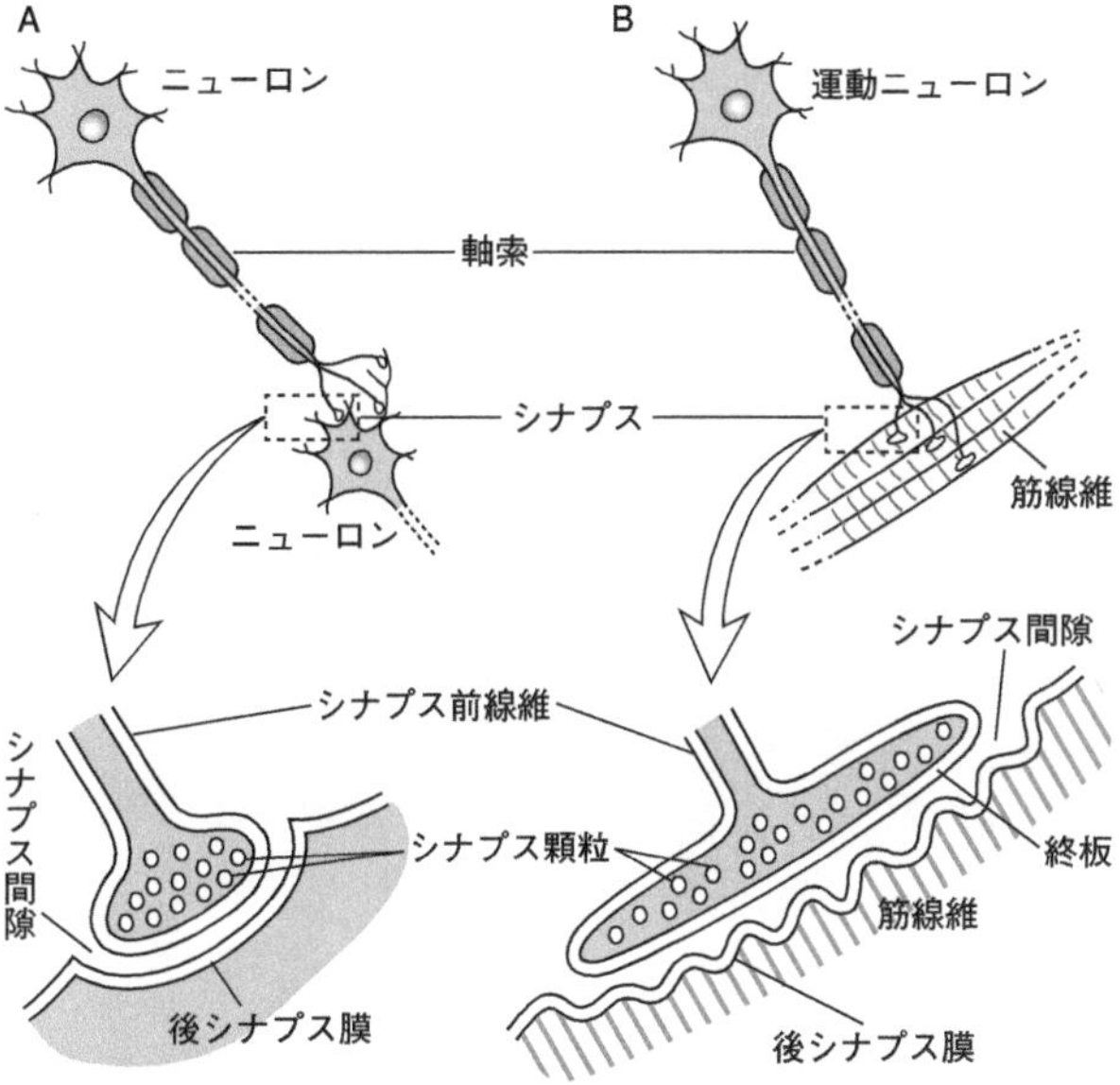

図7−12　(A) ニューロン間のシナプス、(B) 運動ニューロンと筋線維間のシナプス（神経筋接合部）

髄鞘がなくなって細胞膜が露出し、大きくふくらんでいる。軸索の末端にはシナプス顆粒と呼ばれる多くの顆粒が含まれている。軸索の末端の細胞膜と約20 nmの距離を隔てて他方のニューロンの樹状突起あるいは細胞体の細胞膜（**後シナプス膜**という）が向き合っている（図7−12 A）。

一方、ニューロンと筋肉間のシナプスでは、運動神経軸索の末端が扁平な板のように著しくふくれており、これを**終板**という。この終板と筋線維の後シナプス膜とは約50 nmの距離で向き合っている。終板中にはやはり多くのシナプス顆粒があり、またこれと向き合った筋細胞（筋線維）の後シナプス膜には多数のひだがある（図7−12B）。

このように、シナプスに細胞膜の厚さ（約5nm）に比してはるかに大きな間隙のあることは、大自然がシナプスをデザインする際に電気的なしくみにより信号を伝える方針を放棄したことを意味する。なぜならシナプス間隙は高濃度の電解質を含む電気抵抗の低い細胞外液で満たされているので、軸索末端に流れる外向き電流はもっぱらこのシナプス間隙を流れてしまい、これと向き合った細胞膜に流れ込んで有効に外向き電流を起こすことができないからである。

なお、電気説で考えられたような電気的に活動電位を伝える電気シナプスが、ザリガニなどの甲殻類の巨大神経線維に存在し、動物の速い逃避運動の際にはたらくことが後に見出された。しかし脊椎動物ではわずかな例外を除き電気シナプスは発見されていない。大自然は進化の過程で電気シナプスを一部の無脊椎動物で試みた後、これを放棄したとも考えられる。

7−6 第二次大戦中、亡命科学者をサポートしたカネマツ研究所

よく知られているように第二次大戦の前から戦中にかけて多数のドイツ系ユダヤ人の科学者がナチスの手から逃れるため諸外国に亡命した。後年、細胞内微小電極を用いてシナプスにおける化学物質の放出によって起こる電気現象を解明するバーナード・カッツもその一人である。

彼はライプチヒ大学を卒業した頃から天才的な生理学者として将来を期待されていたが、ヒトラーが政権をとると英国に亡命し、ロンドン大学で研究を始めた。しかしロンドン大学の給料はやっと生活できるぎりぎりの額だったので困っていた。このとき友人のエクルス（オックスフォード大学のシェリントンの弟子）が、当時わが国の商事会社兼松江商の資金によってオーストラリアのシドニーに開設されたカネマツ研究所に所長として赴任することになり、一緒にシドニーに行かないかとカッツを誘い、彼は喜んでカネマツ研究所に移った。

同じ頃、ウィーン大学を卒業したドイツ系ユダヤ人の生理学者クフラーも、ヒトラーの手から逃れてカネマツ研究所に亡命してきた。このように第二次大戦中多くのユダヤ系科学者がドイツを去り、ドイツの自然科学の衰退につながった。

カネマツ研究所でカッツ、クフラー、エクルスらはシナプスの研究を行った。特にクフラーはまだ細胞内微小電極法の開発されていない大戦中、運動神経と筋肉間のシナプス付近に置いた電極により、運動神経の興奮が軸索末端に到達すると、筋線維の後シナプス膜に脱分極が起こって膜電位を発火レベルに持ち上げるため活動電位が発生することを明らかにした（図7−13A）。運動神経線維の末端は終板と呼ばれるので、この活動電位に先行する脱分極を**終板電位**という。終板電位の大きさはクラーレによって減少し（図7−13B、C）、高濃度のクラーレでは膜電位を発火レベルまで持ち上げられなくなるので、活動電位は発生しない（図7−13D）。クラーレが運動神経と筋肉間の活動電位の伝わりを阻害するのはこのためである。

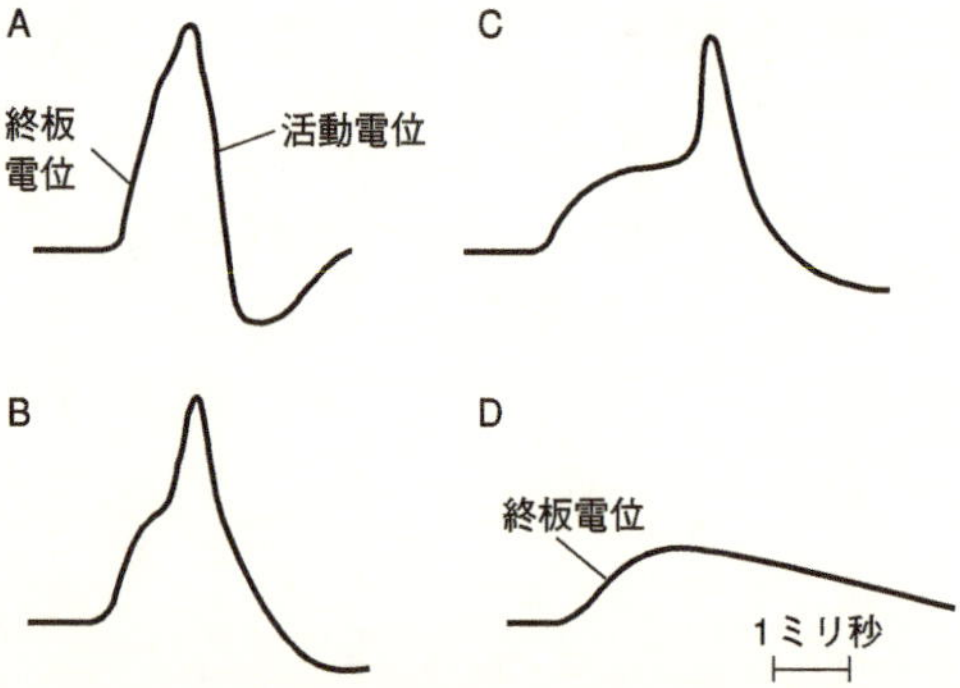

記録AからCまで実験液中のクラーレ濃度が徐々に増加するにつれて、活動電位に先行する終板電位が減少してゆき、Dでは終板電位のみが記録される。

図7-13　運動神経と筋線維間のシナプス（神経筋接合部）で記録された終板電位と二相性活動電位

クフラーの研究が行われた時点で運動神経と筋肉の間のシナプスでは、運動神経軸索末端への活動電位の到着↓化学物質アセチルコリンの放出↓筋線維細胞膜での活動電位の発生↓筋線維の収縮、という一連の現象が起こることがわかってきた。これらの現象のしくみの詳細は第二次大戦後にカッツにより細胞内微小電極を用いて行われた研究により解明されることになる。

余談になるが、十何年か前に兼松江商が経営危機に陥ったとの小さな記事が新聞に出て筆者は驚いた。その後、兼松江商は規模を縮小して存続（兼松と改称）しているようであるが、筆者はこの会社の寄付によりシドニーに設立され、多くの偉大な研究者をサポートしたカネマツ研究所が現在どうなっているか気になり、オーストラリアの友人に問い合わせた。直ちに彼から返事が来て、カネマツ研究所はその後オーストラリア政府の補助によりその規模が大きくなり現在は主として臨床医学に関する研究所として活動していること、またオーストラリア学士院から立派な『カネマツ研究所史』が2種類出版されているとのことであった。

兼松江商の自然科学に対する偉大な貢献はオーストラリアでは長く記憶されているようである。しかしわが国でこのことに言及したのは、知る限りでは筆者だけなのは残念である。

第8章　シナプスにおける電気現象の解明

神経線維にそって局所電流として伝わる活動電位の発生するしくみは、細胞内微小電極法やホジキン、ハクスレーのヤリイカの巨大神経線維を実験材料とする電位固定法によって1950年代はじめに明らかにされた。

一方、これとほぼ同時期にカッツ（図8-1）によって、シナプスにおける電気信号の伝わるしくみが細胞内微小電極法によって解明された。活動電位発生のしくみの解明にはガルバニの観察から150年を要したのに比べると、シナプスの考えがシェリントンにより提唱されてからカッツの研究に至る期間はわずか30年に過ぎない。

筆者はカッツとロンドン大学で出会ってから彼が2003年に死去するまで20年余にわたって親交を結ぶ幸運を得たので、彼から直接興味深い話を数多く聞くことができた。本章ではこのような話を交えながら、カッツがシナプスでの電気信号の伝わるしくみを解明していった偉業を説明しよう。

8-1　カッツのドイツから英国への亡命

カッツは前章で述べたように、1933年にドイツから英国へ亡命し、ライプチヒ大学からロンドン大学に移った。ライプチヒ大学のギルデマイスター教授が彼の才能を惜しんで、ロンドン大学のヒル教授にカッツを託したのである。その頃すでに運動神経と筋肉間のシナプスでアセチルコリンの放出が起こり、シナプスの化学説が正しいことが示されていたが、中枢神経のニューロン間のシナプスではまだ化学説か電気説かの論争が激しく続いていた。この論争はわが国で行われた興奮の減衰不減衰の論争（第3章）を思い起こさせる。カッツはロンドンの学会に出席してこの論争に興味を持ち、シナプスの研究をライフワークにしようと決心した。

図8-1　カッツ

しかしカッツがこの考えを実行するまでには約10年待たねばならなかった。まず彼が所属したロンドン大学の研究室のヒル教授は、筋肉が収縮するとき発生する熱を測定し、1922年ノーベル生理学医学賞を受賞した大家であり、彼はここで何年か筋肉の研究を行った。しかしヒル教授の筋肉熱発生の研究は全くカッツの興味を引かず、またヒルがカッツに支給する給料が安くぎりぎりの生活しかできないので、どこか他に研究の場を求めたいと考えていた。

前章で触れたように、このときたまたま幸運にも、シェリントンの弟子のエクルスが、シドニーにわが国の兼松江商の寄付金によって設立されたカネマツ研究所に所長として赴任することになり、一緒にシドニーに行かないかとカッツを誘ったのである。カッツはヒルの熱発生の研究には批判的で、これを手伝わされるのを内心恐れていたので、喜んでカネマツ研究所に行くことにした。この研究所は第二次大戦中多くの研究者をサポートし、科学に大きな貢献をすることになる。

8-2　カッツのシドニーでの生活

わが国と連合国との間に太平洋戦争が起こり、日本軍がオーストラリア付近まで侵攻すると、カッツは志願して連合軍に入隊し、レーダーを操作して日本軍との戦いに参加した。私があるとき彼に大戦中なぜ軍隊に入ったのかと尋ねると、「英国行きのパスポートが得られるから」との答えであった。つまり連合国への忠誠を行動で示すことにより、大戦後英国籍を得て英国にもどることができると考えたのであろう。この期待は戦後直ちにかなえられることになる。

彼をシドニーに誘ったエクルスはニューロン間のシナプスの論争では電気説を主張して化学説の人々を激しく攻撃した。しかしあるときエクルスは急に豹変して電気説を放棄し、化学説に較《くら》

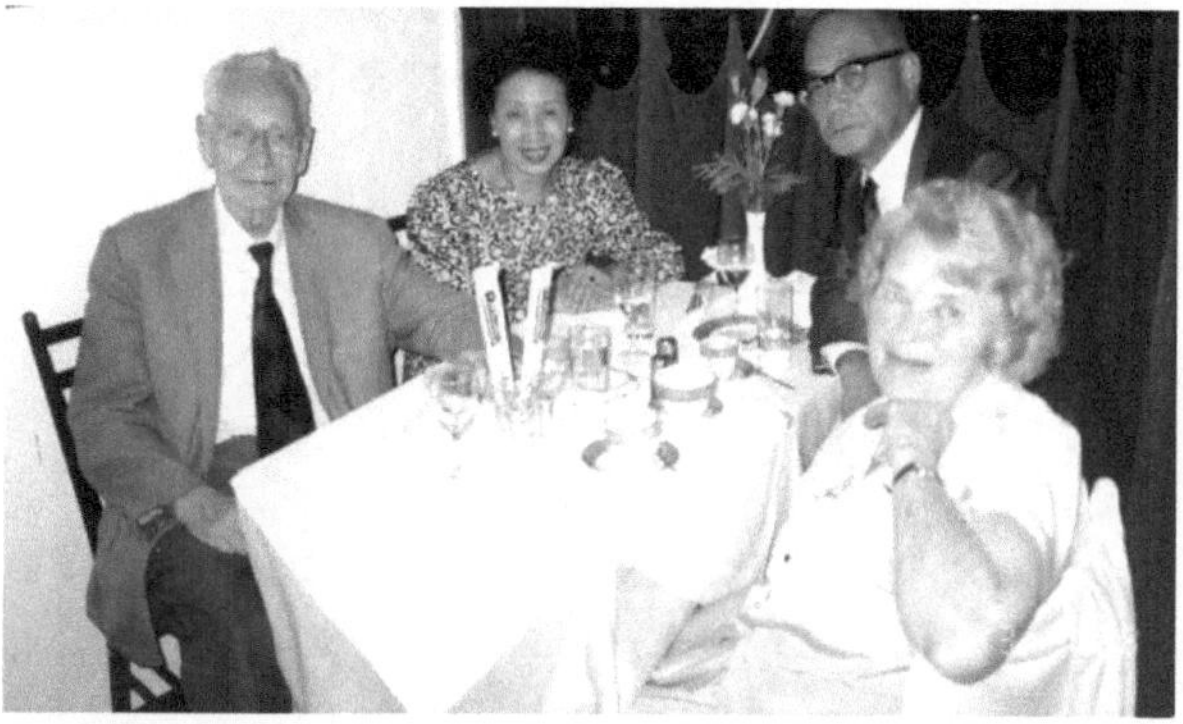

図8-2　カッツ夫妻（1993年10月、ロンドンにて）

替《が》えして人々を驚かせた。

カッツはある日シドニーのエクルスの家の芝生を電気芝刈り機で刈るように頼まれ、芝を刈っていたところ、芝刈り機の絶縁が不良で感電して飛び上がってしまった。これを見ていたエクルスは直ちに電気芝刈り機を処分し、代わりに石油で動く芝刈り機を購入した。カッツは後年、英国の王立協会での講演中にこのエピソードに言及し、エクルスはシナプスの学説を電気説から化学説に乗り換えたばかりでなく、芝刈り機も「電気」式から「化学」式に切り換えたと皮肉っている。

なおカッツはシドニーでめぐり合った女性と結婚し、幸福な家庭生活を送った（図8-2）。彼はオーストラリア滞在中の最大の収穫はワイフを見つけたことだと繰り返し私に語った。

8-3 シナプス電気現象の研究

(1) カッツのロンドンでの研究開始

第二次大戦が終わると、カッツのところにロンドン大学のヒル教授から電報が届き、「お前のためにロンドン大学に生物物理学の講座を開設した。すぐ帰ってこい」とあった。カッツは生涯でこのときほど嬉しかったことはなかったという。カッツの才能を高く評価していたヒル教授の好意により、彼は生物物理学教授として自分の研究室を持つことができ、ここでシナプスを電気信号が伝わるしくみを解明する偉業を成し遂げることとなった。

実は、筆者が国外の研究者と話をすると、「ヒルの学問的業績のうち最大のものは、カッツを抜擢したことである」と考えている者が多いのである。前述したようにヒル自身も筋肉の研究でノーベル賞を受賞した大家である。そのヒル自身の業績よりも、カッツの抜擢のほうが評価されるべきというのだから、カッツの評価がいかに高いかがわかるであろう。

カッツがシナプス研究の実験材料に用いたのはカエルの運動神経線維と筋線維間のシナプスであった(図8-3)。彼が研究に用いたカエルの脚部の縫工筋《ほうこうきん》は紙のように薄く、実験台にのせて下から照射すると運動神経と筋線維間のシナプスの位置がわかるので細胞内微小電極を容易にシ

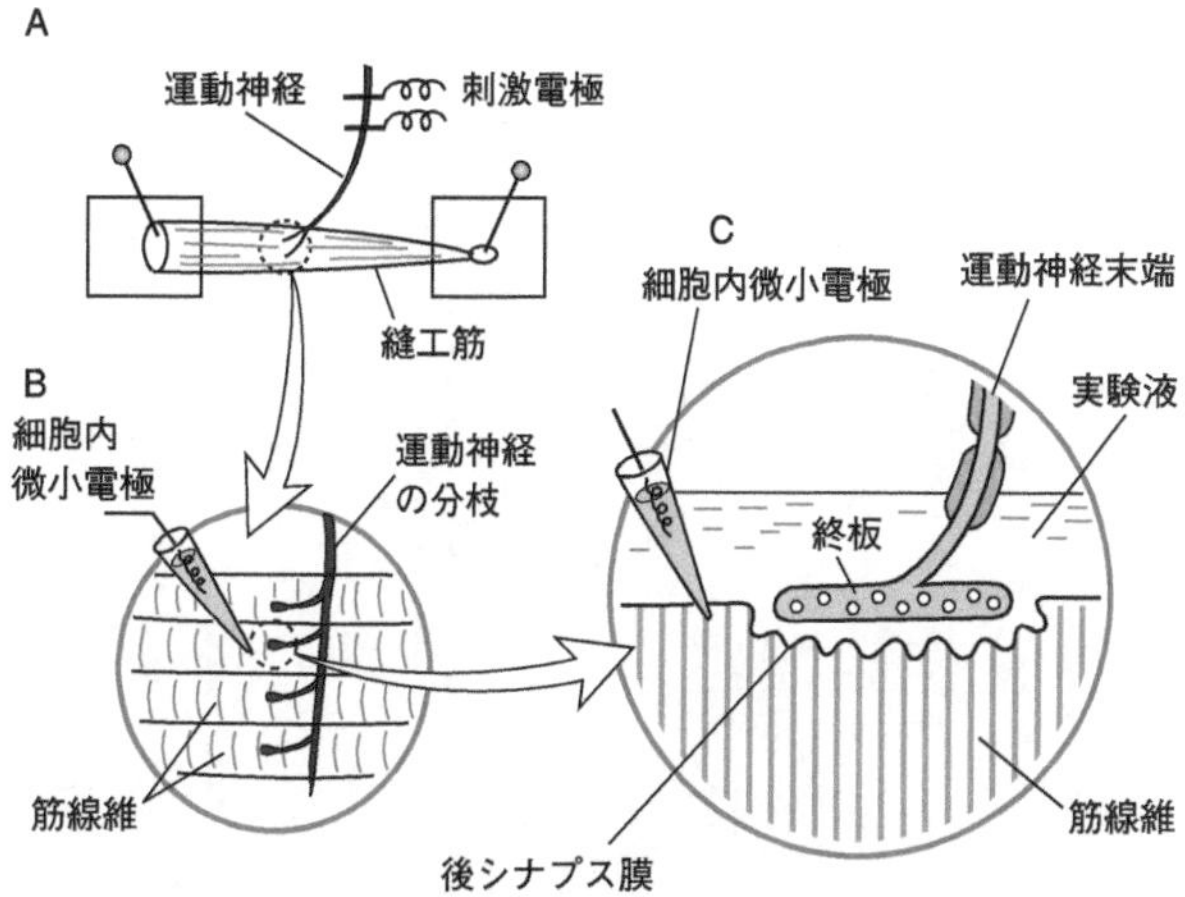

（A）縫工筋の運動神経を刺激し、活動電位をシナプスに送り込む。
（B）顕微鏡下に微小電極をシナプス部に刺入する。
（C）シナプスの終板と筋線維に刺入した微小電極の位置関係。

図8-3　カエル縫工筋の運動神経と筋線維間のシナプス（神経筋接合部）での電気現象の細胞内微小電極による記録

ナプス部の筋線維の細胞膜に刺入することができる。

　これに対して生理学者の本来の興味の焦点である中枢神経のニューロン間のシナプスは中枢神経の組織中に埋没しており、これを研究するのは容易ではない。このようにまずパイオニア的研究を行う際には、実験に適した実験対象を選ぶことが必要なのである。

　カッツのシナプスの研究に不可欠な役割を果たしたのは、第7章でも取り上げた活動電位を阻害するクラーレである。クラーレが実験液中に存在しないと、運動神経の刺激により筋線維が収縮を起こす。このため筋線維に刺入した微小電極が抜けてしまったり、筋線維の細胞膜が傷ついたりして実験を続けることができない。

しかし実験液にクラーレを徐々に加えてゆくと終板電位が減少し筋線維の活動電位の発生が抑えられるので、運動神経線維の刺激による筋線維の収縮が消失する。彼はこのような条件、つまり筋線維の収縮がちょうど消失する濃度のクラーレ存在下に運動神経線維を刺激し、活動電位が神経線維末端の終板に到着したときの終板の電位変化を記録、研究したのである。

(2) 終板電位、生体のアナログ電気信号の発見

クラーレによりまず筋線維の収縮を消失させたのち、筋肉の運動神経を刺激して活動電位を1個発生させる。この活動電位が運動神経線維末端の終板に到着すると、終板の近くの筋線維細胞膜に刺入した微小電極から、次ページ、図8-4Aに示すようなゆっくりした膜電位変化が記録される。この電位変化の方向は膜電位が実験液の電位（0V）に近づく脱分極変化であり、もとの静止電位にもどるとき長く尾を引くのが特徴である。このように筋線維の活動電位に先立って、後シナプス膜で起きる脱分極を**終板電位**という。**終板**は扁平な板状の運動神経末端部分を指すが、終板電位は終板で起こるのではなく、この終板と向き合った筋細胞の後シナプス膜で起こる。混乱しやすいので、読み進める際に注意してほしい。

終板電位発生中に運動神経線維を刺激して終板にもう1個の活動電位を送り込んでやると、筋線維の後シナプス膜ですでに発生中の終板電位からもう1個の終板電位が発生する（図8-4

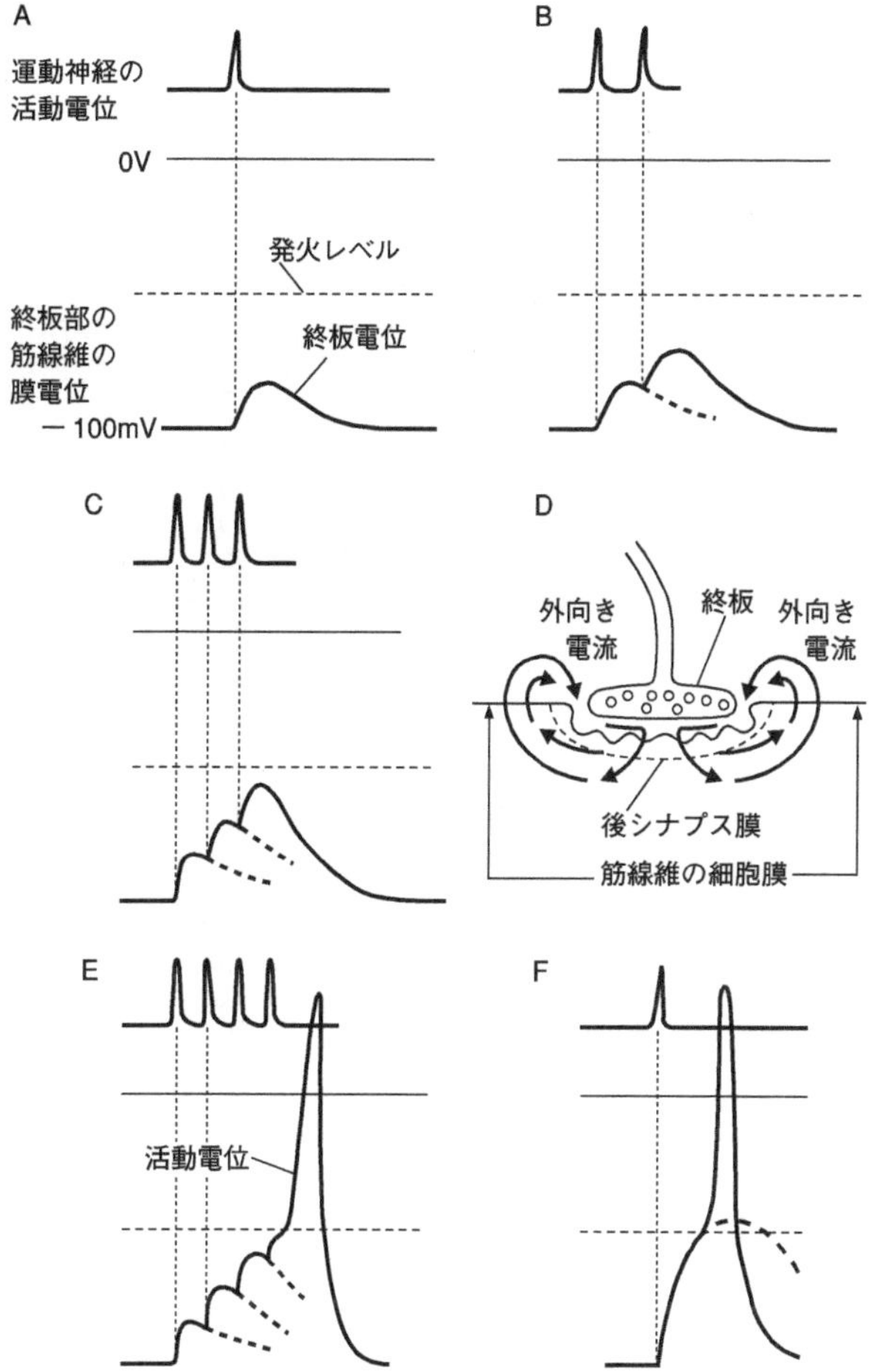

図８-４　クラーレ存在下の終板電位（A）、終板電位の加重（B、C）、および終板電位の加重による筋線維の活動電位発生（E）。(F)クラーレが存在しない自然の状態での単一の大きな終板電位による活動電位発生

B）。つまり終板電位は活動電位のような全か無かの性質を持たず、互いに重なり合うのである。この現象を終板電位の**加重**という。終板に数個の活動電位が短い間隔で到着すれば、終板電位は加重を繰り返してそのピークはどんどん大きくなる（図8-4C）。

このように筋線維の後シナプス膜で記録される終板電位は、互いに重なり合う（加重する）ことによっていろいろなピークの値をとる。加重した後シナプス膜の終板電位の脱分極は隣接する筋線維の細胞膜に外向き電流を起こす（図8-4D）。筋線維細胞膜の脱分極のピーク値が細胞膜の発火レベルに達すれば、筋線維の細胞膜に活動電位が発生し、筋線維にそって伝わってゆく（図8-4E）。このようにいろいろなピーク値をとる終板電位の電位変化を**「段階的」反応**といい、活動電位のような「全か無か」の反応と区別する。つまり活動電位をデジタル1、0信号と考えると、終板電位はいろいろな値をとりうるアナログ信号なのである。

カッツが細胞内微小電極を用いてアナログ信号としての終板電位の存在を明らかにしたのは1951年である。

（3）終板電位の発見を可能にしたクラーレ

ここで注意しなければならないのは、アナログ信号としての終板電位の発見はクラーレの存在下に行われたことである。

クラーレが存在しない自然の状態では、筋線維は運動神経の奴隷のようなもので、神経線維末端の終板部に到着した活動電位は、ただ1個で大きな表面積を持つ終板から大量のアセチルコリンを放出させ、約50nm離れて向かい合う筋線維の後シナプス膜に発火レベルを超える大きな振幅を持つ終板電位を起こす。そして、このただ1個の終板電位によって、筋線維の細胞膜は発火レベルを超えて脱分極して活動電位を発生し（219ページ、図8-4F）、筋線維は収縮する。この結果、終板電位は、それに引き続いて起こる筋線維の活動電位の根元に半ば埋もれてしまい、終板電位の性質を研究することは困難となる。

クラーレは本章で後に説明するように、終板から放出されるアセチルコリンにより発生する後シナプス膜の終板電位の振幅を減少させる。このためクラーレが存在するとき、終板電位は何個か加重しなければ筋線維細胞膜の静止膜電位を発火レベルまで脱分極させることができない。カッツはこのようなクラーレが存在する条件下に終板電位の加重、つまり「段階的」、アナログ的な生体電気信号の存在を明らかにすることができたのである。

なお、後で説明するように中枢神経のニューロン間のシナプスのシナプス電位（神経線維と筋線維間の終板電位に相当する）は、正常な状態で後シナプス膜に発生する個々のシナプス電位の振幅が小さく、数個のシナプス電位が加重してやっと発火レベルに達する。つまり中枢神経のシナプスは、運動神経の信号にひたすら奴隷のようにしたがう筋線維の終板部とは異なり、シナプスに到着する信号に対し活動電位を発生せず、信号を握りつぶすこともできるのである。

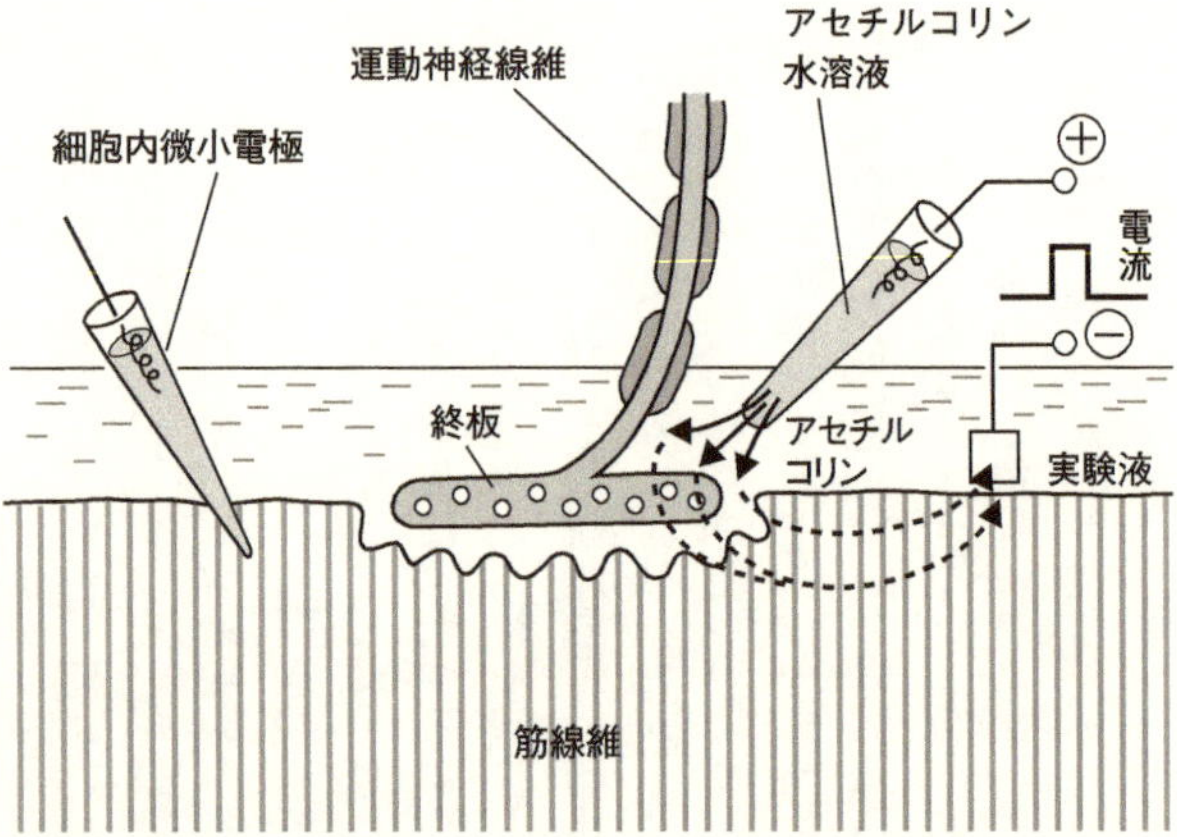

図8-5　アセチルコリンを電流により終板部に与える方法（矢印は電流の方向を示す）

(4) 終板電位発生のしくみ

運動神経末端に活動電位が到着すると、これと向き合った筋線維の後シナプス膜に発生する終板電位は実際にアセチルコリンによって起こるのであろうか。カッツは終板部の筋線維の後シナプス膜に微量のアセチルコリンを作用させると、運動神経を刺激したときに起こる終板電位と同様な電位変化が起こることを確かめた。

彼は終板部の後シナプス膜に細胞内微小電極を刺入して電位変化を測定するとともに、もう1本の微小電極を終板部に近づけた（図8-5）。この電極はアセチルコリン水溶液で満たされている。アセチルコリンは水溶液中で＋の荷電を持つアセチルコリンイオンとして存在する。したがってこの電極を＋極、実験液中に入れた電極を－極として両者の間に電流を流す

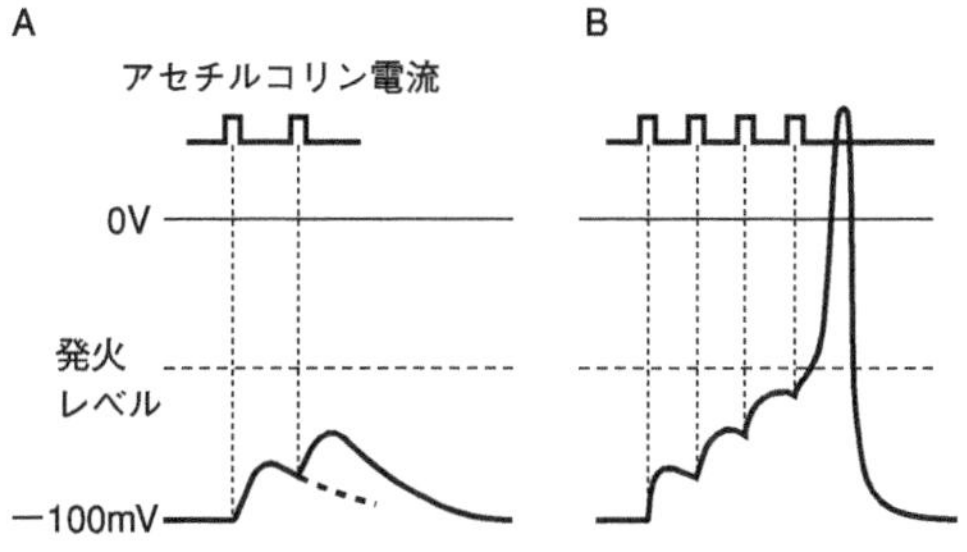

図8-6　アセチルコリン電流による電位変化の加重（A）と活動電位の発生（B）

と、アセチルコリンイオンは電流を運んで電極から外に出て筋線維の後シナプス膜に作用する。

カッツはこの方法により適当な量のアセチルコリンを短時間、後シナプス膜に作用させた。すると運動神経の刺激により後シナプス膜に発生する終板電位と全く同じ電位変化が起こった。図8-6に示すように、この電位変化も加重し、その結果膜電位が発火レベルに達すると、筋肉の細胞膜に活動電位が起こった。

カッツはさらに運動神経線維の活動電位により終板からアセチルコリンが放出されるしくみの解明のいとぐちとなる重要な発見をした。彼はまずあらかじめシナプスの周囲の実験液からカルシウムイオン（Ca^{2+}）を除いておくと、クラーレが存在しなくても運動神経の刺激に対する終板電位の発生および筋肉の収縮が消失することを見出した。この結果は、細胞外液（実験液）中にCa^{2+}がないと終板からアセチルコリンが放出されないことを意味する。

次にカッツはCa^{2+}を含む溶液の入った微小電極（Ca^{2+}電極）を

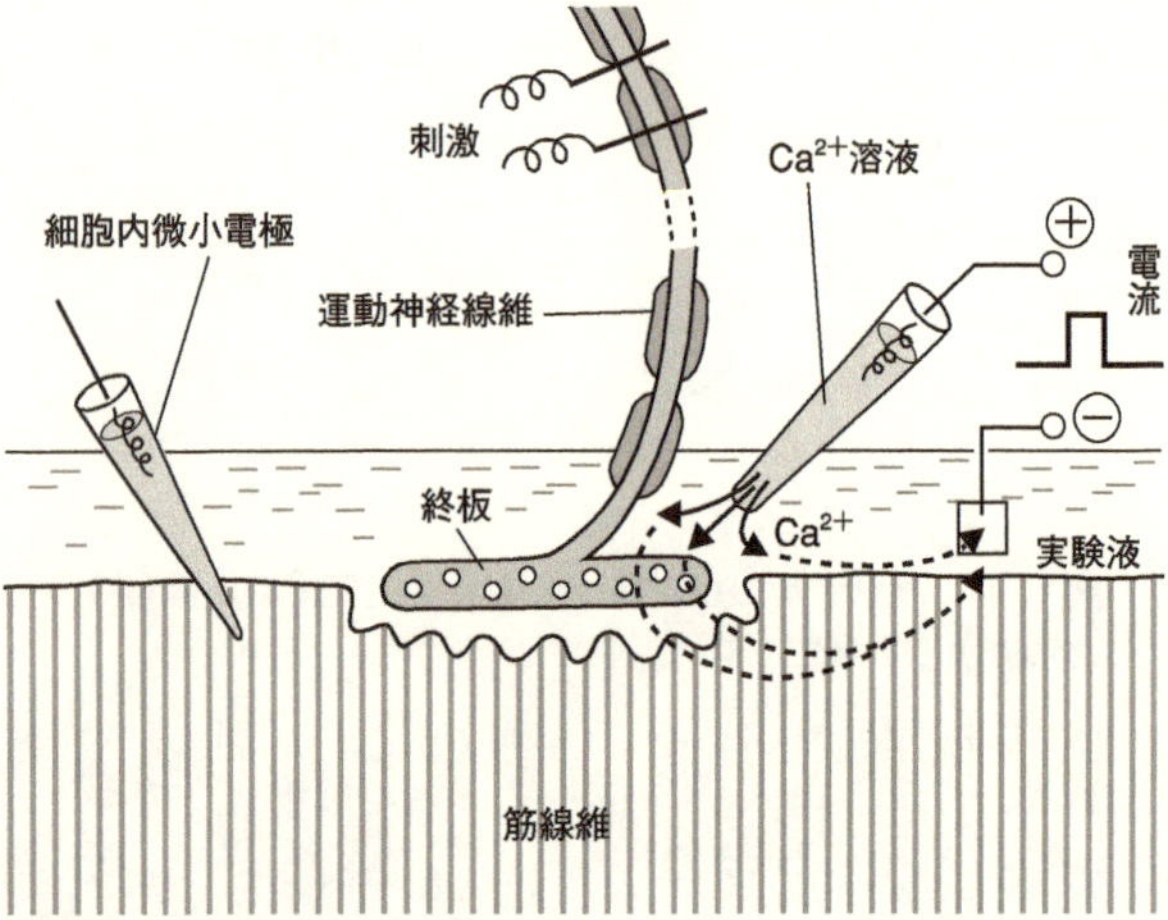

図8–7　終板からのアセチルコリン放出にCa^{2+}が必要なことを示す実験

終板付近に置き、この電極に電流を流して微量のCa^{2+}を放出させた（図8-7）。Ca^{2+}電極からのCa^{2+}放出が運動神経線維の電気刺激より後で行われたときには終板電位は発生せず（次ページ、図8-8A）、運動神経刺激よりも1～2ミリ秒先行したときのみ終板電位が発生した（図8-8B）。この結果は、アセチルコリンの終板からの放出過程に外液のCa^{2+}が不可欠であることを示している。

なおCa^{2+}電極から出るCa^{2+}は微量なので、速やかに外液中に拡散し濃度がゼロに近くなってしまう。したがってCa^{2+}電極からのCa^{2+}の放出が運動神経線維の刺激に対し、ある時間先行するとCa^{2+}の効果は消失してしまうのである。

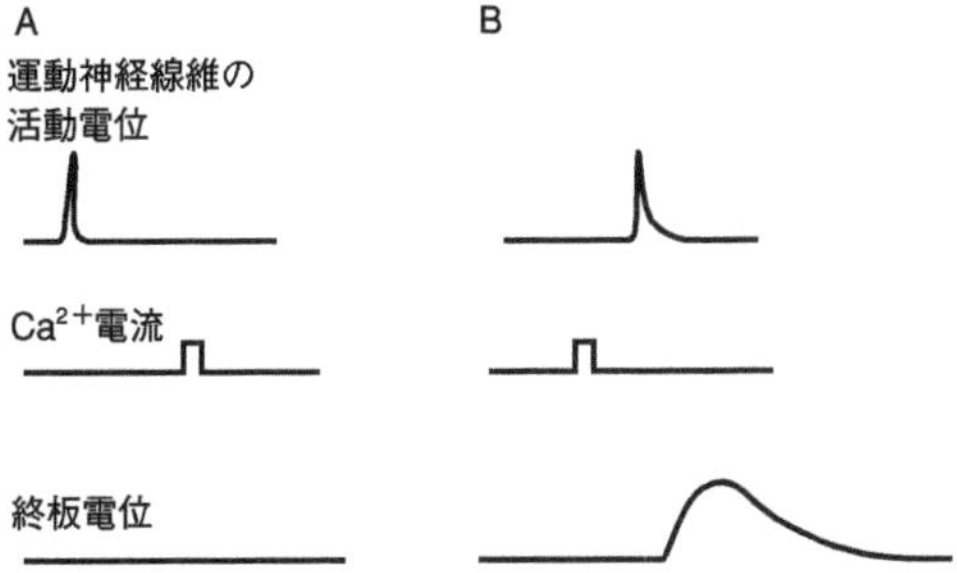

図８−８　Ca^{2+}を除去した実験液中で、運動神経線維の活動電位発生の後でCa^{2+}を終板部に与えても終板電位は発生せず（A）、活動電位に１〜２ミリ秒先行してCa^{2+}イオンを与えると終板電位が発生する（B）

（５）後シナプス膜のアセチルコリン受容体

アセチルコリン電極から放出されるアセチルコリンに反応して終板電位を発生するのは、終板に向き合った筋線維の後シナプス膜に限られており（図８−９A）、他の部分の筋線維の細胞膜はアセチルコリンに全く反応しない（図８−９B）。したがってアセチルコリンに反応してシナプス電位を発生する特殊なイオンチャンネルは筋線維の後シナプス膜にのみ局在していることになる。

現在このイオンチャンネルはNa^+チャンネルのように脱分極によって開くのではなく、アセチルコリンによってのみ開くので**アセチルコリン受容体**と呼ばれる。アセチルコリン受容体も細胞膜を貫通する管状のタンパク質であり、通常は中央のイオンの通路はプラグにより閉じられている（図８−10A）。

筋線維後シナプス膜のアセチルコリン受容体にアセ

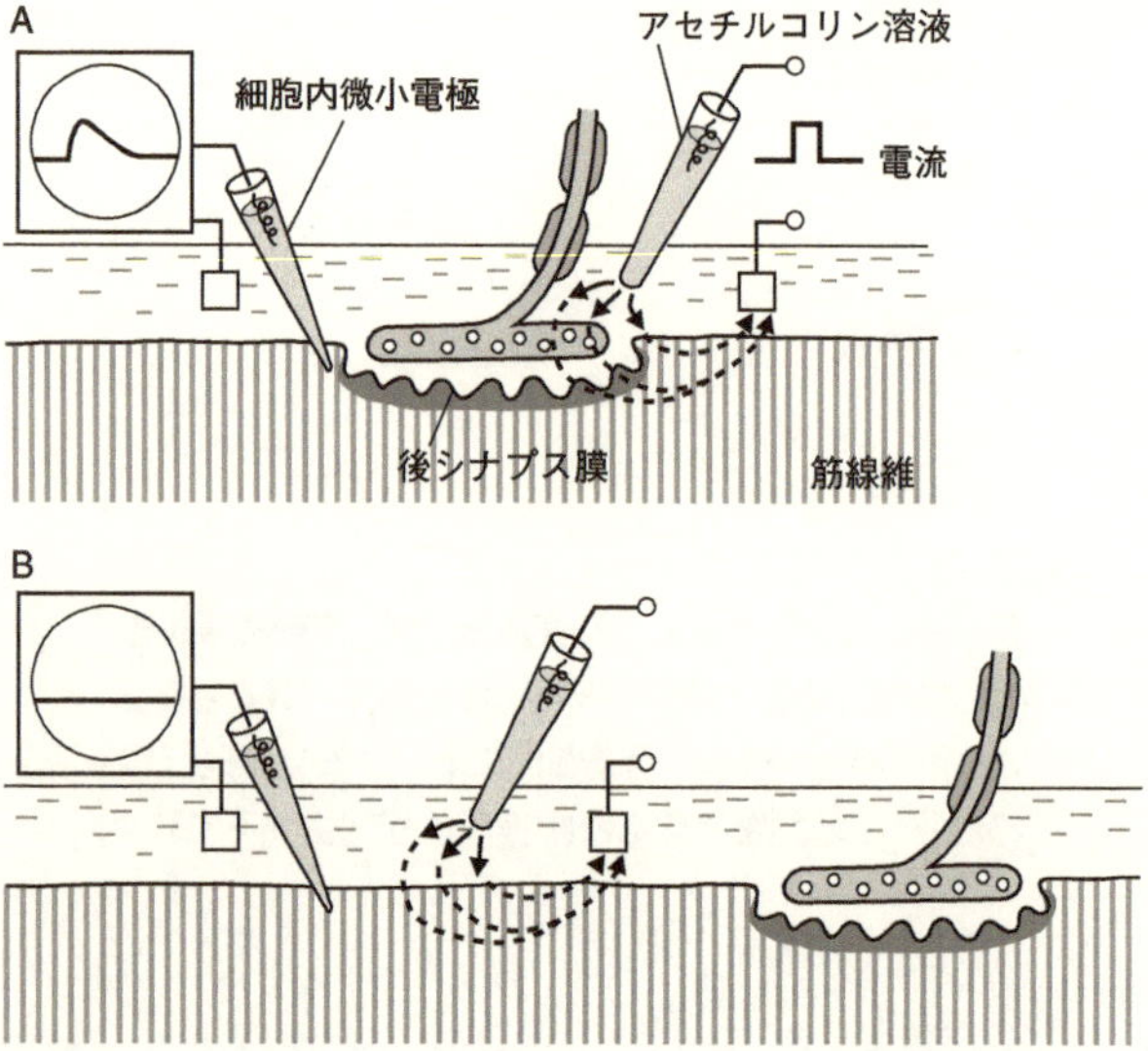

図8-9　終板部へのアセチルコリン投与による終板電位と同様な電位変化の発生(A)。終板部から離れた筋線維の細胞膜ではアセチルコリン投与による電位変化は起こらない(B)

チルコリンが結合すると、このプラグが外れ、イオンチャンネルが開く（図8-10B）。このチャンネルはイオンの種類を識別せず、細胞膜内外のNa^+とK^+をともに通過させる。この結果、アセチルコリン受容体のある後シナプス膜の膜電位はK^+電池（−約100mV）とNa^+電池（+約50mV）の中間の値

$$(-100+50)/2=-25\text{mV}$$

に向かって脱分極を起こす。

クラーレが存在しない自然の状態では、終板に到着する1個の活動電位により、終板から大量のアセチルコリンが放出され、後シナプス膜の多数のアセチルコリン受容体のチャンネルが開いて大きな終板電位が発

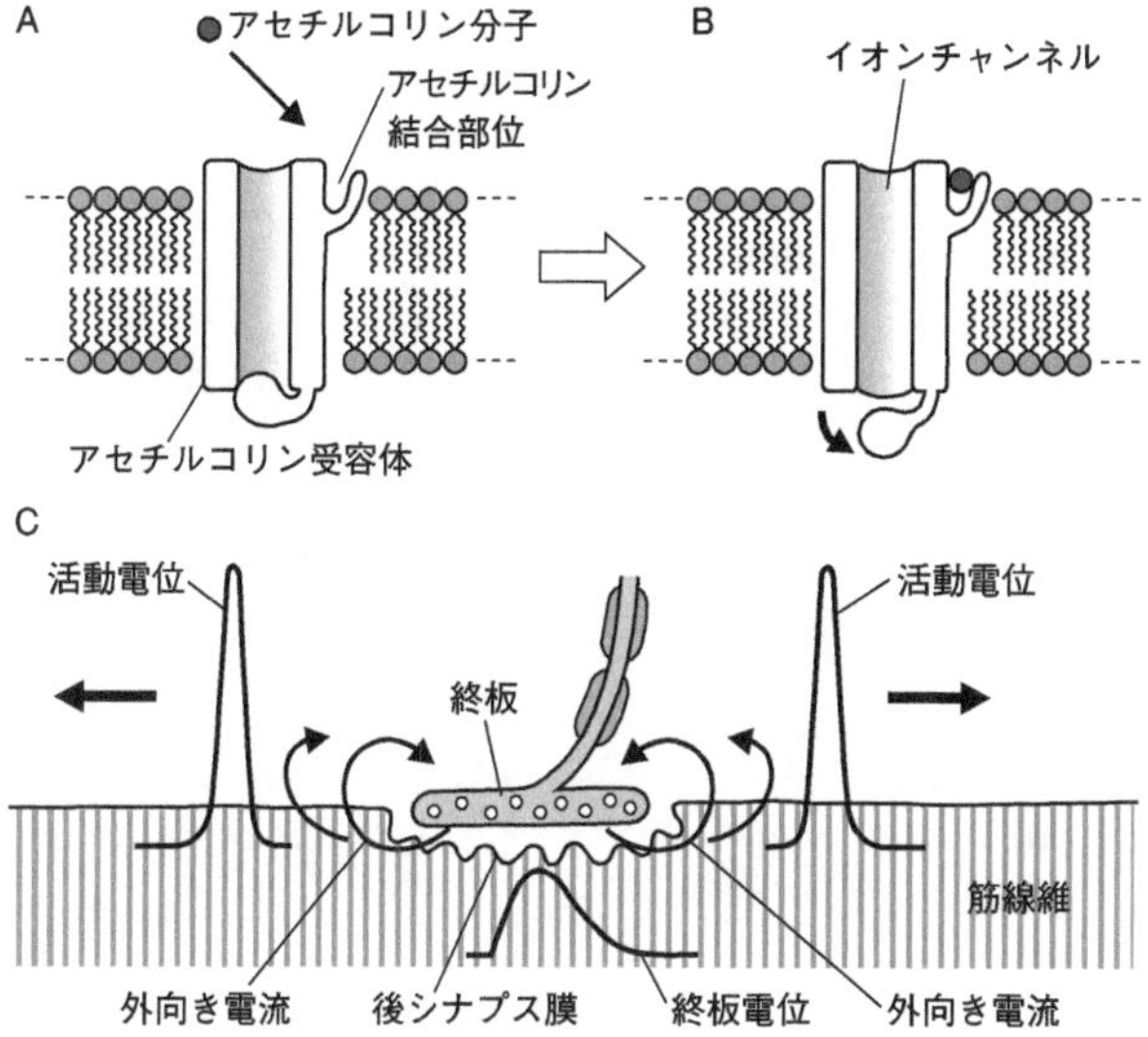

（A、B）受容体のアセチルコリン結合部位にアセチルコリン分子が結合すると、受容体のイオンチャンネルが開く。（C）後シナプス膜の終板電位で起きた外向き電流による活動電位の発生。太い矢印は活動電位の伝わる方向を示す。

図8-10　筋線維の後シナプス膜のアセチルコリン受容体のはたらき

生し、隣接する筋線維の細胞膜に大きな外向き電流を起こし、活動電位が発生して筋線維の細胞膜にそって伝わってゆく（図8-10C）。

なお、このアセチルコリン受容体の構造が明らかにされたのはカッツの研究よりずっと後であったが、この受容体のチャンネルは単に開閉するだけで、ここを通過するイオンの種類を識別しないことはすでにカッツにより明らかにされていた。

外傷により運動神経が脊髄と筋肉の間で切断されると、まず切断部よりも筋肉寄りの神経線維は終板を含めて退化して消失

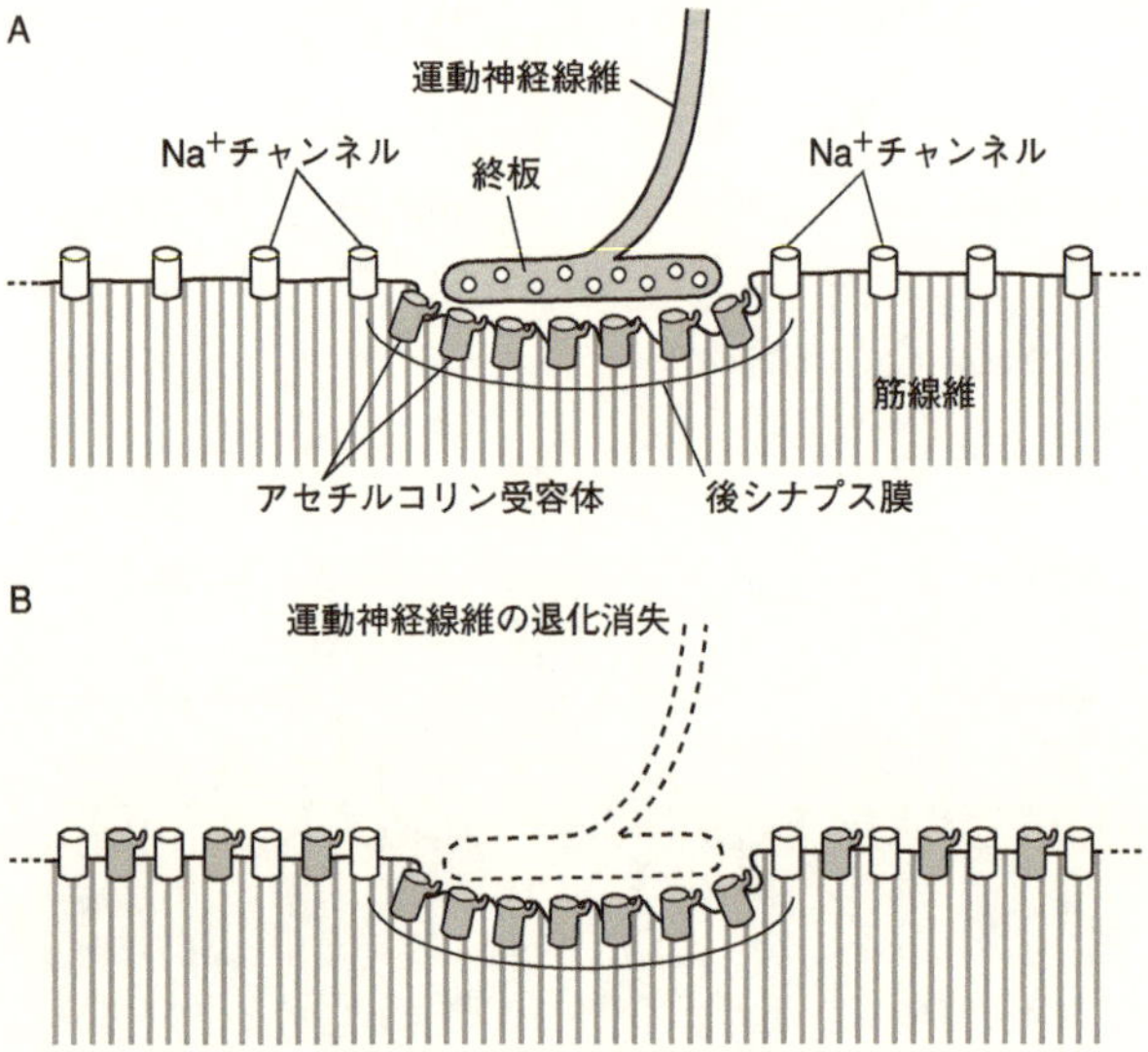

図8−11　(A) 正常時にアセチルコリン受容体は後シナプス膜にのみ局在。(B) 運動神経線維の退化消失によりアセチルコリン受容体は筋線維の細胞膜全体に分布する

する。このとき筋線維の細胞膜はどの部分でもアセチルコリンに反応して終板電位と同様な脱分極を発生するようになる。つまり終板が退化して消失すると、正常時には終板と向き合う後シナプス膜にのみ局在しているアセチルコリン受容体（図8−11A）が筋線維の細胞膜全体に分布するようになるのである（図8−11B）。この事実は運動神経が未知の物質を介して筋細胞の細胞膜の性質を支配していることを示している。

アセチルコリン受容体の実体の研究は、フグ毒がNa^+チャンネル発見のいとぐちとなったように、クモ毒がいとぐちとなった。クモは昆虫を捕らえてその体液を吸って生きているので、捕らえられた昆虫が死んで乾燥してしまわないように、クモ毒を注入して昆虫は生きているが身体が動けない状態に保ち体液を吸い続ける。つまりクモ毒はアフリカ先住民が矢尻に塗って動物の狩りに用いたクラーレと同様に、運動神経と筋肉の間の活動電位の伝わりを阻害する。この作用は、クモ毒が筋線維の後シナプス膜のアセチルコリン受容体と固く結合するからである。

クモ毒の筋肉の収縮阻害作用は1960年代に台湾の研究者により発見され、まずわが国で発表されたが、フグ毒の場合と同様にわが国の研究者は無関心であった。しかしこの研究は欧米の研究者に注目され、クモ毒を標識として後シナプス膜のアセチルコリン受容体の研究が進展した。しかし結局この研究の仕上げは、分子遺伝学の手法を用いて京都大学の沼正作により達成された。

(6) 微小終板電位の発見、確率現象としてのアセチルコリン量子放出仮説

カッツは筋線維の終板部の後シナプス膜の静止膜電位が、運動神経が活動電位を発生していなくてもランダムに微小な変化を繰り返していることを発見した。これを**微小終板電位**という。個々の微小終板電位の振幅は1mV以下で極めて小さいが、時々加重を起こして振幅が2倍あるいは3倍になる（図8-12A）。ある時間内に連続して記録される微小終板電位の出現する頻度とその振幅との関係を調べると、最も小さい微小終板電位の振幅の整数倍（1、2、3、……倍）の

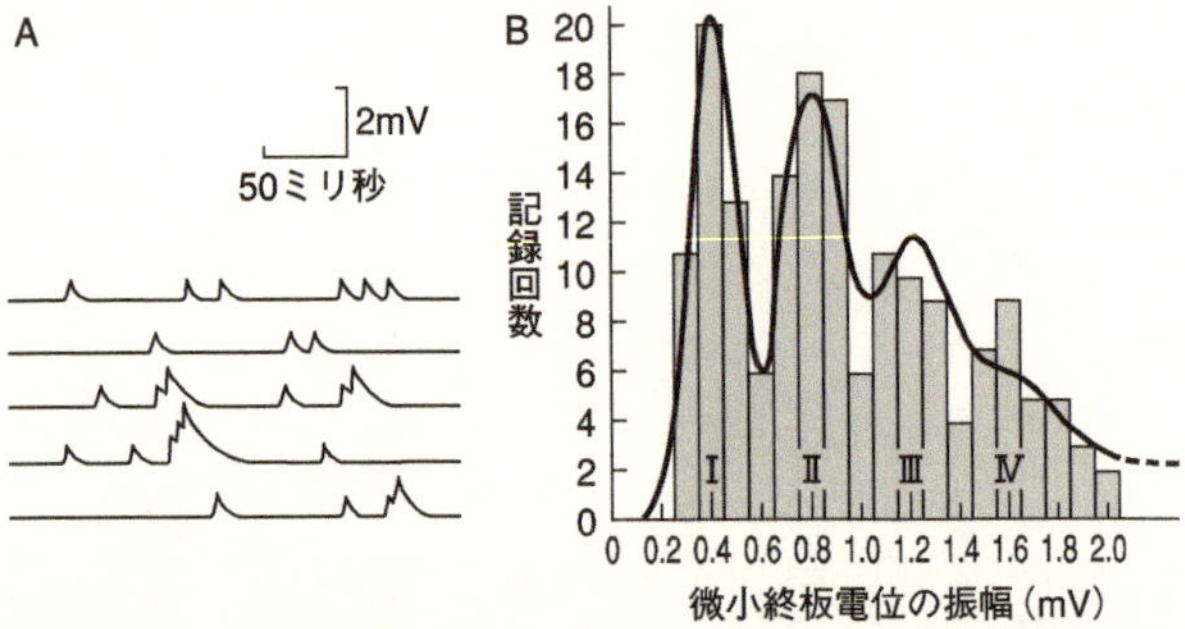

図8–12 (A)微小終板電位の記録、(B)微小終板電位の振幅と出現頻度との関係

振幅ごとに出現頻度のピークが現れる（図8–12B）。

カッツは天才的な洞察力の持ち主で、終板からのアセチルコリン放出について次のような仮説を提唱した。

①終板中のアセチルコリンはある一定量のかたまり、つまり量子として存在する（図8–13A）。（注：なお、この量子は物理学の素粒子とは関係がない）

②このアセチルコリン量子は周囲の分子の熱運動によって絶えず突き動かされている。

③この熱運動によりアセチルコリン量子が終板の細胞膜の内側に衝突すると、まずシナプス顆粒の膜と終板の細胞膜が融合し、ついで終板の細胞膜が外に開いて、シナプス顆粒中のアセチルコリン分子がシナプス間隙に放出される（図8–13B）。

④シナプス間隙に放出されたアセチルコリン分子は後シナプス膜に作用して一定の振幅を持つ単位の微小終板電位を発生させる（図8–13B）。

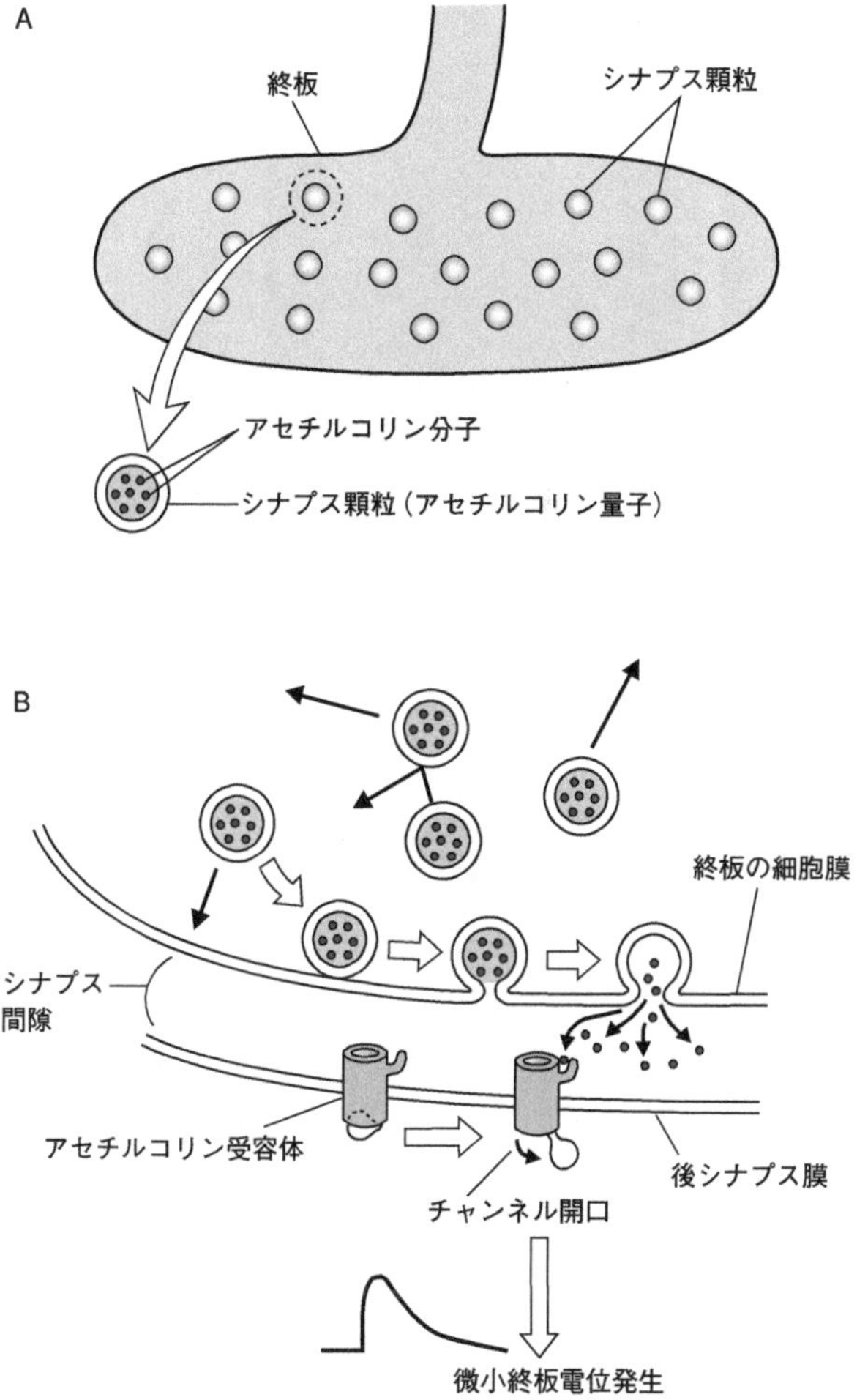

図8–13　カッツによるアセチルコリン量子（A）の熱運動による放出と、微小終板電位発生の仮説（B）

⑤加重した微小終板電位の出現頻度が単位終板電位の振幅の整数倍の値でピークを示すのは、アセチルコリン量子の放出がランダムに起こる確率現象であるためである。
⑥活動電位が終板に到着すると微小終板電位よりはるかに巨大な終板電位が発生するのは、活動電位により終板からアセチルコリン量子が放出される確率が飛躍的に増大し、大量のアセチルコリンが一時に後シナプス膜に作用するためである。
⑦このアセチルコリン量子放出確率の飛躍的増大には細胞外液のCa^{2+}が不可欠である。

驚くべきことに、以上説明したカッツの考えは後年ことごとく的中することとなった。ある研究分野を開拓したパイオニアが研究のごく初期に着想したメカニズムがことごとく的中するのは極めてまれである。後年私がカッツに「あなたの洞察力はまるで神様のようでしたね」と言うと、彼は嬉しそうに笑っていた。

8-4 細胞膜とイオンチャンネルをとり巻くナノメートルの世界

ここでカッツの仮説のもととなった、細胞膜とイオンチャンネルをとり囲んでいる環境について説明しておこう。

日常生活でわれわれの周囲をとり巻いている物体、例えば食器、電化製品、自動車などの大き

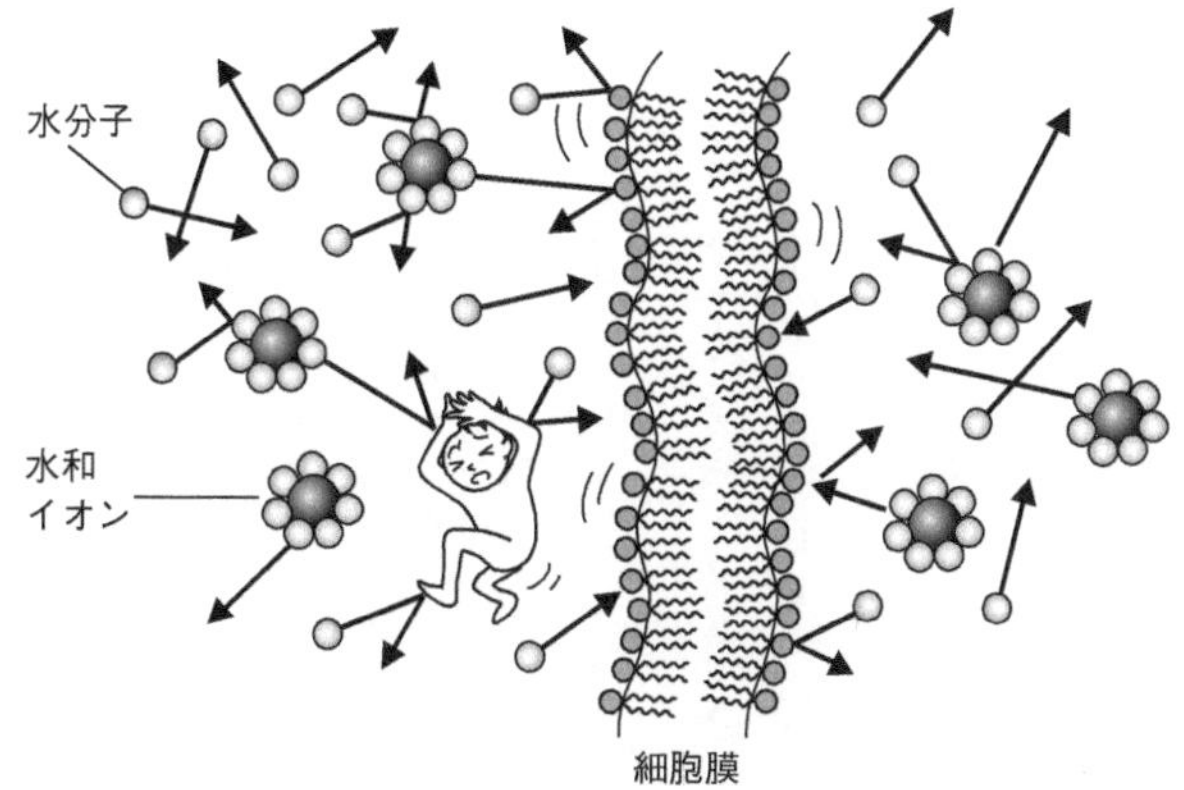

図８-14　ナノメートル（nm）の世界での激しい熱運動

さはcmかmの単位でよく表すことができる。これに対してわれわれの体内で電気信号を発生させている細胞膜、イオンチャンネルなどの大きさはナノメートル（nm）の単位で表される極めて微小な世界である。

もしわれわれが身長を10nmに縮めて、後シナプス膜の世界に身をおいたら、そこはどのような環境であろうか。細胞膜の厚さはわれわれの身長の約半分であり、Na^+やK^+の直径は西瓜ぐらいであるが、これらイオンは水中で水分子にとり囲まれているので全体の大きさは雪だるまくらいになる。また水溶液中で圧倒的多数の水分子の直径はほぼ野球のボールくらいである。

常温でもこれらのイオンや水分子は熱運動により絶えず互いに激しく動き激しく衝突しあっている。つまりわれわれの身体には野球のボールから雪だるまでの大きさの物体が野球の投手の投げる速球よりも速い速度で絶えずぶつかってくる凄《すさ》まじい世界である（図8-14）。

カッツは微小終板電位を発見したときこのようなナノメートルの世界が念頭にあり、このような周囲の分子の熱運動によって終板から「確率的に」アセチルコリン量子がたたき出されるものと正しく洞察したのである。カッツは生体で起こる現象が確率的なものであることを正しく指摘した文字どおりのパイオニアであった。

カッツが運動神経線維と筋線維間のシナプスの微小終板電位から洞察したアセチルコリン量子の確率的放出のメカニズムは、そのままニューロン間のシナプスで観察される微小シナプス電位にもあてはまることがわかっている。ニューロン間のシナプスでも放出される化学物質はアセチルコリン以外にさまざまなものがあり、それぞれの化学物質が量子として神経線維末端から放出されるのである。

また現在では、Na^+チャンネルをはじめとするすべてのイオンチャンネルも熱運動により極めて短時間で開閉を繰り返していることがわかっている。このような確率的なチャンネルの開閉は個々のチャンネルでランダムに起こっており活動電位を発生することはない。

次章ではカッツの洞察が次々と的中していく経過を追いながら、シナプスで活動電位の伝わるしくみを説明しよう。

コラム　生理学の巨人たちの想い出④——バーナード・カッツ

シナプス伝達機構を解明したバーナード・カッツは、筆者が交際した高名な科学者たちのうち、最も偉大な人物である。なぜなら、彼がシナプス伝達機構の研究中に立てた仮説はことごとく的中し、遂に無謬のまま研究生活を終えたからである。彼も田崎と同じく、終生カエルを実験試料として実験を続けた。田崎、カッツら、現在の神経、シナプスの生理学の知識の体系を作り上げた巨人たちは、皆カエル、ガマを好んで研究に使用した。当時の生理学者たちは皆、一般生理学の立場に立っていた。生命体の生きてゆくしくみはあらゆる生物に共通であり、研究目的に応じて適当な生物を実験に使用すれば学問は効率的に進歩するという信念である。周知のように、現在この信念は蹂躙されている。

筆者の若い頃は一般生理学の全盛期であり、現在のように無脊椎動物を対象とする研究には研究費が支給されにくい、などという不可解な事態は考えられなかったのである。

さてカッツは1911年に、ロシア系ユダヤ人として、ドイツのライプチヒに生まれた。彼はライプチヒ大学医学部を優秀な成績で卒業し、同大学の生理学教室で研究を開始した。20歳代で早くも「神経の興奮」と題して、第2章で説明した生理学黎明期の研究を見事にまとめた総説を出版した。筆者は東京大学医学部助手時代、生理学教室の図書室でこれを読み、カッツの明晰な説明に感嘆した。

第8章に記したように、彼はライプチヒから英国に亡命し、大戦中はロンドン大学からオーストラリア、シドニーのカネマツ研究所に移り、大戦終了後、カッツの才能を高く評価するヒル教授に抜擢されて、ヒルの後任としてロンドン大学生物物理学研究室教授となり、ここでシナプスにおける興奮の伝達機構を解明した。

筆者は同じロンドン大学の生理学教授であったアンドリュー・ハクスレーの研究室をしばしば訪問しており、ある年大学の玄関の前でカッツに出会い初めて挨拶を交わした。ハクスレー研究室で、最近の研究結果の講演を行うと、カッツはこれを聴きに来てくれ、ハクスレーとの議論が終わったら自分の部屋に話しにこいと言ってくれた。彼の部屋を訪ねると、机上に美しい若い婦人の写真が飾ってあり、彼は「これは私の妻の若い時の写真です。私がシドニーで得た最大の成果は、彼女と結婚できたことです」と、恥ずかしがる様子もなく語った。彼の率直な性格がうかがえるであろう。

しばらく雑談しているうち、カッツも筆者同様熱烈なオペラ愛好者であることがわかり話が尽きなくなった（図8-15）。現在英国で最も優れたソプラノ歌手は誰か、という話題になり、筆者は「ロンドンの王立音楽院出身のギネス・ジョーンズでしょう」と言うと、彼は「いや、彼女は出来、不出来の波がある。やはり英連邦の一つ、ニュージーランド出身のキリ・テ・カナワが最高のソプラノだと思います」と熱く語り合い、楽しい時をすごした。また「ニューヨークのメトロポリタン・オペラでは、トイレで観客がよくオペラの旋律を鼻歌で歌ってよい気分になっていますよ」と話すと、彼は「そうですか、ニューヨークの連中はトイレで歌うのですか」と大笑いした。

ヒトラーは、大作曲家ワグナーのオペラの題材をユダヤ人排斥に利用した。このためイスラエルでは、コンサートでワグナーの作品を演奏することは長いこと禁忌であった。それにもかかわらず、カッツはワグナーのオペラを熱愛しており、特に「ワルキューレ」で神々の王ウォータンが、愛する娘ブリュンヒルデに別れをつげる「魔の炎」の場面は、人類が書いた最高の音楽であると絶賛していた。

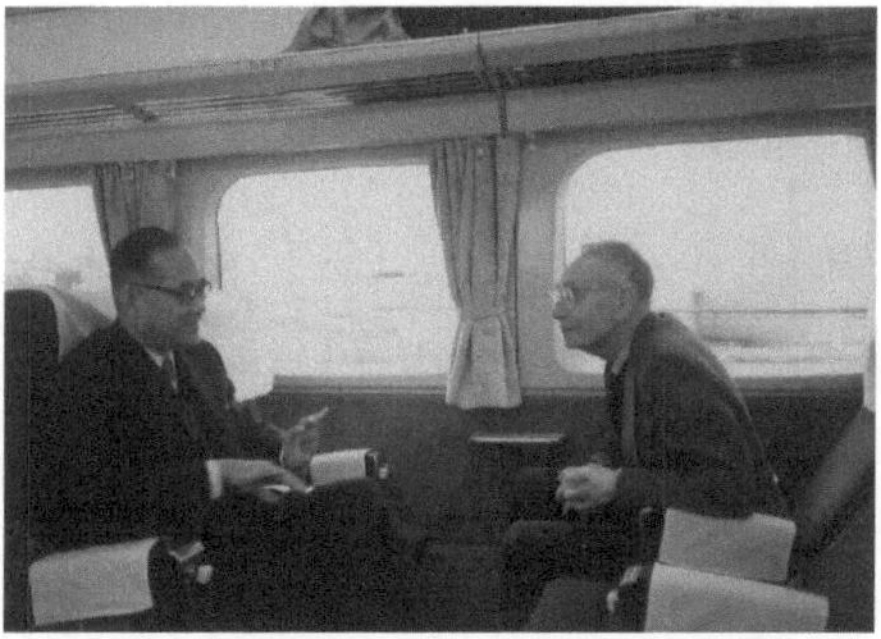

図8-15　新幹線でのカッツ(右)と筆者

筆者はあるときサンフランシスコで、ある学者の自宅でのパーティに招かれ、たまたま同席したイスラエルの学者に不用意にも、「カッツさんはワグナーが好きだ」と言ってしまった。とたんに相手は激昂し「ワグナーはわれわれの敵だ。イスラエルではワグナーの音楽など演奏されない」とまくし立てはじめ、筆者は平謝りする羽目になった。

さてカッツは、ロンドン大学を定年退職する際、なぜか長年の共同研究者だった、メキシコ出身のミレディー氏を彼の後継者に推薦せず、この結果彼が主宰してきた生物物理学研究室は消滅した。このときカッツは筆者にこう言った。「人々は皆、私の研究室の消滅を悲劇だと言います。しかし私はそうは思いません。この教室はヒル教授が私のためにプレゼントしてくれたもので、私が去れば研究室も消え失せるべきなのです」

カッツは退職後もロンドン大学に部屋を持ち、毎日ここに来てチェスを楽しんでいた。筆者夫妻が訪問すると彼は喜び夫人を呼び寄せ、一緒に近所のレストランで食事することにした。ここで思いがけない珍事が起こった。大学からレストランに行くには、レスター・スクエアという正方形の公園にX字形につけられた道路を通らねばならない。ところが公園中央の円形の石畳では、大勢の婦人がエアロビクスのデモンストレーションのため踊っていたのである。

カッツはこれを見て激昂した。「あの石畳は公共の道路です。ところがあの連中は、ダンスをして人々の通行を妨げています。けしからん、あの連中の真ん中を突っ切って行きましょう」と言い、踊っている婦人たちの中に歩み入った。仕方がないので彼についてゆくと、案の定踊っている婦人たちにぶつかる。腕を引かれて「一緒に踊りましょうよ」などと言われ、散々の目にあってしまった。もちろんカッツ夫人と家内はカッツにしたがわず、植え込みの中を迂回して公園を通り抜けた。

当時ロンドンのインペリアル・カレッジに新しい建物が建ち、バーナード・カッツ・ビルディングと命名された。レストランでの会食で、カッツは以下のように語って大笑いした。「私はこの建物の命名式に招待されましたが、風邪をひいたので家内を代わりに出席させたのです。ところが参列者たちはみな家内を未亡人だと思ったのですよ」

カッツ夫人は会食中、終始筆者夫妻に早口で話しかけつづけたが、オーストラリア訛りのためほとんど聞き取れず、笑って合い鎚を打つしかなかった。英国人には排他的な面があり、米国訛り、オーストラリア訛りの英語を流暢に話すと相手にしてくれなくなる傾向がある。彼らに相手にしてもらうには、ブロークン・ジャパニーズ・イングリッシュのほうがよいのである。カッツ夫人の振る舞いからは、彼女が近隣の婦人たちから疎外されていることがうかがわれ、痛々しい気持ちを抑えられなかった。

カッツは食事中にやにやしながら、皆で取り分ける料理の皿にとんでもない調味料を振りかける癖があった。私は別段これを気にしなかったが、後で米国の友人から「カッツはpractical joke（実践的な冗談）を食事中にやらかす癖があるのだ。これでひどい目にあったよ」と聞かされ、カッツの奇癖が有名なことを知った。

カッツは偉業を成し遂げた後、自分の役割は終わったとして、自ら研究室を消滅させ、人々との付き合いを控え、愛する夫人と寄り添って静かに暮らしていた。このロンドンでの出会いから数年経って夫人が亡くなると、カッツも間もなく後を追うように亡くなり、歴史の中に去っていった。

第9章　シナプス研究の進展

カッツがシナプスにおける電気信号の伝わるしくみについてパイオニア的研究を行って以来、彼のアセチルコリン量子の仮説は次々と的中してゆく。また電気信号を伝える興奮性シナプスのほかに、電気信号の伝わりを阻止する抑制性シナプスの存在がシェリントンによって予言されていたが、シェリントンの弟子であるエクルスによってこれがネコの脊髄で発見された。興奮性シナプスと抑制性シナプスの研究により、われわれの身体運動や姿勢の自動調整を行う脊髄反射のしくみが明らかにされた。本章ではこれらのシナプス研究の進展を説明するとともに、大自然の造化《ぞうか》の妙を示す発電魚の発電のしくみについてもふれることにする。

9-1　アセチルコリン量子の放出

運動神経を繰り返し刺激し続けると、筋肉の収縮は次第に弱くなり、しまいにはほとんど収縮しなくなる（図9-1A）。この現象を筋肉の疲労という。疲労を起こした筋肉を電子顕微鏡で観

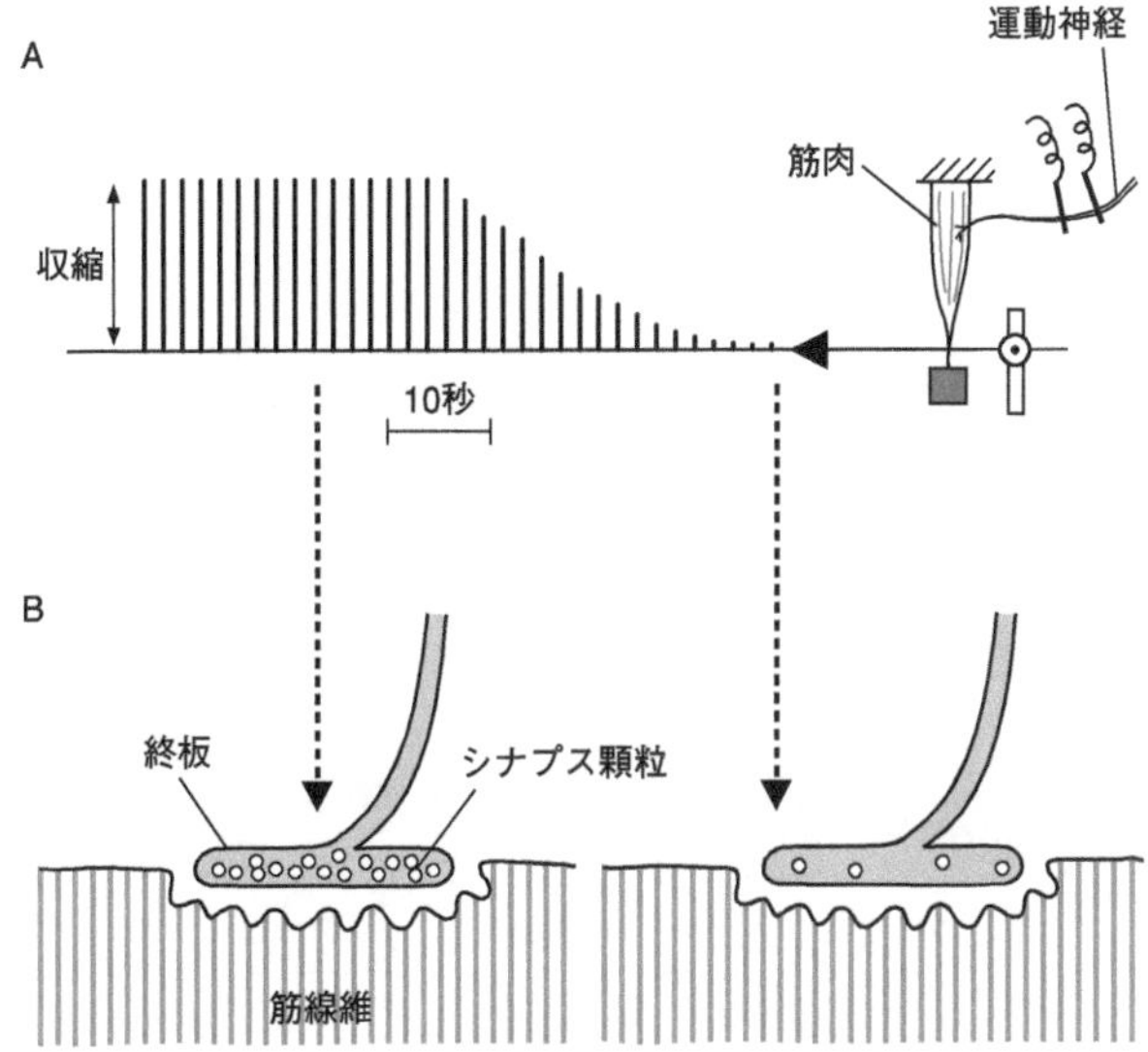

図9−1　運動神経の繰り返し刺激による筋肉の収縮の疲労（A）と、疲労した筋肉の終板部でのシナプス顆粒の減少（B）

察すると、終板中のシナプス顆粒の数が著しく減少している（図9−1B）。この結果は、神経線維の刺激により終板のシナプス顆粒中のアセチルコリンが放出されること、そして神経線維の終板から放出されるアセチルコリンが減少すると筋肉の疲労が起こることを示している。

カッツが仮定したアセチルコリン量子のシナプス顆粒からの放出の直接の証拠は、生体試料を活動状態のまま1000分の1秒以内に凍結する急速冷凍法によって得られた。この方法は運動神経を刺激中に筋肉を熱伝導率の高い純粋の銅のブロックに打ちつけて瞬間的に凍結するものである。この急速凍結法により、カッツが予言したように、シナプス顆粒が終板の細胞膜に衝突して、顆粒内のアセチルコリンが量子として外部に放出されることが確かめられた（231ページ、図8-13参照）。

9-2 熱運動を利用するアセチルコリン量子の大量放出

運動神経の刺激により発生した活動電位が終板に到着すると、微小終板電位よりはるかに大きな終板電位が後シナプス膜に発生する。カッツによるとこれは終板からのアセチルコリン量子つまりシナプス顆粒の放出の確率が飛躍的に増大するためである。

生化学的な研究により終板内にはシナプシンという線維状のタンパク質が含まれていることがわかった。このシナプシンはシナプス顆粒と結合し、シナプス顆粒はこのシナプシンの結合によって互いに結びつけられているため、熱運動によるシナプス顆粒の動きは著しく制限されている。したがって、アセチルコリン量子の放出とこれにともなう微小終板電位は散発的に発生するに過ぎない（図9-2A）。

終板の細胞膜にはCa^{2+}を通過させるCa^{2+}チャンネルがある。このCa^{2+}チャンネルは静止状態では閉じているが、活動電位の到着にともなう脱分極によって開き、細胞外液のCa^{2+}が終板中に流入する（図9-2B）。Ca^{2+}はシナプシンとシナプス顆粒の間の結合を切断する作用がある。そのため、シナプス顆粒はシナプシンによる網目構造が消失するので盛んに熱運動を開始し、このためおびた

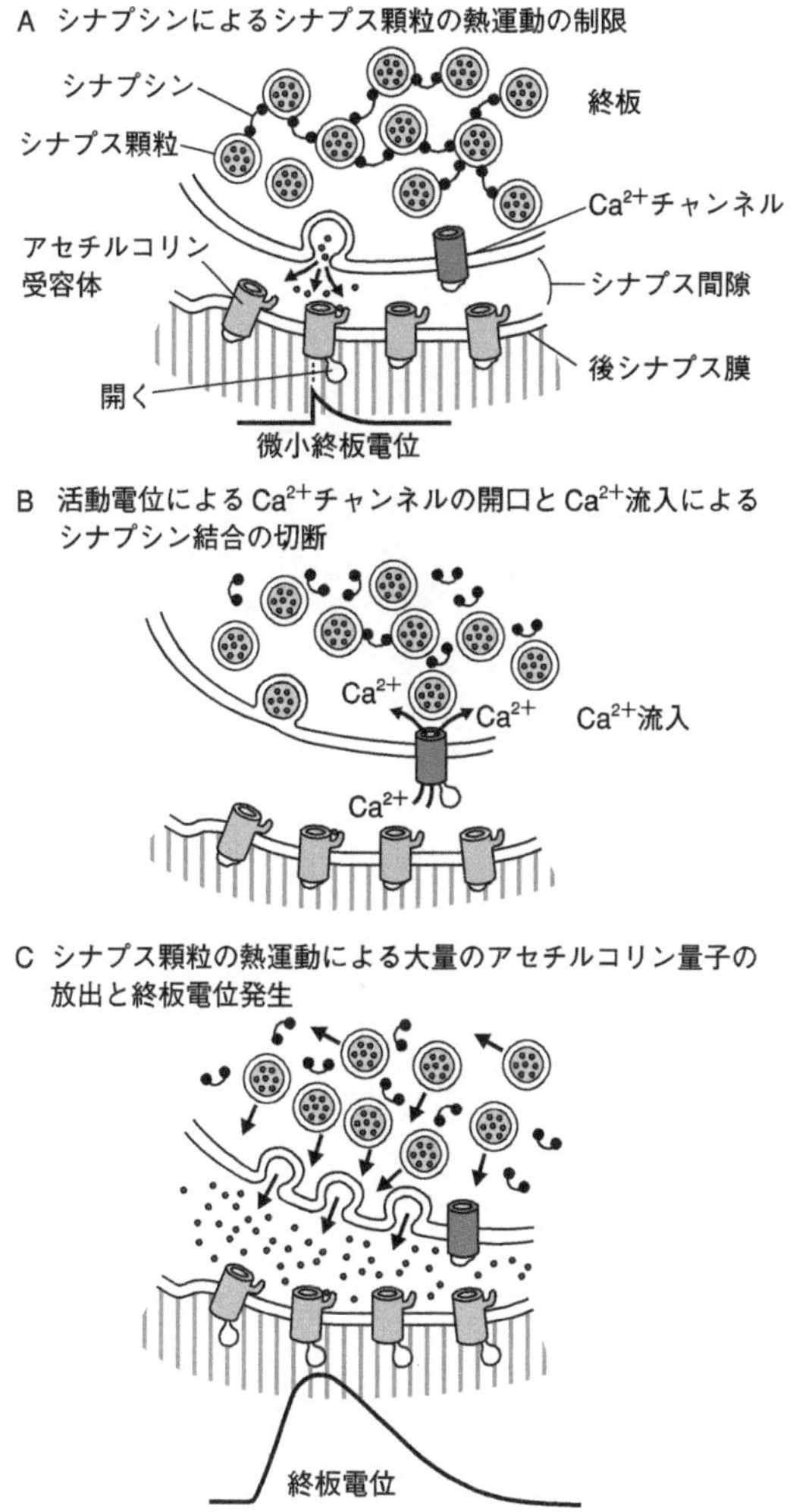

図9–2　終板からの大量のアセチルコリン量子放出のしくみ

だしい数のシナプス顆粒が終板の細胞膜に衝突し、大量のアセチルコリンがシナプス間隙に放出される。この結果大きな終板電位が後シナプス膜に発生するのである（図9-2C）。

以上説明した熱運動を利用する大量のアセチルコリン放出のしくみは、アセチルコリン量子放出の確率の飛躍的増大というカッツの予言が的中したことを意味している。つまりわれわれの体内で生命現象を担っている生体高分子は、ナノメートルの世界のランダムな熱運動の影響を最小限にとどめるよう対応するばかりでなく、機能を発揮する際には熱運動を積極的に利用しているのである。カッツはシナプスに関する研究により１９７０年ノーベル生理学医学賞を受賞した。

9-3　シナプスでのアセチルコリンのリサイクル反応

終板から放出されるアセチルコリンは、後シナプス膜のアセチルコリン受容体に作用して終板電位を発生させた後、シナプス間隙に存在するアセチルコリン分解酵素によって急速にコリンと酢酸に分解される。

もしアセチルコリンが長いことシナプス間隙に存在し後シナプス膜に作用し続けると、大きな終板電位が長く続くことになる。終板電位が長く続けば、その間中、筋線維の細胞膜は発火レベルを超えて脱分極され、その結果、活動電位が繰り返し発生し、筋線維は収縮を続けるのみで弛緩することができなくなる。この事態をさけるため、放出されたアセチルコリンは急速に分解さ

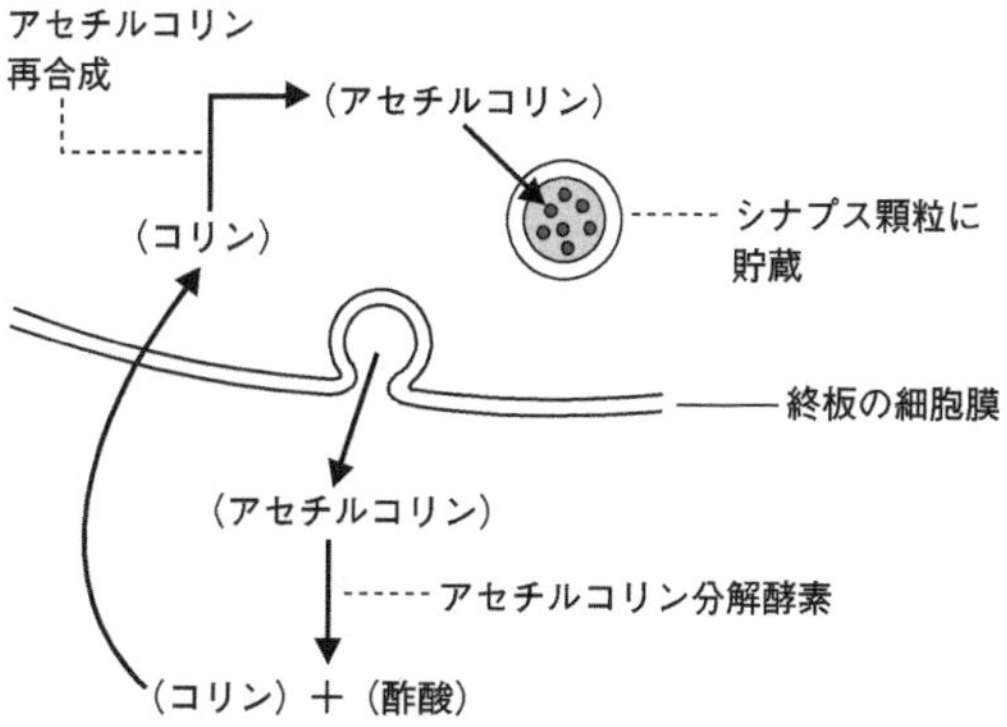

図9-3　終板におけるアセチルコリンのリサイクル

れ消失するのである。

アセチルコリンの分解産物であるコリンは終板の細胞膜の内部に取り込まれ、このコリンを材料にしてアセチルコリンが再び合成されシナプス顆粒に蓄えられる。このように終板部ではアセチルコリンのリサイクルが行われている（図9-3）。

われわれは激しい運動を続けていると疲労の結果、身体の筋肉が動かなくなってくる。これは主としてアセチルコリンのリサイクル反応が終板からのアセチルコリン放出に追いつかず、終板から放出されるアセチルコリンの量が減少するためである。疲労が休息をとると回復するのは、休息中にアセチルコリンがリサイクルにより合成されるためである。

なお本章ではもっぱら最もよく研究がなされている運動神経線維と筋線維間のシナプスについて説明してきたが、以上の説明での終板を神経線維末端という言葉に置きかえれば、そのままニューロン間のシナプスのはたらきの説明にあてはまる。ニューロン間のシナプスで神経線維末端から放出される物質には、アセチルコリンの他にノルアドレナリン、グリシン、ドーパミン、セロトニンなどさまざまなものがあり、これらをまとめて**シナプス伝達物質**という。したがってこれらの伝達物質に対応してそれぞれのシナプスに受容体が存在し、伝達物質のリサイクル反応が起こる。ただし研究がよく進んでいるのはアセチルコリン受容体を持つシナプスのみである。

9-4 シナプスの「判断」するはたらき

ニューロン間のシナプスでは、活動電位を伝えるか否かを「判断」するはたらきがある。すでに207ページの図7-12に示したように、ニューロン間のシナプスは1個のニューロンから伸びる神経線維の末端であるシナプス前線維末端と、これと向き合った後シナプス膜からなる。

ニューロン間のシナプスでは、1個のシナプス前線維の活動電位により前線維末端から一定量のシナプス伝達物質が放出され、後シナプス膜に作用してシナプス電位を発生する。この1個の活動電位により発生する「単位」のシナプス電位が数個加重して、やっと後シナプス膜に隣接するニューロンの細胞膜発火レベルまで脱分極させる（図9-4A）。つまりシナプス前線維に、短い間隔で続けざまに数個の活動電位が到着したときにのみシナプスを越えて活動電位が他のニューロンに伝わる。

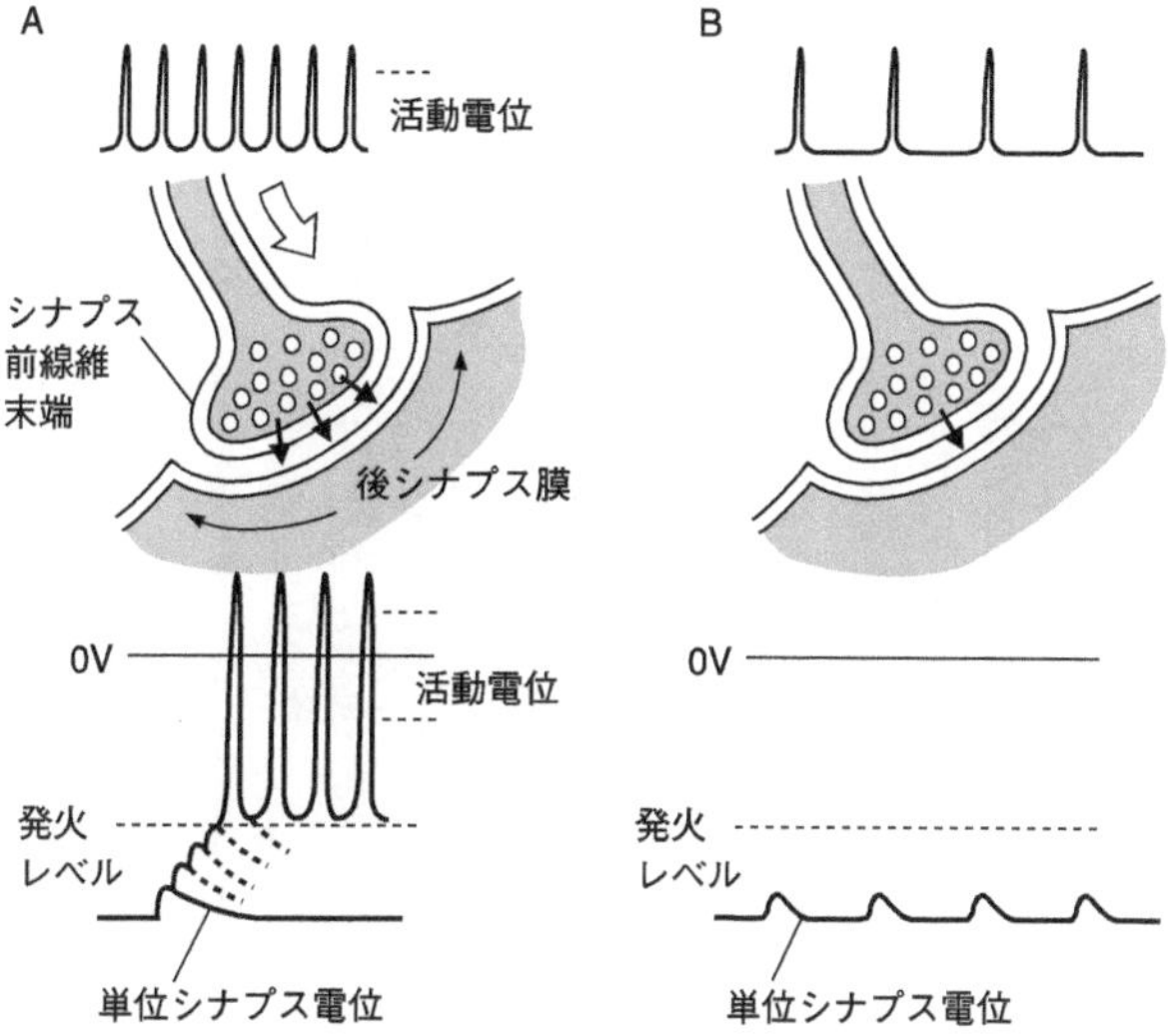

高頻度のシナプス前線維の活動電位はシナプスを通過する(A)が、低頻度の活動電位はシナプスを通過できない(B)。

図9-4　シナプスの「判断」作用

また短い間隔で活動電位が到着し続ければ、シナプス電位の加重による脱分極は発火レベル以上に保たれ、後シナプス膜は繰り返し活動電位を発生する。

これに対して活動電位が短い間隔で到着してもその数が数個以下であったり、あるいは多数の活動電位が到着しても間隔が長ければ、シナプス電位は加重しないので後シナプス膜に活動電位は発生しない（図9-4B）。このようにニューロン間のシナプスは、シナプス前線維に到着する活動電位をシナプスを越えて伝えるか否かを「判断する」はたらきがある。この判断基準は単純で、短い間隔で何個も続けて到着する活動電位は重要な情報と判断してシナプスを通過させるが、長い間隔で散発的に到着する活動電位は不必要な情報あるいはノイズとみなしてシナプスを通過させず握りつぶしてしまうのである。なおすでに説明したように、筋線維は運動神経の信号にしたがう奴隷なので、正常な状態では1個の終板電位に対しても筋線維は活動電位を発生し収縮する（219ページ、図8－4F）。

9－5　信号を打ち消す抑制性シナプス

（1）抑制性シナプスの予言

シナプスの概念を提唱したシェリントンは、身体の関節運動のしくみを考察し、脊髄の運動ニューロンに互いに信号を打ち消しあう抑制性シナプスが存在することを予言した。

身体の関節の両側には関節を曲げる屈筋と関節を伸ばす伸筋がある。身体を動かす筋肉は自由意思のコントロールを受けているので、われわれは意識的に関節を曲げたり伸ばしたりすることができる。しかしわれわれが歩行しているとき、われわれは膝の関節を意識して曲げたり伸ばしたりしていない。例えばわれわれはハイキングなどで疲労して半ば眠った状態でも歩き続けることができる。したがって自由意思とは無関係に関節の屈筋と伸筋を交互に活動させて円滑に関節を動かすしくみが脊髄中に存在する。つまり屈筋あるいは伸筋のいずれか一方が収縮しているとき自動的に他方の収縮が抑制され、屈筋と伸筋の収縮が円滑に交互に起こることになる。このしくみを**相反性抑制**という。

(2) エクルスのネコの脊髄の実験

カッツとともにシドニーのカネマッツ研究所に赴任したエクルス（図9-5）は後にキャンベラ大学に移り、細胞内微小電極を用いて、相反性抑制現象がネコの後肢の関節の屈筋と伸筋を支配する運動ニューロンの間でどのように起こるかを調べた。

エクルスは、以下のような方法を用いて屈筋を支配する運動ニューロンを探し出す戦略をとった。まず、麻酔したネコの脊髄中の後肢屈筋を支配する運動ニューロンに微小電極を刺入する。脊髄中の運動ニューロンを光学的に見ることは不可能なので、はじめに筋肉を支配する運動神経線維を筋肉付近で電気刺激して活動電位を筋肉側から脊髄中の運動ニューロンに向かって送り込む（図9-6）。この際の活動電位の伝わる方向は正常の活動電位の伝わる方向（運動ニューロン→運動神経線維→筋肉）とは逆なので、これを**逆行性活動電位**という。ネコは深い麻酔下にあるので脊髄中の運動ニューロンは静止状態にある。したがって（逆行性）活動電位が到着する脊髄中の運動ニューロンを

図9-5　エクルス

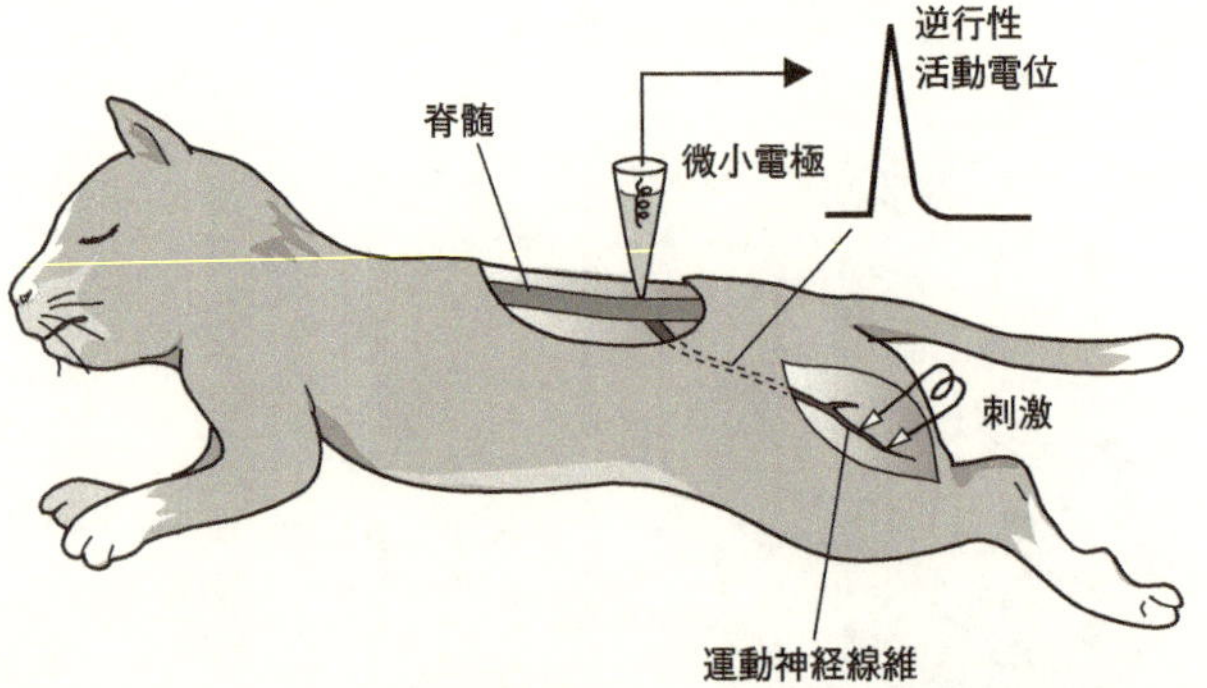

図9-6　麻酔したネコの脊髄の運動ニューロンへの微小電極の刺入

電極で探し当てれば、これが屈筋を支配する運動ニューロンである。

(3) 抑制性シナプスの発見

エクルスはこのような方法でネコの後肢の関節の屈筋を支配する運動ニューロンを探し当て、これに微小電極を刺入し、ついで同じ後肢の関節の伸筋の感覚神経を刺激した（図9-7A）。筋肉中には後で説明するように、筋肉の状態を感知する**筋紡錘**という感覚器があり、この筋紡錘が相反性抑制に不可欠であることがすでに気付かれていた。したがって伸筋の筋紡錘から出て脊髄に入る感覚神経を刺激すれば、屈筋の運動ニューロンにその活動を抑制する電気変化が起こると期待される。

この期待どおり、屈筋を支配する運動ニューロンの後シナプス膜に、図9-7Bに示すような電位変化が記録された。この電位変化は膜電位が深くなる方向、つまり脱分極とは逆方向の過分極変化であった。この電位変化

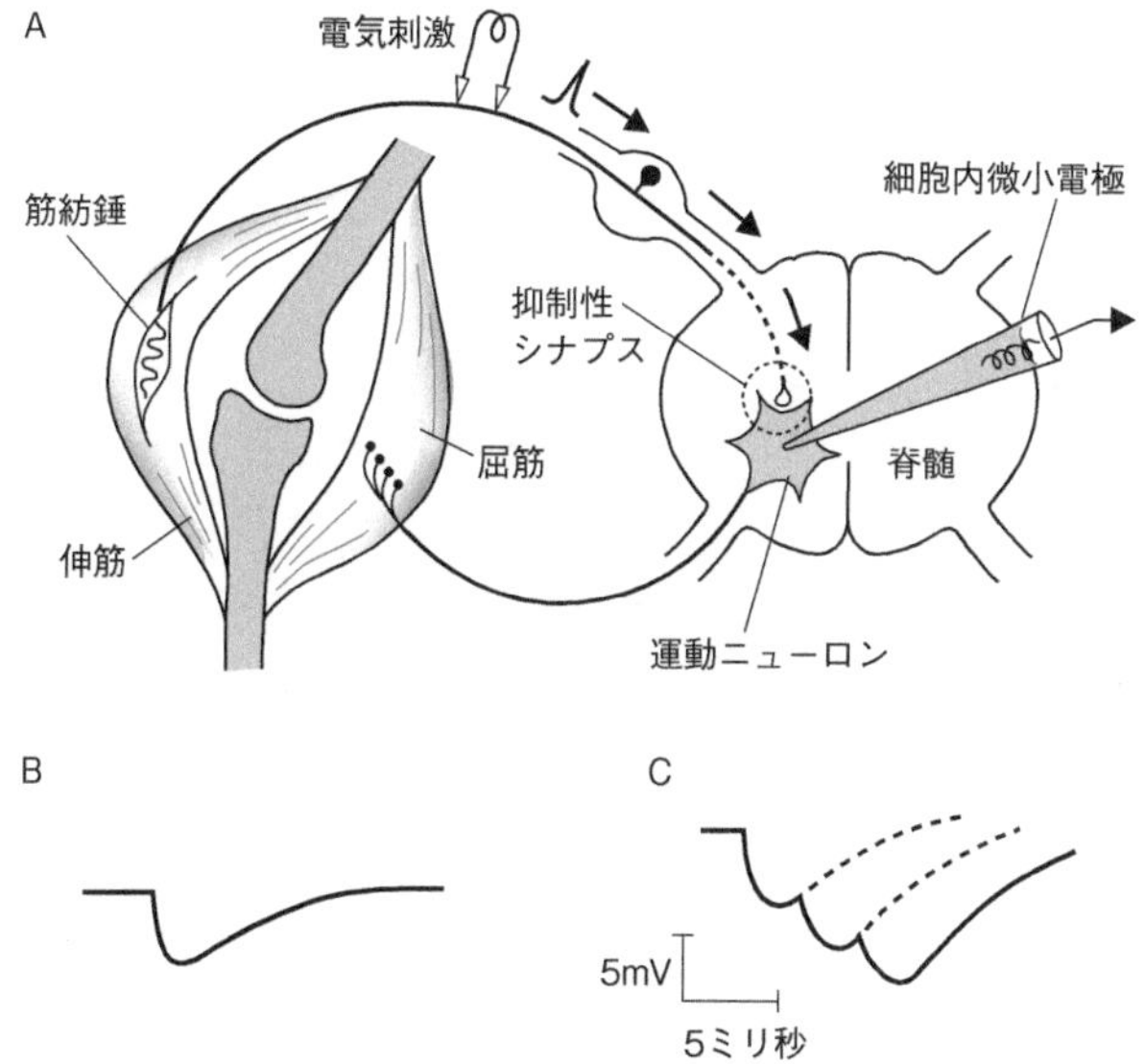

図9-7　抑制性シナプス電位の発見。(A)実験の模式図、(B)抑制性シナプス電位、(C)抑制性シナプス電位の加重

は加重してより大きな過分極を起こす(図9-7C)。

これが関節運動に不可欠な、運動ニューロン間の相反性抑制を起こす電気現象の発見である。この運動ニューロンの後シナプス膜に起こる過分極変化を**抑制性シナプス電位**という。これに対しこれまで説明してきた脱分極をともなうシナプス電位を**興奮性シナプス電位**という。

抑制性シナプス電位の抑制効果は、これが過分極変化であることから容易に理解される。つまり抑制性シナプス電位により膜電位は過分極し、それだけ膜電位は発火レベルから遠ざかるので、抑制性シナプス電位により過分極した膜電位レベルか

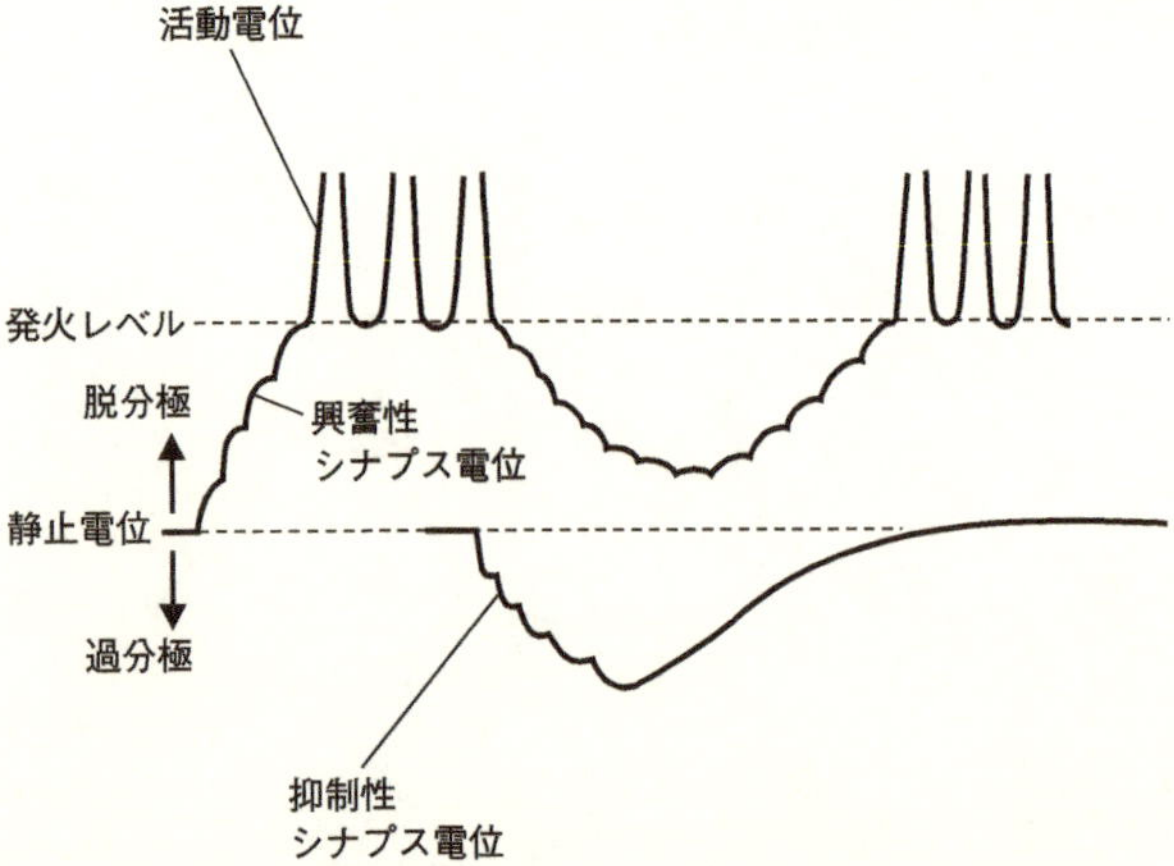

図9-8　抑制性シナプス電位による活動電位発生の抑制

らスタートする興奮性シナプス電位は、加重しても発火レベルに達しない。つまり運動ニューロンの活動電位発生は抑えられてしまうのである（図9-8）。

なお、抑制性シナプス電位の発生する後シナプス膜の受容体のイオンチャンネルは、抑制性伝達物質（これについては後で説明する）によって開き、Cl^-を通過させる。運動ニューロンの静止膜電位はマイナス約60mV、Cl^-電池の電位はマイナス約100mVなので、Cl^-の透過性が増大すれば膜電位はマイナス60mVからマイナス100mVのレベルに向かって変化する。つまり過分極が起こる。エクルスは抑制の電気現象の発見により1963年にノーベル生理学医学賞を受賞した。

9-6　相反性抑制のニューロン回路

(1) 筋肉中の〝現場監督〟筋紡錘

相反性抑制は筋肉中の筋紡錘という感覚器官が中心的な役割を果たしている。筋紡錘は筋肉中に筋線維と平行に両端の腱の間に張られている器官で、中央の紡錘形にふくらんだ部分が感覚器となっており、その中心には弾性を持つ柱があり、この周囲に脊髄から延びる感覚神経線維の末端が巻き付いている。この感覚器部分の両側は細い筋線維となっている（図9-9A）。

筋肉が弛緩して伸びた状態にあるとき、運動神経も筋紡錘の感覚神経も活動電位を発生せず静止状態にある（図9-9B）。運動神経の活動電位により筋肉が収縮すると、筋紡錘の両端の筋線維部分も一緒に縮む。この結果、筋紡錘の感覚神経線維の巻き付いた中央部の柱は両端の筋線維部分の収縮のために引き伸ばされ、感覚神経線維は引き伸ばされている間は反復して活動電位を発生する（図9-9C）。

この活動電位は筋紡錘が筋肉の収縮を感知して脊髄に向かって送り出す報告である。つまり筋紡錘は労務者と一緒に建設の現場にいる現場監督のようなもので、現場つまり筋肉の活動状況を脊髄に向かって絶えず報告しているのである。

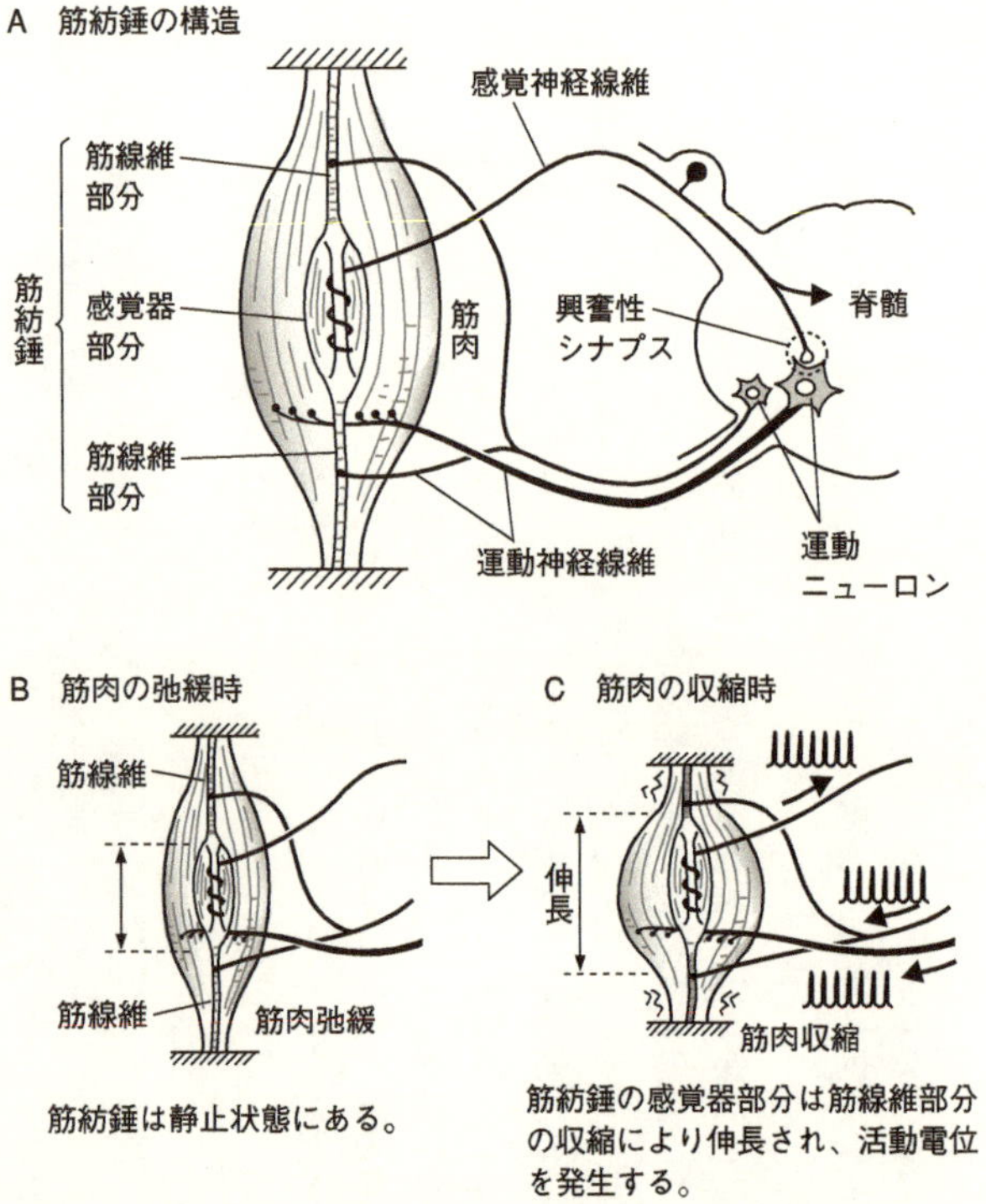

図9-9　筋肉の収縮の状況を感知し脊髄に伝える筋紡錘のはたらき

（2）相反性抑制回路

筋肉から出る筋紡錘の感覚神経は脊髄に入ると、2つに枝分かれする。一方の分枝は、同じ筋肉の運動ニューロンと興奮性シナプスで連絡し、他方の分枝は脊髄中の抑制性ニューロンと興奮性シナプスで連絡する。この**抑制性ニューロン**は、筋紡錘が含まれる筋肉と拮抗《きっこう》する筋肉（屈筋に対しては伸筋）を支配する運動ニューロンと**抑制性シナプス**で連絡す

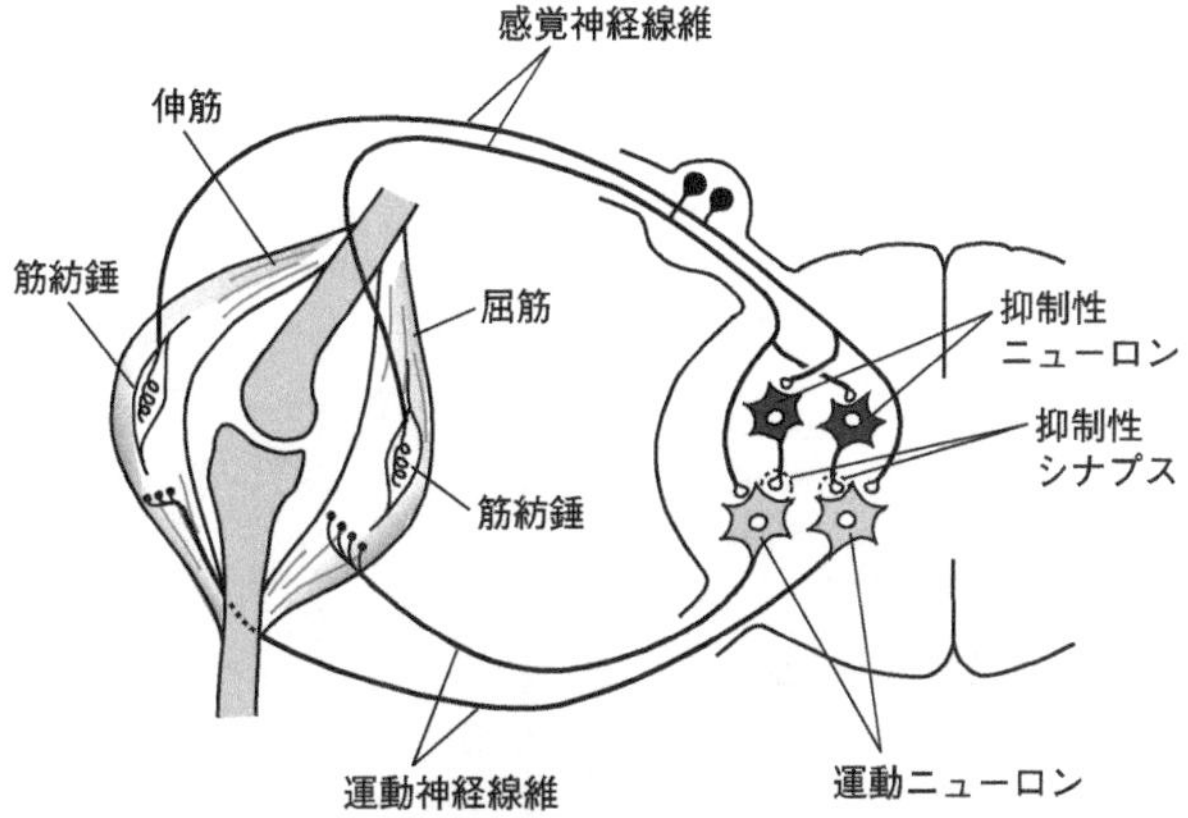

図9-10　関節の屈筋と伸筋間の相反性抑制回路

る（図9-10）。

これが関節運動を円滑に行うための屈筋と伸筋間の相反性抑制回路である。一方の筋肉が収縮するとその筋の中の筋紡錘に活動電位が発生し、この活動電位は感覚神経線維にそって脊髄に入り、他方の筋肉を支配する運動ニューロンと抑制性シナプスで連絡し、活動電位発生を抑制性シナプス電位により抑制するのである。

9-7　抑制性伝達物質の同定競争

脊髄で発見された抑制性シナプスは、その信号を打ち消すはたらきにより、より高次の中枢神経での情報の処理に重要な役割を果たしていると考えられる。脳を含む全中枢神経の天文学的な数のシナプスの3分の2は抑制性シナプスであろうと言われる。

このため、抑制性シナプスが発見されると、このシナプスから放出される抑制性伝達物質が世界の研究者の注目を集めた。抑制性伝達物質の同定に研究室をあげて取り組んだのはわが国の慶応大学生理学教室と米国のハーバード大学薬理学教室の２つであった。

（1）慶応大グループの正攻法

両者の研究方法は極めて対照的であった。まず慶応大学の研究グループのリーダーは活動電位の不減衰伝達について輝かしい業績をあげた加藤元一教授の後任、林髞《たかし》教授で、彼は当時、木々高太郎のペンネームで探偵小説作家としても有名であった。

林教授のグループは正攻法でこの問題にチャレンジした。彼らは抑制性シナプスが発見されたネコの脊髄から種々の化学物質を抽出し、これを別のネコの脊髄に注入したときネコに痙攣《けいれん》を起こす作用の強さを検定基準として、抑制性伝達物質を絞り込んでいった。この検定法は他の研究者にとって理解しにくいものであったが、脊髄中に大量の抑制性伝達物質が注入されればニューロン間の協調が失われて動物が痙攣すると考えたのであろう。残念なことに、この研究は次に述べるハーバード大グループに先を越されることになった。

（2）ハーバード大グループのゲリラ戦法

これに対してハーバード大学グループのリーダーはシドニーのカネマツ研究所に在籍したクフ

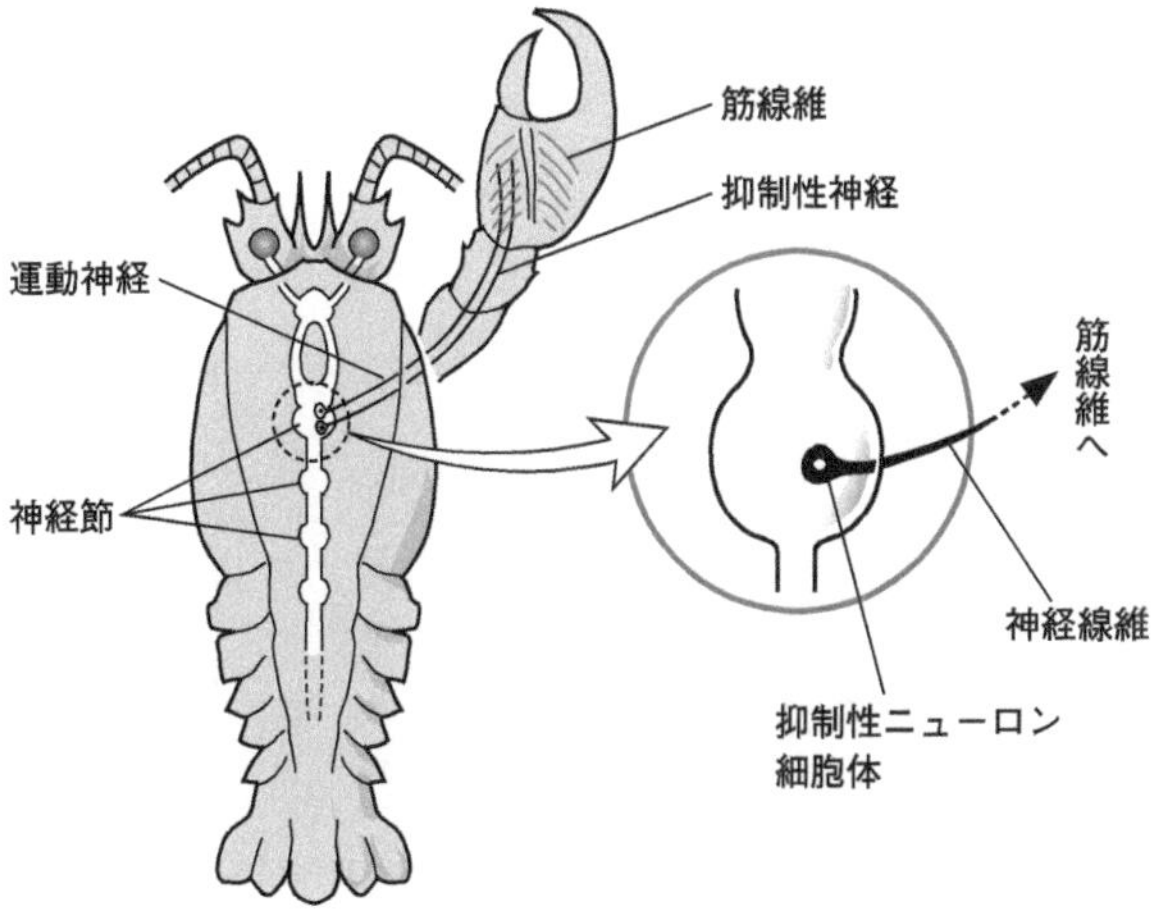

図9-11　ロブスターの神経節の巨大抑制性ニューロン

ラーで、彼はゲリラ戦法とでも言うべき方法を用いた。彼は技術的困難が予想されるネコの脊髄には手を出さず、より研究に適した節足動物、甲殻類（ロブスター）の巨大抑制性ニューロンを材料に選んだ。

甲殻類の体には脊椎動物と同じく関節があるので、相反性抑制回路が存在する。脊椎動物の抑制性ニューロンが運動ニューロンの間にある極めて小型のニューロンであるのに対し、ロブスターの抑制性ニューロンは体の中央の神経節に巨大な球形の細胞体があり、長く太い神経線維を肢の筋肉に伸ばしている（図9-11）。

このニューロンの細胞体は、肉眼で見えるほど巨大なので簡単に神経節から取り出すことができる。さらにロブスターの抑制性伝達物質は運動ニューロンではなく、筋肉に直接作用してこれを弛緩させることがすでに明らかにされていたので、抑制性伝達物質がどのような化学物質かを探り当てるためには、単に収縮中の筋肉に対する弛緩作用を手がかりに用いればよい。

このように、ハーバード大学の下等動物の巨大ニューロンを用いるゲリラ戦法は、慶応大のネコの脊髄を用いる正攻法よりも、すでにスタート時点ではるかに有利であった。しかし、このゲリラ戦法にも弱点があり、もし下等動物で同定された抑制性伝達物質が脊椎動物のそれと異なった場合、その結果は単に変わった動物で得られたもので一般性がないとみなされてしまうことである。

ハーバード大グループはまず、ロブスターの巨大抑制性ニューロン中にガンマアミノ酪酸（GABA）が多量に含まれていることを発見し、さらに実際に抑制性ニューロンの神経線維末端からガンマアミノ酪酸が放出され筋肉を弛緩させることを示した。幸いなことにガンマアミノ酪酸は脊椎動物の中枢神経系でも抑制性伝達物質としてはたらいていることが欧米の他の研究室で確認され、抑制性伝達物質を世界ではじめて同定したハーバード大グループの功績が広く認められることとなった。

ネコの脊髄の抑制性ニューロンの抑制性伝達物質は、はじめガンマアミノ酪酸であると報告されたが、現在ではこの結果は否定され、グリシン（アミノ酸の一つ）であろうと言われている。

9-8　ニューロンのシナプスの多数決原理

(1) 興奮性シナプスと抑制性シナプスの競合

カッツがシナプスの研究材料とした運動神経線維と筋線維では、1本の筋線維に1個のシナプスがあるのみである。一方、中枢神経系（脊髄を含む）のニューロンは複雑なニューロン回路を形成しているため、ニューロン1個あたりのシナプスの数は数百個に達する。このためニューロンの細胞体の表面はシナプスで覆いつくされている。

ニューロンの細胞体のまわりにあるシナプスは、**興奮性シナプス**と**抑制性シナプス**である。2種類のシナプスで発生する電位はたえず競合関係にあり、これによりニューロンの神経線維は活動電位の発生や停止を繰り返している。このような状態は、会議などで賛成票と反対票を投じさせ、多数決により方針を決定する方式に例えられる。つまりニューロンは、時々刻々、興奮と抑制との多数決をとりながら活動しているのである。

具体的に説明しよう。ニューロンの細胞体を取り巻く細胞膜の大部分は、それぞれのシナプス前線維末端と向き合った後シナプス膜で覆われている。運動神経線維の終板と向き合う後シナプス膜にしかアセチルコリン受容体が存在しなかったように（228ページ、図8-11）、ニューロ

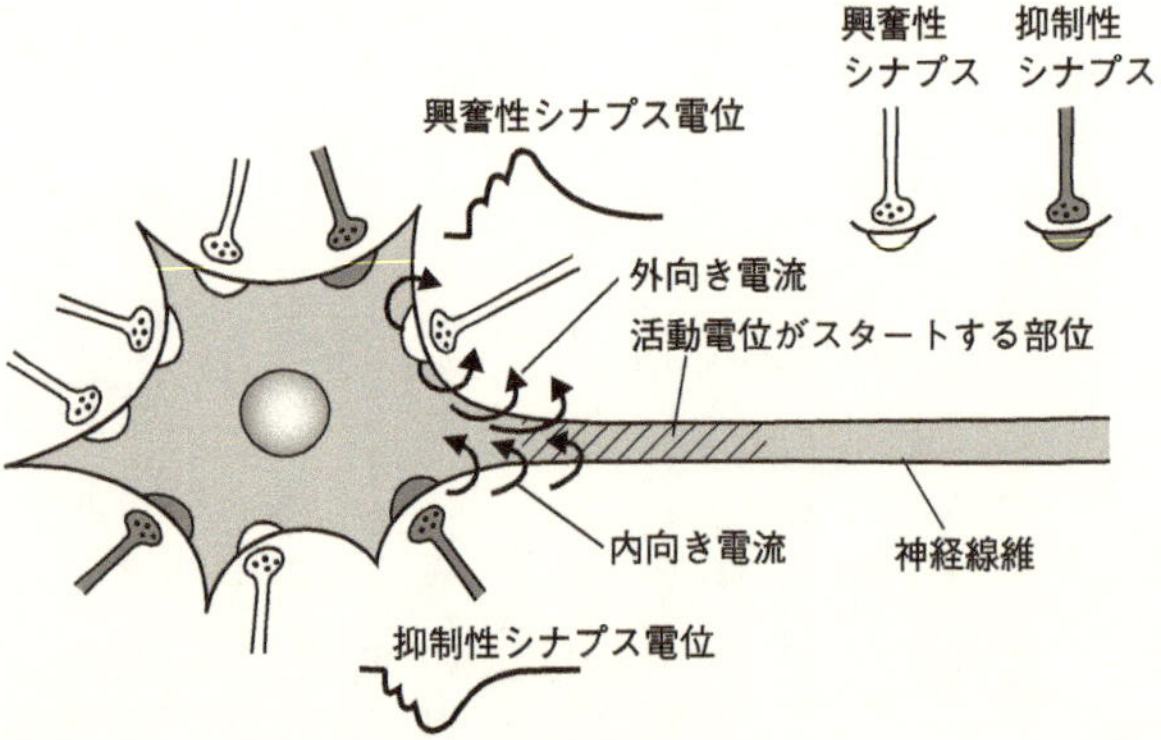

図9-12　ニューロンの神経線維の根元での興奮性シナプス電位による外向き電流と抑制性シナプス電位による内向き電流の競合

ンでも神経伝達物質を受容する受容体は、細胞体にある後シナプス膜にしか存在しない。

一方で、ニューロンの細胞体には、活動電位を発生するNa^+チャンネルは存在しない。すなわち、ニューロンの細胞体では、興奮を起こす活動電位は発生しない。ニューロンでまず活動電位がスタートする場所は、Na^+チャンネルを持つニューロンの神経線維（軸索）の細胞膜のうち、細胞体に最も近い部分、つまり神経線維が細胞体から出る根元のところである。この部分からニューロンの軸索が伸びるので、**軸索始起部**という。

ニューロンの細胞体では活動電位は発生しないものの、その表面を埋め尽くした抑制性シナプスと興奮性シナプスからさまざまな化学物質を受け取る受容体があり、さまざまな**シナプス電位**を発生する。興奮性シナプスの後シナプス膜では、興奮性伝達物質（アセチルコリンなど）の受容体が興奮性シナプス電位を発生し、抑制性シナプスの後シナプス膜では抑制性伝達物質（ガンマアミノ酪酸など）の受容体が抑制性シナプス電位を発生する（図9-12）。

興奮性シナプスの後シナプス膜では、興奮性シナプス電位の加重により、いろいろな大きさの脱分極が起こる。ニューロンには多数のシナプスが存在するので、同一のシナプスに活動電位が続けて到着することによるシナプス電位の加重のほかに、別々なシナプスに活動電位が続けて到着することによるシナプス電位の加重がある。この結果、脱分極した後シナプス膜は、軸索始起部の細胞膜に種々の大きさの外向き電流を発生させる。

一方、抑制性シナプスの後シナプス膜では抑制性シナプス電位の加重によりいろいろな大きさの過分極が起こり、軸索始起部の細胞膜に内向き電流を発生させる。このため細胞膜は過分極し、膜電位が発火レベルから遠ざかることになる。このように、外向き電流と内向き電流による綱引きによって、ニューロンが興奮するか抑制するかが決まるのである。最終的に外向き電流が内向き電流との綱引きに勝ち、神経線維の脱分極が発火レベルに達すれば活動電位が発生し、神経線維にそって伝わってゆく。

（2）特定のシナプスのみ抑制するシナプス前抑制

脊髄の運動ニューロンでは、ニューロンの細胞体の膜電位変化が全く起こらないのに、その活動を強く抑制する特殊なニューロン回路が見出されている。電子顕微鏡でこのような回路を調べ

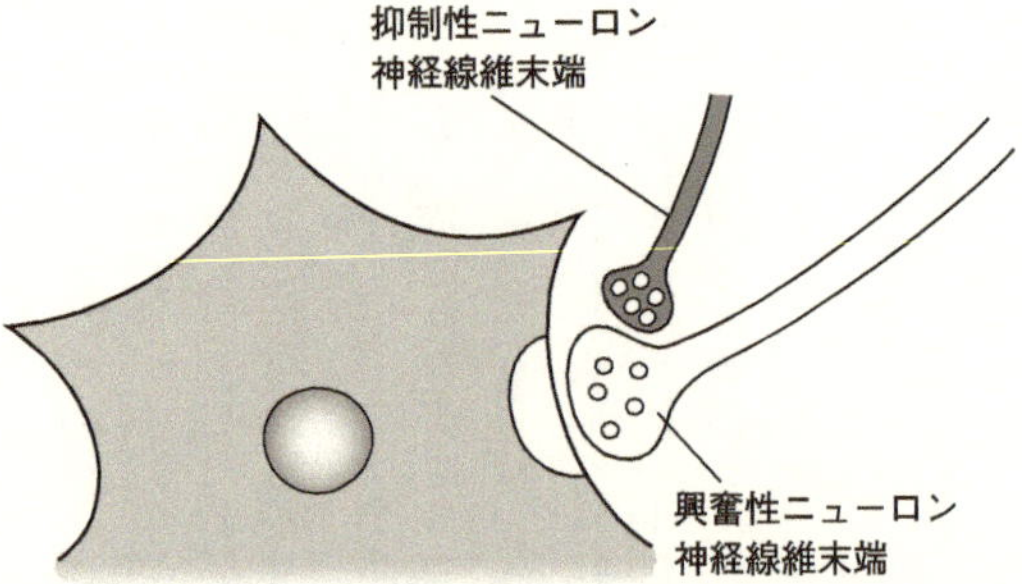

図9-13　シナプス前抑制

た結果、抑制性ニューロンの神経線維末端が興奮性ニューロンの神経線維末端に覆いかぶさっていることがわかった（図9-13）。この抑制は、抑制性伝達物質が直接興奮性シナプス前線維末端に作用して伝達物質放出を抑制することによって起こると考えられる。このような抑制を**シナプス前抑制**という。シナプス前抑制では抑制性伝達物質はニューロンの後シナプス膜に作用せず、特定の興奮性シナプス前線維末端にのみ作用するので、ニューロンの細胞体に刺入した微小電極には電位変化が記録されない。

ニューロンの後シナプス膜に抑制性シナプス電位（過分極）を起こすことによって興奮性シナプス電位（脱分極）と拮抗する抑制性シナプスは、多数決原理により運営される株主総会で反対票を投じる株主に例えられる。これに対して、特定の興奮性シナプスのみを抑制の対象とするシナプス前抑制は、議決前に事前折衝で議案提出そのものを思いとどまらせようとする経営陣のようなものである。

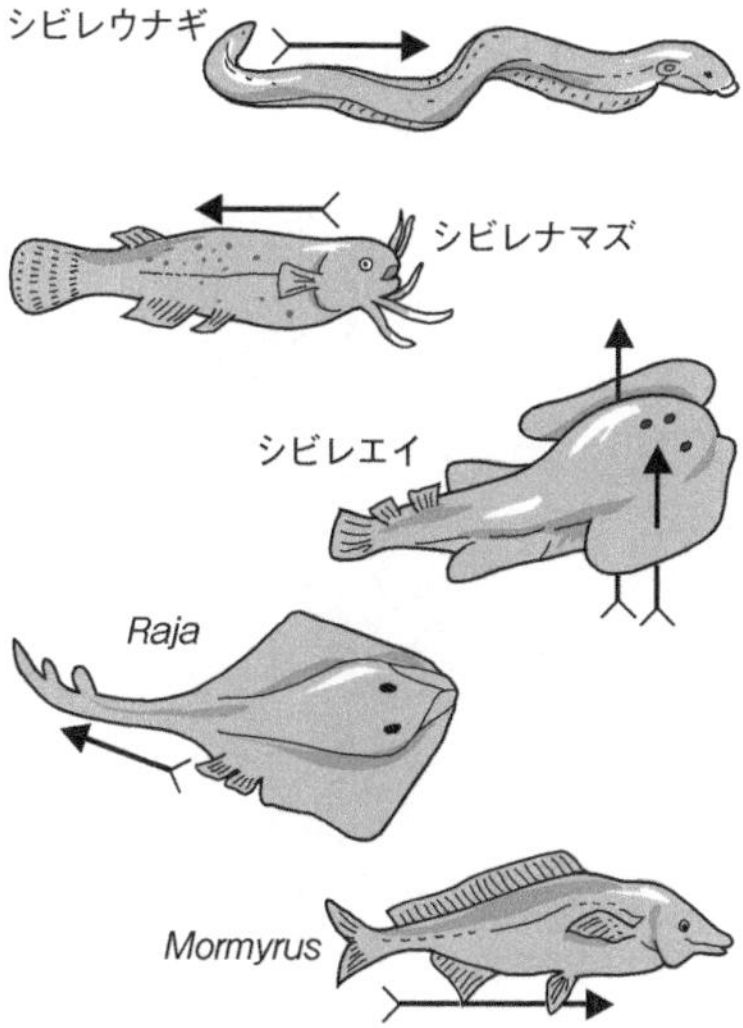

図9-14　種々の発電魚、矢印は発電電圧の方向を示す。このうち *Mormyrus* は弱電魚

9-9　発電魚の発電器官、シナプスの巨大な集合体

（1）発電魚とは

活動電位は生体のデジタル電気信号の単位であるが、ある種の魚類では、活動電位により他の動物を攻撃するものや、身体のまわりに電場をつくって環境の変化を感知しているものなどがある。このような魚類を発電魚という（図9-14）。

実は有史以来人類が「電気現象」をはじめて体験したのは発電魚なのである。電気ナマズについての報告は古代エジプトの文献にみられ、ギリシア人ガレノスは、シビレエイによる疾患の治療を行った。南米大陸の探検期に電気ウナギがヨ

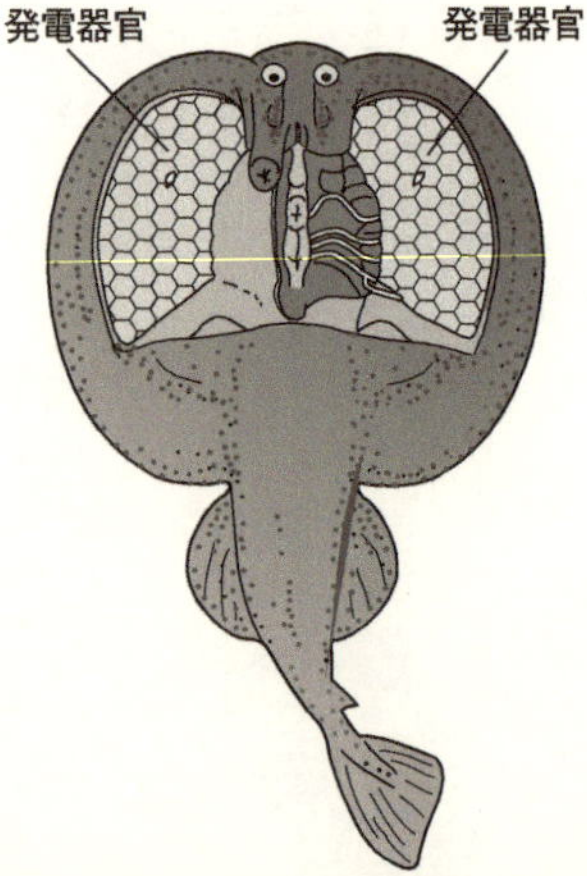

図9-15　シビレエイの発電器官。中央の中枢神経系から数本の神経が発電器官に連絡する

ーロッパに持ち込まれ、その強力な発電が人々の注目の的となり、18世紀末にその発電が人体に与えるショックは電気や静電気の放電によるショックと同質であることが気付かれるようになった。また英国のファラデーは、もしわれわれが電気魚の発電を理解できれば、神経の活動も理解できるようになろうと予言している。しかし発電魚の発電は、結局、生体電気信号発見のいとぐちとなることはなく、その発電のしくみは活動電位発生のしくみが解明されたのちにやっと解明された。

（2）発電板による発電のしくみ

発電魚の体内には発電器官がある（図9-15）。発電器官は多数の扁平な発電板という細胞が集まったものである。発電板は筋線維が進化の過程で変化してできたものと考えられる。図9-16Aに示すように発電板の平らな面の細胞膜の上には多

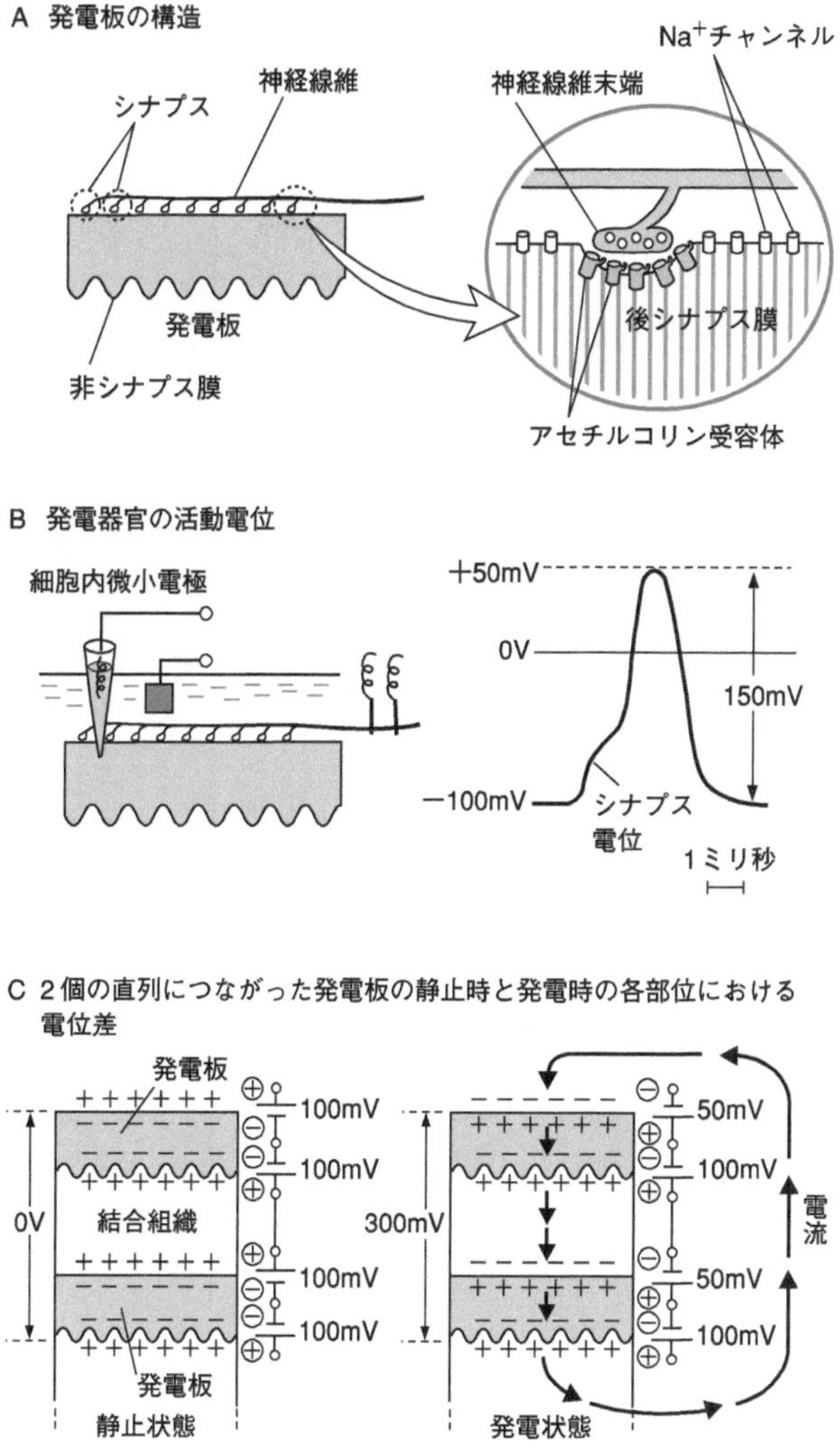

図9-16　発電器官の構造とはたらき

数の運動神経線維とその末端が密に分布しており、発電板の後シナプス膜と向き合って多数のシナプスをつくっている。発電板のひだのある面の細胞膜（非シナプス膜）には神経線維は存在しない。運動神経線維を刺激すると、発電板の平らな面の細胞膜に興奮性シナプス電位と活動電位が発生する（図9－16B）。

発電板の細胞膜にはアセチルコリンによって興奮性シナプス電位を発生するアセチルコリン受容体と、活動電位を発生するNa^+チャンネルが交じり合って存在する（図9－16A）。発電板は縦方向にも横方向にも多数連なっている。

図9－16Cは、2個の縦方向に連なった発電板の活動電位が足し合わさって大きな電圧を生ずるしくみを説明したものである。まず1個の発電板について考えよう。まず静止状態では、平らなシナプスのある細胞膜にも、ひだのあるシナプスのない細胞膜にも細胞内が外に対して負の100mVの静止電位があり、したがって両者の間に電流は流れない（図9－16C左）。

発電板の後シナプス膜に活動電位が発生すると、活動電位のピークで膜の内側が外側に対して50mV正になる（図9－16B）。一方非シナプス膜の静止電位（膜の内側が外側に対して100mV負）は全く変化しない。この結果発電板の上下には150mVの電位差が発生する（図9－16C右）。つまり静止電位レベルから活動電位のピークまでの活動電位の全体の振幅に相当する電位差が発生する。

発電板は中間のジェリー状の結合組織をはさんで縦につながっているので、ちょうど電池を直

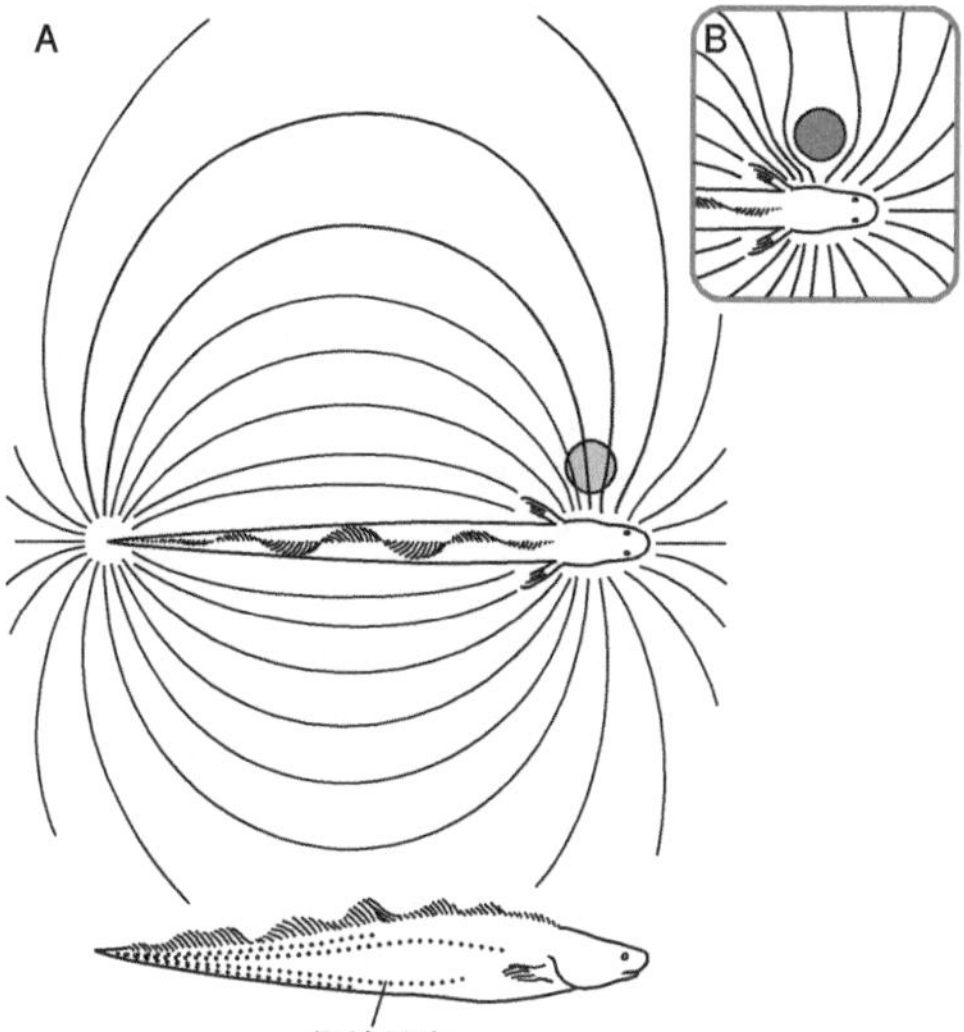

図9-17　弱電魚の体の周囲にある物体による電場の変化。物体が周囲の淡水よりも電気をよく伝える場合(A)とよく伝えない場合(B)とで電場の変化が異なる。電場の変化は体側面の側線器官が感知する

列につないだのと同様にそれぞれの発電板の発生する電位差は足し合わさって大きくなってゆく。電気ウナギの発電板は魚の体長にそって数千個直列につながっているので、発電器官全体が発生する電圧は数百Vにも達する。

また発電板は縦方向に直列につながるばかりでなく、横方向にも多数並列につながっている。電池を並列につなぐと電圧は変化しないが、より大きな電流を取り出すことができる。発電板も多数並列につながることにより、極めて大きな電流を生ずる。電流による電気エネルギー（電力）を表す値として（電圧）×（電流）が用いられ、単位はW（ワット）である。例えば電球に100Vの電源から1A（アンペア）の電流が流れる場合、その電球の消費する電力は100Wである。電気ウナギの発電器官の発生する電力は6kW（1kWの電気ストーブの6倍）にも達するものがあるという。

電気ウナギのような強力な発電魚は、その発電で外敵を追い払ったり、これを感電死させることができる。一方で発電魚には1V以下の電位差しか発生しない種類があり、これらを弱電魚という。弱電魚は絶えず正弦波状の電位変化を起こし体の周囲に電場をつくっており、この電場の変化により体の周囲に近づく物体を感知する（図9-17）。弱電魚の発生する電位変化は、その大きさと形から見て、シナプス膜の発生する興奮性シナプス電位によるものであろう。

このように運動神経と筋肉間のシナプスを進化させた発電魚の発電器官には大自然の造化の妙を感じずにはいられない。

9-10 シナプスの可塑性

(1) 可塑性とは

われわれの脳が営んでいる精神活動のメカニズムは自然科学の最難問であり、将来このしくみが解明されるかどうかは疑問である。しかし精神活動の一つである記憶現象は研究対象がかなり

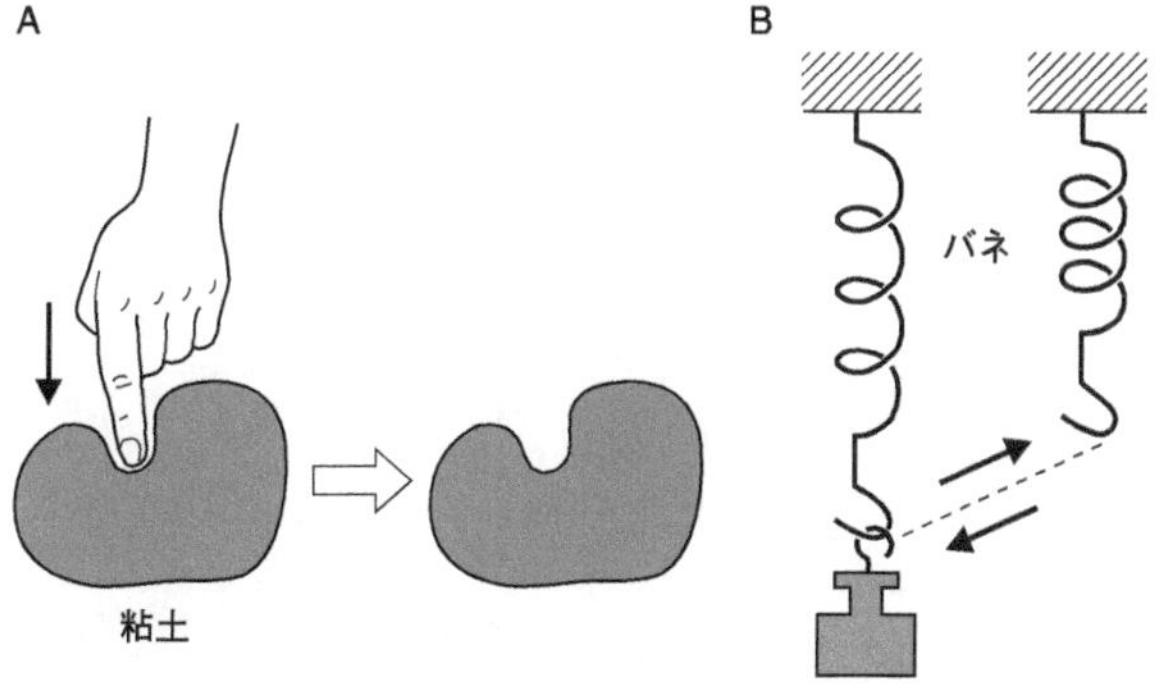

図９−18　可塑性（A）と弾性（B）

明確に定義できるので、長年にわたっておびただしい研究が積み重ねられている。しかしこれらの研究の大部分は、本書の主題である活動電位やシナプス電位などの生体電気信号とは別の次元で行われているので省略し、本書では記憶に関するパイオニア的研究として、エクルスらが１９５０年代にネコの脊髄のシナプスで行った研究について説明したい。

彼らの研究は、シナプスが実験操作により**可塑性**を示すことを明らかにしたものである。可塑性とは、例えば粘土のかたまりに外力を加えて変形させると、外力を取り去った後も非可逆的に変形が残る現象をいう（図９−18A）。これに対立する言葉は弾性で、バネに加重をかけると可逆的に伸びる現象などをいう（図９−18B）。

(2) 脊髄のシナプスの可塑性の発見

エクルスらは、ネコの脊髄の伸長反射回路（図９−19）を用いて以下の実験を行った。この回路は筋肉中の

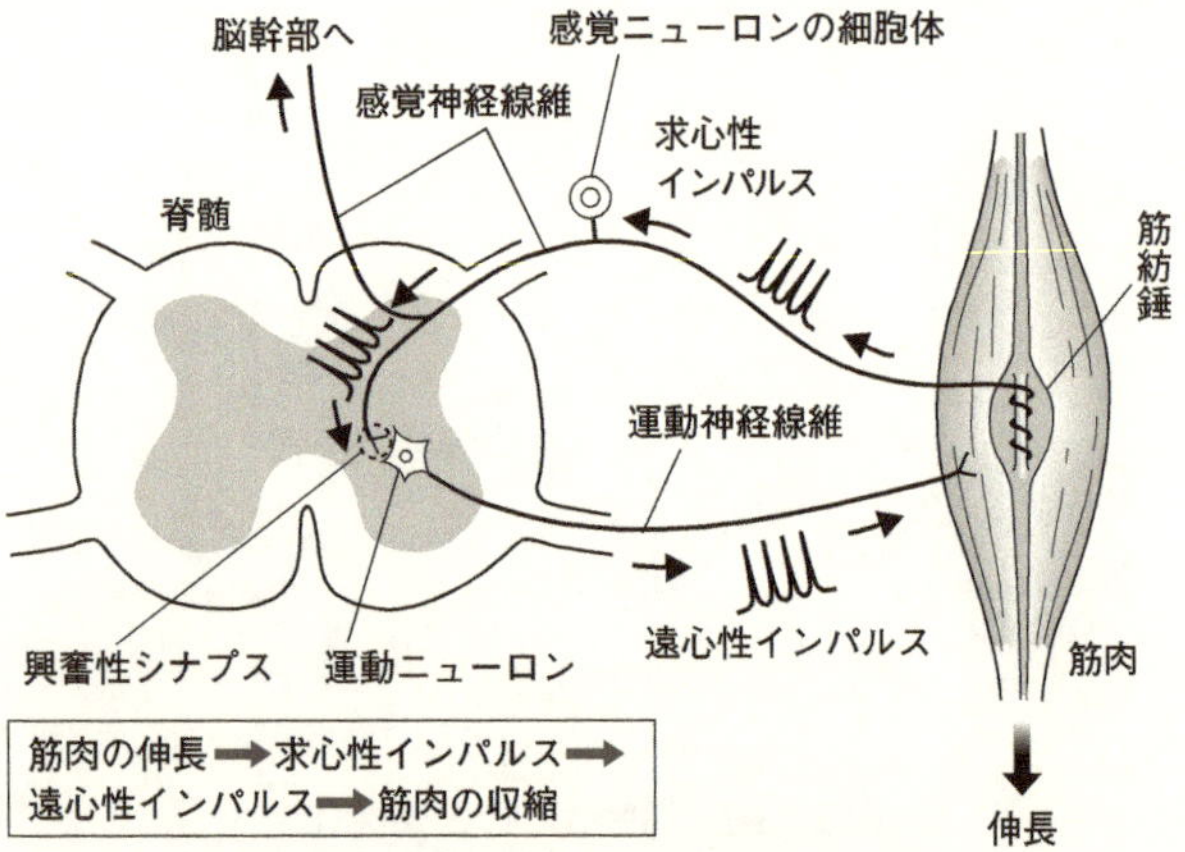

図9−19　筋紡錘による伸長反射回路

筋紡錘から出る感覚神経が脊髄に入り、同じ筋肉を支配する運動ニューロンと興奮性シナプスで連絡している。この回路は身体の筋肉が重力により引き伸ばされると筋紡錘がこれを感知して活動電位を発生し、この活動電位が同じ筋肉の運動ニューロンに興奮性シナプスによって伝えられ筋肉を収縮させるはたらきを行っている。この反射回路はわれわれの身体運動の調節や姿勢の保持に不可欠である。

　まず彼らはこの伸長反射回路の運動ニューロンに微小電極を刺入し、毎秒1回の低頻度の筋紡錘の感覚神経刺激によって起こる個々のシナプス電位を記録した（図9−20A）。

　次に感覚神経を10分間にわたり、毎秒100回以上の高頻度で反復刺激（強縮刺激という）して後シナプス膜にシナプス電位と活動電位を繰り返し発生させ、その後再び低頻度の感覚神経刺激に対する**単位シナプス電位**を記録した。これらのシナプス電位

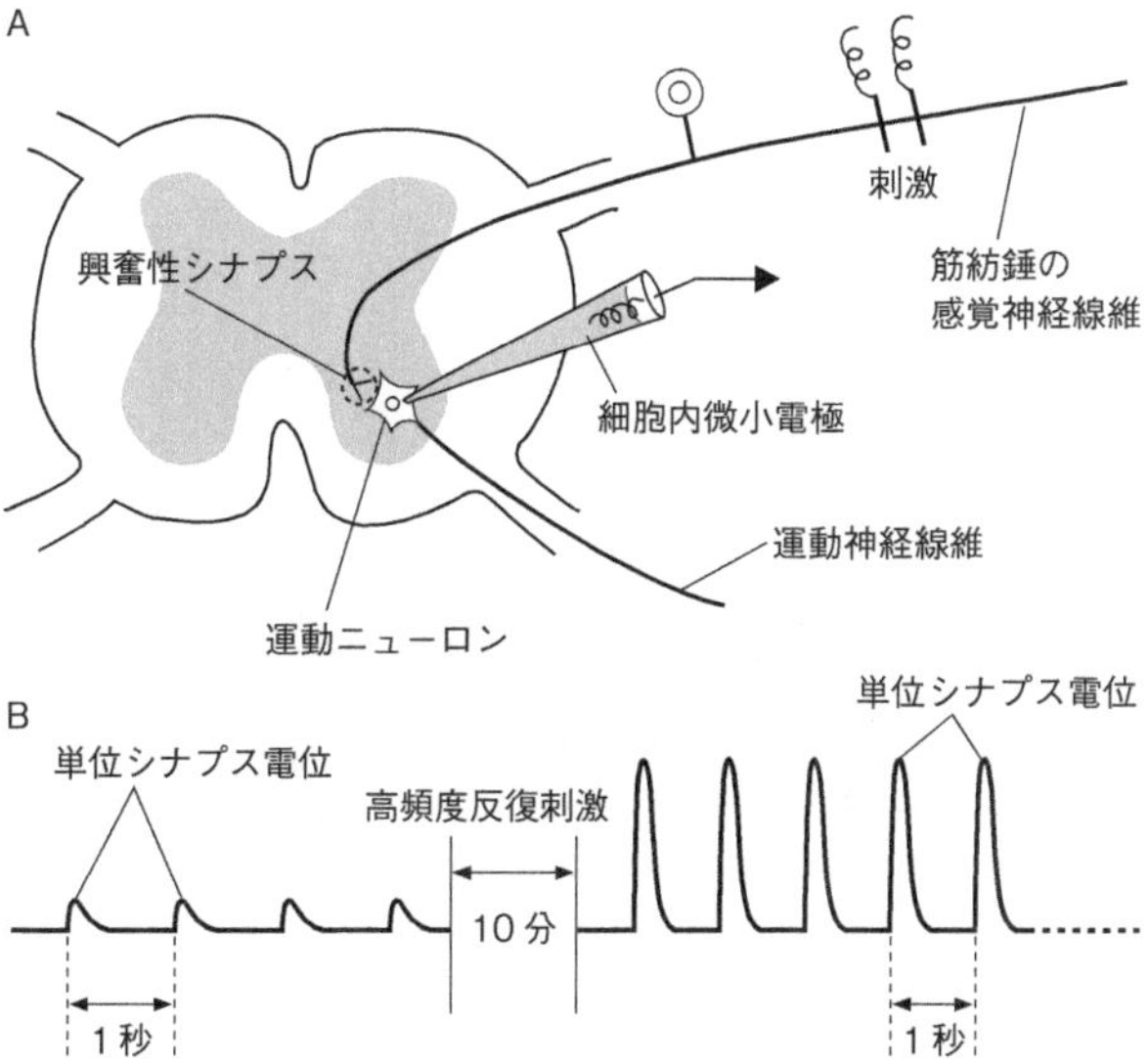

図9-20　筋紡錘の感覚神経線維の刺激に対する運動ニューロンの単位シナプス電位の高頻度反復刺激後の増大。(A)伸長反射回路を用いた実験の模式図、(B)運動ニューロンの単位シナプス電位の記録

は、それぞれただ1個のシナプス前線維の活動電位により起こるので単位シナプス電位という。

図9－20Bにみられるように、単位シナプス電位の振幅は強縮刺激後に著しく増大した。つまりシナプスを短時間に多数の活動電位が通過すると、シナプス前線維に到着する個々の活動電位により発生する単位シナプス電位の振幅が著しく増大するのである。

この現象が個々の活動電位によりシナプス前線維末端から放出されるアセチルコリンの量の増大によるのか、あるいは後シナプス膜のアセチルコリンに対する感受性の増大によるのかは不明であるが、個々の単位シナプス電位が増大するので、これらの加重による脱分極の発火レベルへの到達がより容易になる。つまり活動電位がシナプスをより通過しやすくなるのである。

ただし、この単位シナプス電位の振幅の増大はずっと続くのではなく、しばらくするともとの大きさにもどった。この現象を「強縮刺激後のシナプス電位の増強（Post Tetanic Potentiation：略してPTP）」という。

PTPはあるニューロン回路を頻繁に使用することにより、活動電位がより容易にそのニューロン回路を通過するようになることを意味する。PTPはまずエクルスらにより脊髄の伸長反射回路で発見され、その後他の中枢神経ニューロン回路でも次々と報告されている。またPTPの持続時間も数日間に及ぶ場合がある。

（3）シナプスの動的構造変化

解剖学的には、シナプスの長期間の反復使用後、シナプス前線維末端が肥大して枝分かれし、後シナプス膜と向き合う面積が増大することが報告されている（図9-21）。この現象もPTPと合わせて**シナプスの可塑性**と呼ばれる。つまりあるニューロン回路を頻繁に使用し続ければ、シナプスの構造と機能が可塑的に変化し、活動電位の通りやすい状態が固定されると考えられる。

しかし可塑性は、元来身体のどの器官にも起こる現象である。例えばトレーニング運動を続け

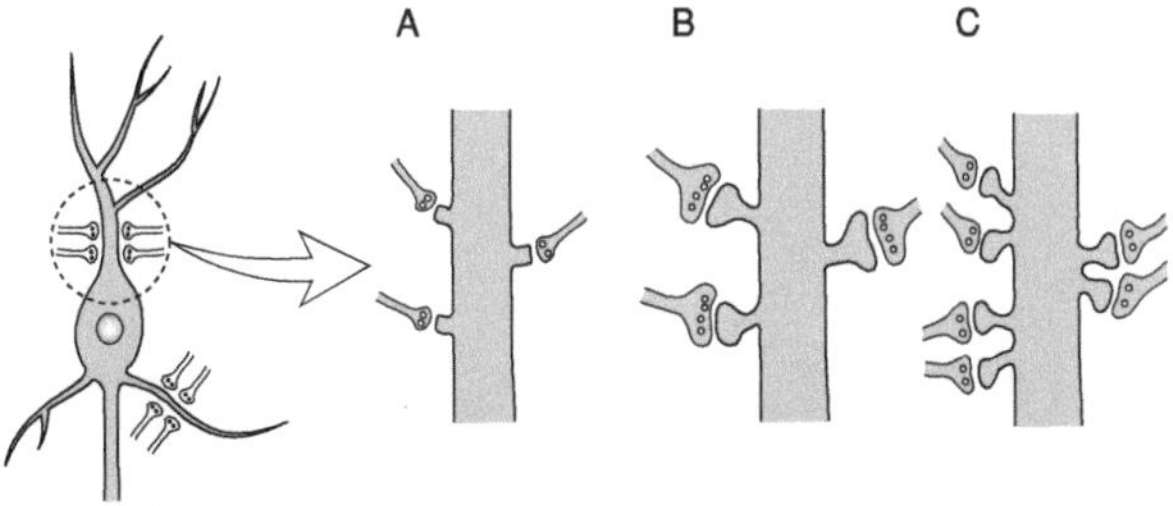

図9-21　ニューロン回路の長期間反復使用によるシナプス構造の変化。ニューロンの樹状突起のシナプス（A）の肥大（B）や枝分かれ（C）

ることにより身体の筋肉や心臓がより大きくなる（肥大する）ことはよく知られている。この現象は、筋肉や心臓の活動により発生する代謝産物が筋細胞や心筋細胞の核の中の遺伝子に作用し、筋肉や心臓の収縮に必要な収縮性タンパク質の合成を促進するためである。頻繁なニューロン回路の使用によるシナプス構造の変化も同様なメカニズムによるシナプスの肥大に他ならない。

シナプスの可塑性はしばしばヒトの記憶と関係づけて論議される。しかしこれらの現象は、身体の記憶、つまり毎日のトレーニングによる運動機能の向上のメカニズムの一環と考えるべきで、ヒトの記憶のメカニズムをこれらの現象のみで説明することはできないであろう。われわれはただ1回経験したことであってもよく記憶できるので、このような記憶のメカニズムをシナプスの反復使用に求めることは無理がある。

第10章　現在までの脳機能研究の成果とその限界

これまで本書で説明したように、ガルバニの歴史的観察以来150年以上続けられた生体電気現象の研究は、その背後にあるイオンチャンネルの実態が明らかにされ、ほぼその目的を達成した。この結果、生理学者の研究目標は、われわれの意識と精神が存在する大脳、特に大脳皮質のはたらきの解明に向けられることになった。この研究は、生化学者、物理学者も参加して、世界各国で政府の関与の下に、大規模な研究計画が策定され、膨大な研究費が投じられている。

本書の末尾となる本章では、まずこの脳の機能に関する「古典的」研究による知見と、細胞内微小電極法による大脳皮質機能の研究、特に感覚情報処理機構について得られた成果を説明する。この微小電極法は、脳における視覚情報処理について多くの知見をもたらした。しかし、大脳皮質の大部分を占める連合野の研究には有効でなく、これに代わる研究法としてポジトロン断層法、機能的核磁気共鳴画像法が開発され、現在も広く研究に使用される。

本章では、現在の脳機能研究の現状と問題点を、研究法の問題点を指摘しつつ簡潔に説明する。

10−1　古典的研究で得られた知見

(1) 大脳皮質の機能地図

大脳のはたらきの研究の歴史は古く、主として次のような方法により、大脳皮質の機能地図が作られていった。

まず、実験動物の大脳の一部の破壊による、運動機能、感覚機能の変化が調べられた。このような大脳局部破壊研究には、不幸なことであるが、第一次大戦において頭部を負傷した兵士たちに関する医学的所見も大きく貢献したようである。

一方、実験動物あるいはヒトの身体の末梢神経を刺激したとき、大脳皮質で記録される電気的変化の記録が行われた。この実験は現在も、医学部の生理学実習で、「**誘発脳波**」の項目で行われている。

また外科手術の際の全身麻酔が危険であった時代、脳の手術は頭部の皮膚の局所麻酔で行われた。この場合患者の意識は正常であり、研究者は露出された脳の表面を局所的に刺激して、その効果を患者に尋ねることができた。このような研究でも多くの知見が得られた。

このような、現在からみればいわば大雑把な研究法にもかかわらず、図10−1に示すような脳

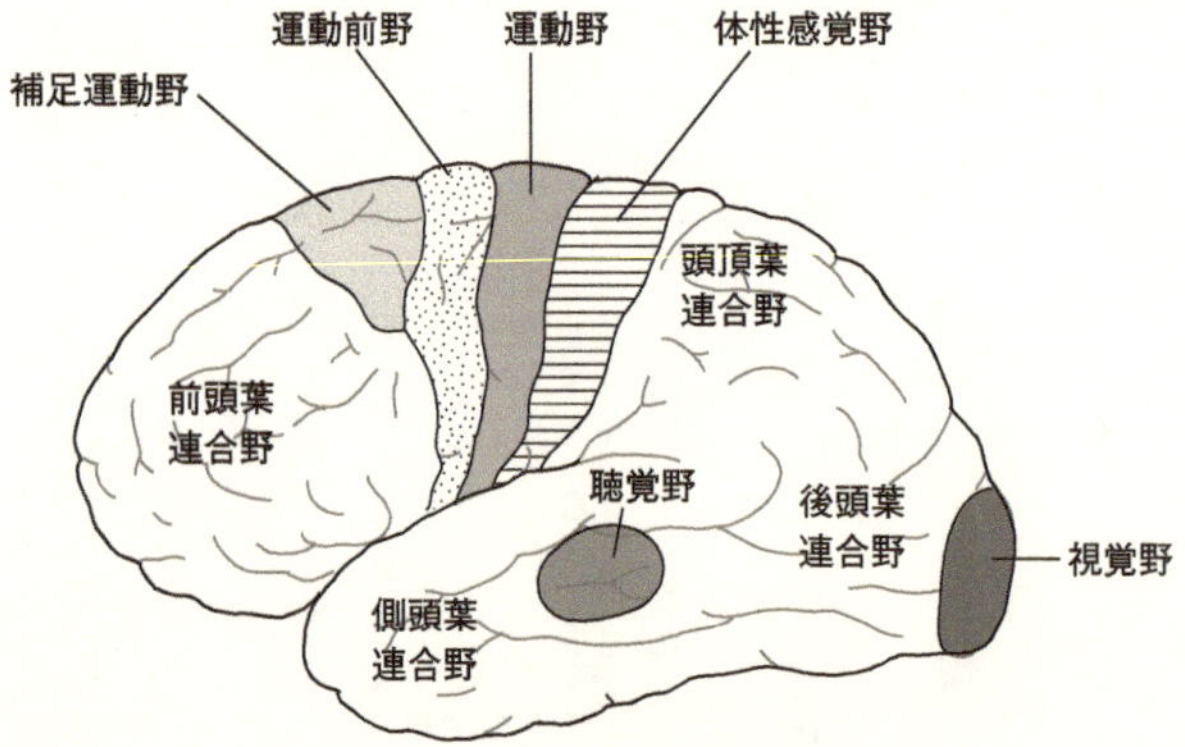

図 10-1　大脳皮質の機能地図

の機能地図が得られた。大脳皮質中央部の細長い帯状の部分には、身体を動かす自由意思がスタートする**運動野**があり、これと向かい合って身体各部の皮膚感覚情報が到着する、**体性感覚野**がある。運動野と体性感覚野の各部位と身体の各部位とはよく対応しており、身体の形を運動野と感覚野にそって描くことができる（図10-2）。なお近年、運動野に隣接して運動前野と補足運動野があり、複雑な身体運動のプログラミングを行っていることがわかった。

なお、眼の視覚情報は大脳後部の視覚野に、耳の聴覚情報は大脳側面の聴覚野にある。

（2）運動野からの下行路と感覚野への上行路

大脳皮質運動野には**ベッツ細胞**という大型のニューロンが並んでおり、ここで発生する活動電位はわれわれの身体を動かそうとする自由意思が実行される最初のステップである。

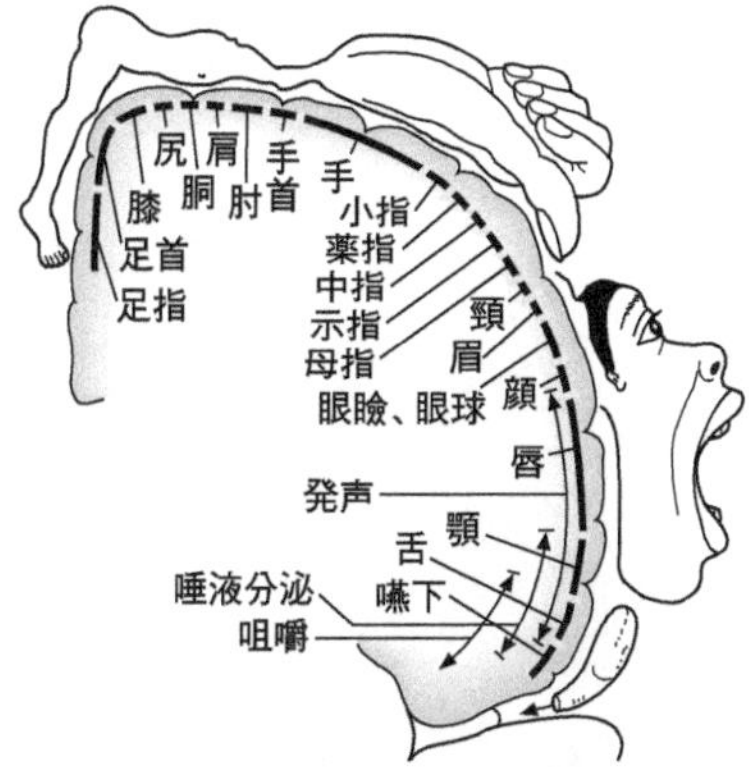

図10-2　運動野および体性感覚野における身体各部の地図

ベッツ細胞の活動電位はこの細胞から出る神経線維にそって脳幹部を通過し、脊髄を下って運動ニューロンに伝えられ、さらに運動神経線維にそって筋肉に伝えられて筋肉の収縮を起こす（図10-3A）。このように運動野から筋肉に対し、筋肉にとって有無を言わせぬ「トップダウン」の命令が下されるのである。なおこの事実は、以前から脳手術の際、大脳皮質の特定部位の刺激に対し、身体の特定の部位の筋肉が収縮することから、ある程度わかっていた。

一方、体の皮膚に分布する感覚器は皮膚に加えられる圧迫、温度変化、傷害などの刺激に対して活動電位を発生する。この活動電位は感覚神経線維にそって脊髄に入り、シナプスを介して脊髄中のニューロンに伝えられ、さらに脊髄を上行し、脳幹部で何回かシナプスを通過したのち最終的に大脳皮質体性感覚野に達し皮膚刺激に対する感覚を引き起こす（図10-3B）。つまり感覚器から体性感覚野へは、途中でいくつかの情

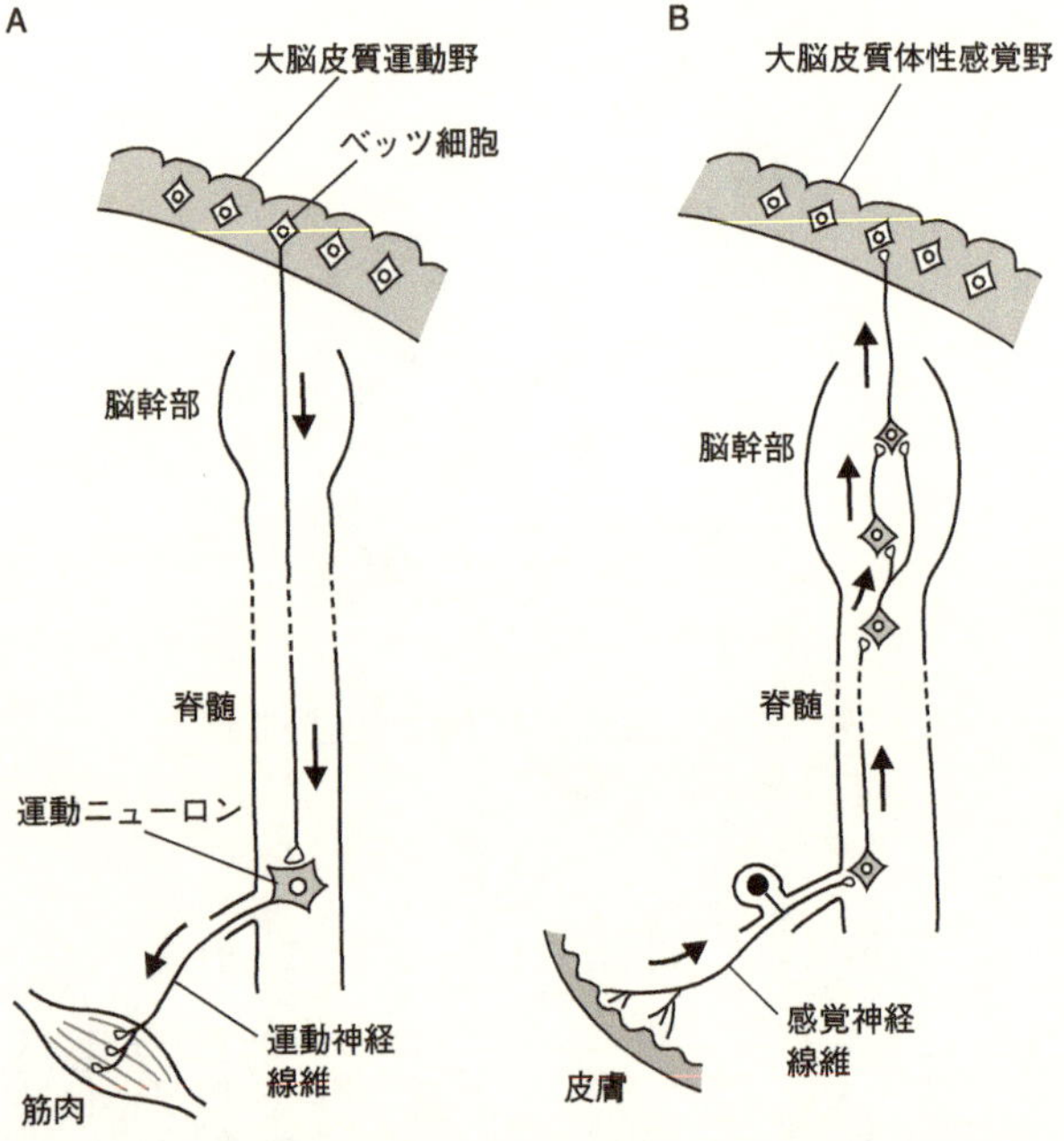

図 10–3 (A) 大脳皮質運動野からスタートする筋肉への命令経路、(B) 皮膚感覚の大脳皮質体性感覚野への報告経路（矢印は活動電位の伝わる方向を示す）

報処理の段階を経て整理された「ボトムアップ」の感覚情報だけの報告が到着するのである。

なお、以上のニューロン回路は、ニューロンに細胞内微小電極を刺入し、他の部位の電気刺激による活動電位やシナプス電位を記録することにより明らかにされたが、このような単純なニューロン回路は、古典的実験法ですでにその存在が気付かれており、微小電極により得られた知見はその追認に過ぎないとも言えるのである。

しかし次に説明するように、細胞内微小電極法は、視覚情報の視覚野における情報分析には威力を発揮し、多くの新知見が得られた。

10-2　視覚情報の電気信号への変換と処理のしくみ

われわれは体の種々の感覚器からの感覚情報により外界の変化を感知しているが、すべての感覚情報の80％以上は視覚情報である。生体が視覚情報を処理するしくみは他の感覚情報に比べて桁違いに多くの研究がなされ、多くの知見が得られているので、本書ではこの研究分野の成果を詳しく紹介することにしたい。

（1）網膜の構造

図10-4は、眼の網膜の模式図である。眼のレンズを通った光は、網膜の細胞層（網膜の表面から順に視神経、神経節細胞、双極細胞）を通り過ぎてから、まず網膜の最も奥の**視細胞**に達する。網膜の中で、光（フォトン）を感知することができるのは、一番奥にある視細胞だけである。視細胞は、直径約1㎛の円筒形をしており、細胞膜の一方の側には多数のひだ（ディスク）があり、このディスクに、光によって化学反応を起こす視物質が蓄えられている。

このように視細胞が網膜の最も奥にあるのは、動物の眼の網膜の底に光を反射する層があり、

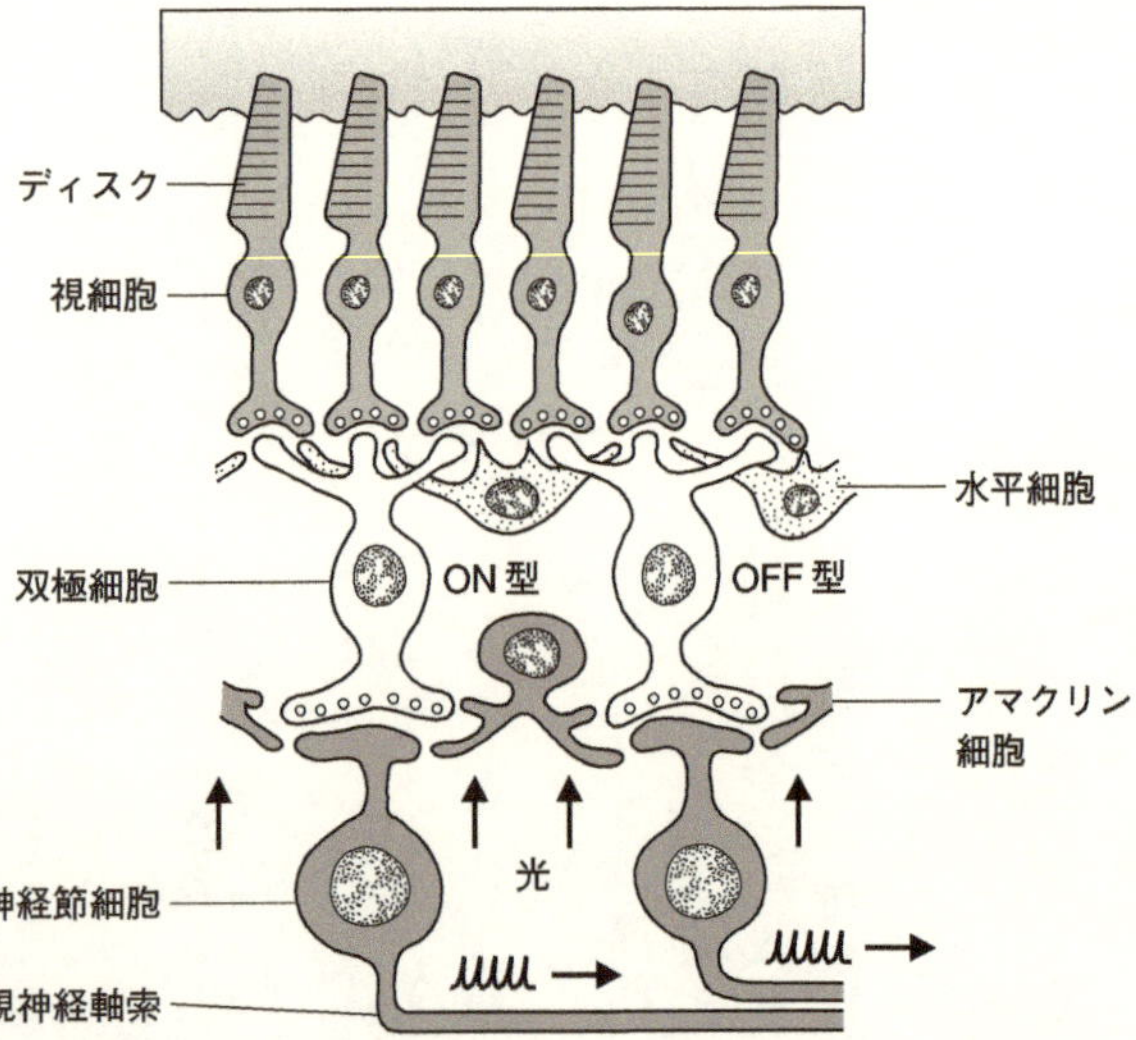

図10−4　網膜の構造。視細胞層、双極細胞層および神経節細胞層の3層からなる。水平細胞とアマクリン細胞は信号を側方に伝える

微弱な光を視細胞に集められるからである。イヌやネコの眼が暗いところで光るのはこの網膜の底部の反射のためである。ヒトではこの反射層は退化してしまった。

図10−4からわかるように、網膜は視細胞、双極細胞、神経節細胞の3層からなり、神経節細胞からは視神経線維（軸索）が出て、大脳へ視覚情報を送り込む。なお本書では、水平細胞とアマクリン細胞の記述は省略する。

(2) 視細胞のNa^+暗電流

さて視細胞のディスクに入ってきた光はどのようにして感知され、どのようにして大脳に情報として伝達

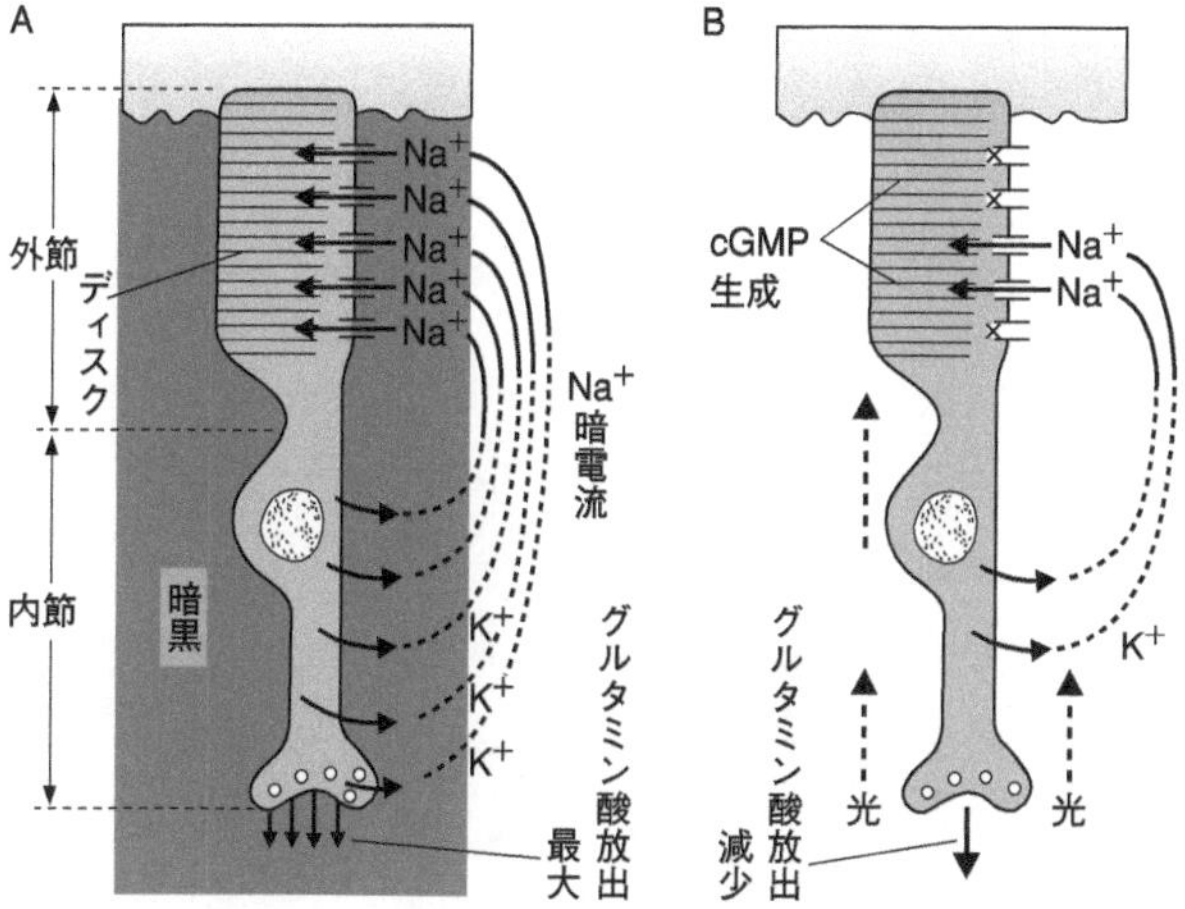

図10-5　視細胞の暗黒時のNa^+暗電流およびグルタミン酸の放出(A)と、光照射時のNa^+暗電流およびグルタミン酸放出の減少(B)

されるのだろうか。視細胞の模式図を見ながら、暗黒時（図10-5A）と光照射時（図10-5B）にはどのような変化が起こるのかを解説していこう。

まず、図10-5Aをご覧いただきたい。視細胞のひだ状のディスクの反対側にあるなめらかな細胞膜には多数のNa^+チャンネルがある。光が網膜に入ってこない暗黒時には、このチャンネルはすべて開いている。このため視細胞中にはこのチャンネルを通って絶えず細胞外液からNa^+が流入している。このイオンの流入によって起こる電流のことをNa^+暗電流という。このとき視細胞内部の電気的中性条件を保つため、視細胞の下部（双極細胞と向き合った部分）ではK^+チャンネルを通ってK^+が細胞外に流出している（図10

−5A）。

つまり暗黒状態では視細胞の側面では、内向きのNa^+暗電流、視細胞下部では外向きのK^+のイオン電流が流れ、このため視細胞下部は脱分極され、視細胞下部のシナプス顆粒に含まれる化学伝達物質（**グルタミン酸**）が放出され続けている。以上が暗黒時の視細胞の状態である。

（3） 光による視細胞活動の調節

これに対して、光照射時には視細胞に以下に述べるような変化が起きる（図10−5B）。まず、視細胞のディスクに入射した光子と視物質の間で一連の化学反応（光化学反応）が起こり、サイクリックGMP（cGMP）という最終生産物ができる。このcGMPは視細胞のNa^+チャンネルを閉じる作用がある。このため光が強くなるほどNa^+暗電流は減少し、さらに視細胞下部の脱分極とグルタミン酸の放出も減少する（図10−5B）。

このように視細胞は他の感覚細胞にはないユニークな特徴を持っている。視細胞以外の他の感覚細胞は、刺激のないときは静止状態にあり、刺激のあるときには脱分極し、活動電位を発生する。これに対して、視細胞は光が全くない暗黒状態でフルに活動し、光がくると活動を弱めるのである。光とは質量のないフォトンという粒子によって光速で伝わる電磁波であるが、光という現代のわれわれにとっても難解な現象を感知するためのしくみを大自然が「苦労して」生み出したあとがうかがわれるようである。

(4) 双極細胞の2種類の受容体

視細胞から放出されるグルタミン酸は、視細胞と向き合った双極細胞の後シナプス膜のグルタミン酸受容体に作用する(図10-6)。この受容体には2つの種類があり、一つはグルタミン酸に対して過分極を起こし(**過分極型**)、他方はグルタミン酸に対して脱分極を起こす(**脱分極型**)。このため、双極細胞には受容体の異なる2つのタイプがあることになる。この双極細胞の後シナプス膜の性質の違いにより、網膜から出る視神経線維は、光に対する反応の違いにより、ON型線維とOFF型線維の2種類に分かれることになる。

(5) ON型視神経線維とOFF型視神経線維

図10-6によって視神経線維のON型とOFF型の反応を説明する。話を簡単にするため視細胞は暗黒状態と十分な光を照射された状態のみを考えることにする。

・暗黒時

まず視細胞が暗黒状態にあるとき、Na^+暗電流が流れ、視細胞の脱分極とグルタミン酸放出が続いている(図10-6A、C)。過分極型双極細胞は、視細胞が放出するグルタミン酸に対して過分極を起こす。そのため、過分極型双極細胞には脱分極と伝達物質放出が起こらないので、これと

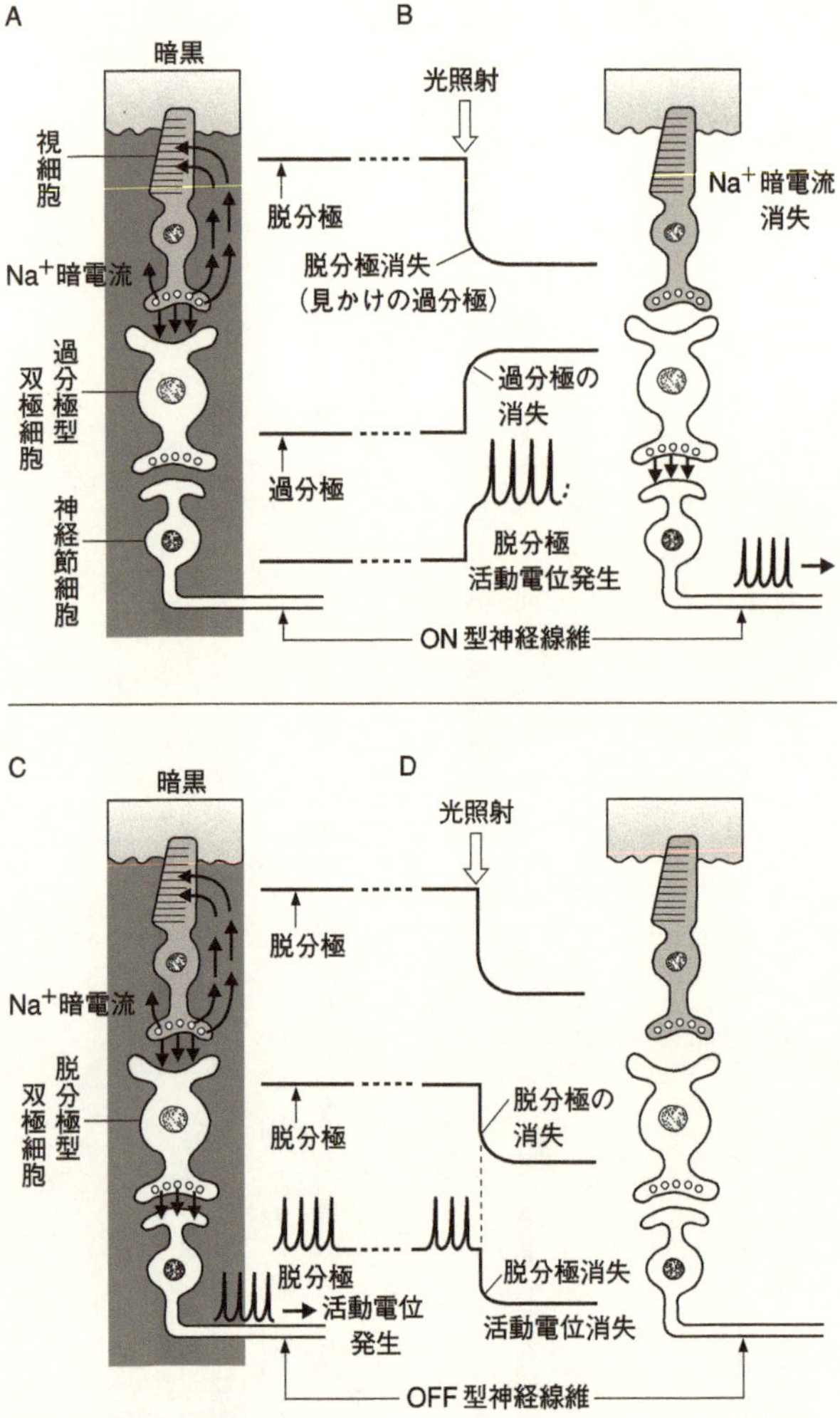

図 10−6　2種類の双極細胞によるON型とOFF型神経線維の光に対する反応

シナプスで接続する神経節細胞とON型神経線維に活動電位は発生しない（図10-6A）。一方、脱分極型双極細胞は、視細胞が放出するグルタミン酸により脱分極し伝達物質を放出するので、これとシナプスで接続する神経節細胞とOFF型神経線維は活動電位を発生し続ける（図10-6C）。

・光照射時

視細胞が十分強く光照射されると多量のcGMPが生成され、すべてのNa^+チャンネルが閉じるのでNa^+暗電流が消失し、視細胞の持続的脱分極も消失する（図10-6B、D）。この光照射による脱分極の消失は、暗黒状態で脱分極している膜電位を基準とすると、見かけ上の細胞膜内外の電位差の増大、つまり過分極として観察される（図10-6B）。

同様に、視細胞の脱分極の消失により視細胞のグルタミン酸放出もなくなるので、異なる2つのタイプの双極細胞にも変化が生まれる。

過分極型双極細胞の過分極は消失する。この型の双極細胞は過分極が消失すると、伝達物質を放出するようになるので、これと接続する神経節細胞とON型神経線維は活動電位を発生する（図10-6B）。一方、脱分極型双極細胞では光照射により視細胞のグルタミン酸放出がなくなると脱分極が消失し、伝達物質の放出も停止する。このためこれと接続する神経節細胞とOFF型神経線維の活動電位発生も停止する（図10-6D）。このように、ON型とOFF型の視神経線維は、同じ光の状態をそれぞれ独立に、活動電位により情報を脳に送っているので、脳では互いに協調して光の明暗を感知するのに役立っていると考えられる。

網膜の視細胞に光を照射したとき膜電位に過分極変化（実際には脱分極の減少、図10−6B、D）が起こることを発見したのは慶応大学の冨田恒雄（田崎一二と同じく加藤元一の門下）であった。

（6）大脳皮質のモデルとしての網膜

網膜は大脳皮質のニューロン回路のモデルであると言われることがある。この理由は①大脳皮質も網膜のように何段階かのニューロンの層状構造をなしている、②大脳皮質も狭い空間に密にニューロンが詰め込まれている、③このような狭い空間でのニューロン間の連絡による情報処理は、網膜に見られるように、化学伝達物質とこれに対する後シナプス膜の受容体の種類の組み合わせによるほうが、活動電位の伝わりによるよりも有効に行われ得る、などがあげられる。

化学伝達物質と受容体の間の反応によって発生するシナプス電位はいろいろな値をとるアナログ量であり、全か無かの活動電位のようなデジタル量ではない。つまり網膜を脳の雛型と考えると、大脳皮質の情報処理の主な方式はデジタルではなくアナログ方式であることが強く示唆される。

シナプスにおける信号伝達は、伝達物質の放出やシナプス電位発生と加重などによりシナプス1個あたり数ミリ秒を要するので、情報処理に多数のシナプスが関与すれば処理時間は著しく長くなると考えられる。この可能性は、われわれの大脳が刺激に対して体を動かす反応に要する時間が100ミリ秒以上あることからも裏付けられる。陸上競技などでスタートのピストルが鳴ってから100ミリ秒以内に選手がスタートを起こせば自動的にフライングとみなされるのである。自動車を運転する際、スピードの出し過ぎが危険なのは、脳の反応が遅いため、即座に反応したつもりでもブレーキを踏むまでに一定の時間がかかってしまうためである。

10-3　大脳皮質視覚野での視覚情報処理

(1) 視神経ニューロンの受容野

前述したように、網膜の中心部には直径約1㎛の円筒形の視細胞が密に並んでおり、隣接する数個の視細胞が双極細胞を介して1個の神経節細胞に連絡する（280ページ、図10-4）。個々の神経節細胞から1本の視神経線維が出るので、隣接した数個の視細胞は網膜上の映像を光として感知する機能単位、つまりデジタルカメラの画素に相当する。実際に網膜から出る個々の神経線維はこれとシナプスで連絡する数個の視細胞を照射したときにのみ活動電位を発生する。この場合、神経節細胞あるいは視神経線維が網膜上に受容野を持つという。

網膜の視神経はまず脳の**外側膝状体**《がいそくしつじょうたい》という部位に入り、ここで外側膝状体のニューロンとシナプスで連絡する（図10-7）。この部位のニューロンも、視細胞と同様に網膜上に円形の受容野を

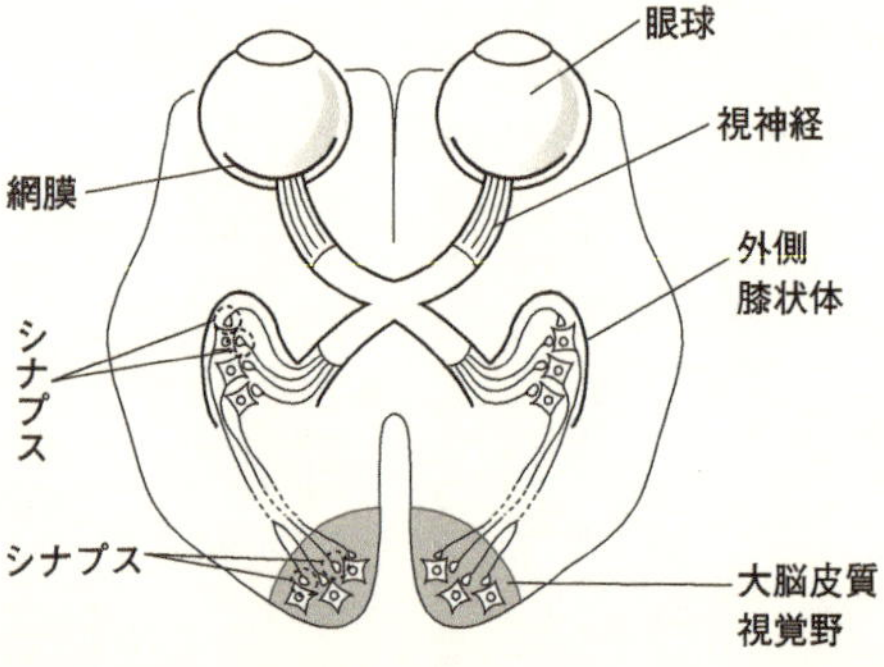

図 10-7　網膜の視神経が視覚情報を大脳皮質視覚野に伝える経路

持つ。つまり網膜上の映像は電気信号に変換された映像として外側膝状体に投射されている。外側膝状体のニューロンから出た神経線維はさらに大脳皮質視覚野に入り、視覚野のニューロンとシナプスで連絡する。

(2) 視覚野のニューロンの受容野

米国ハーバード大学のヒューベルとウィーゼルは、巧妙な実験により電気信号として伝えられた映像情報を大脳皮質が処理するしくみの一端を垣間見させてくれた。彼らはネコの大脳皮質視覚野のニューロンに微小電極を刺入し、これらのニューロンの網膜上の光照射に対する反応を調べた（図10-8）。

すでに説明したように、網膜の神経節細胞は、これとシナプスで連絡する数個の視細胞に対する光刺激のみに反応する。これらの視細胞は互いに隣接して円形にかたまっている。すなわちそれぞれの神経節細胞が光刺激に反応する網膜上の受容野は円形である。

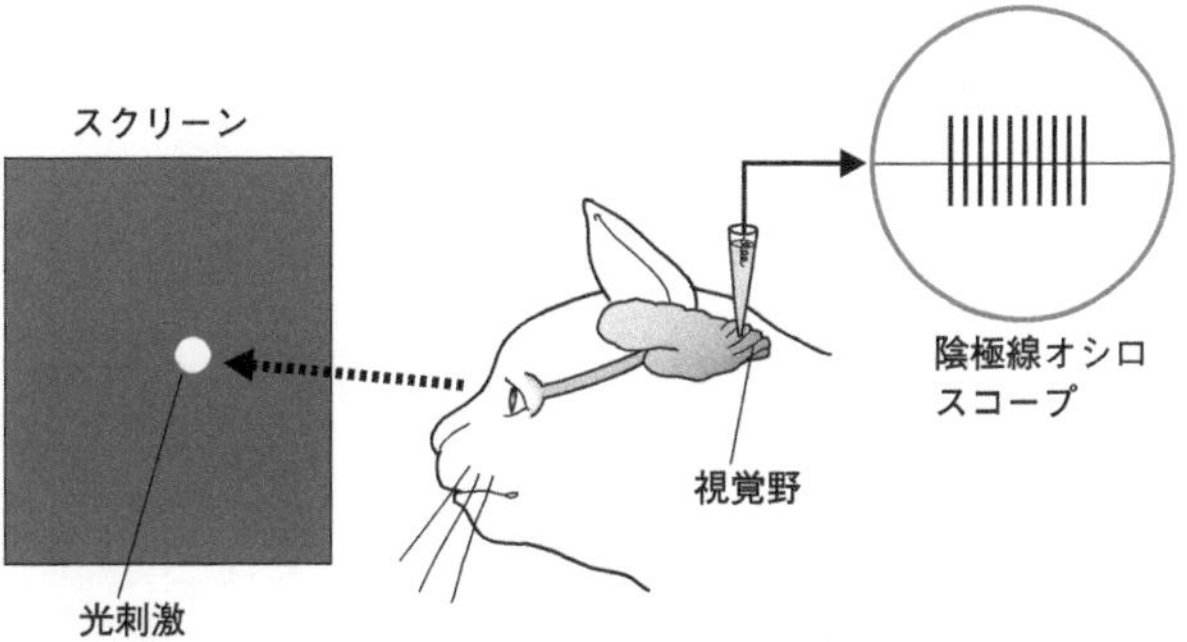

図10-8　ネコの視覚野のニューロンの光刺激に対する反応の記録

網膜の神経節細胞や脳の外側膝状体のニューロンが円形の受容野を持つのに対し、大脳皮質視覚野のニューロンの受容野は円形ではなく、円形の受容野が隣接して直線に並んだスリット状であった（図10-9）。このスリット状の受容野の傾きはニューロンにより水平、垂直、斜め等さまざまであった。ヒューベルとウィーゼルはこのようなスリット状の特定の受容野を持つニューロンを**単純型ニューロン**と名付けた。

彼らはさらに網膜の光照射に対し、特異な反応を示すニューロンを発見し、**複雑型ニューロン**と名付けた。このニューロンは網膜上に投射された一定の傾きを持つすべてのスリット光に反応した。例えば図10-10に示すように、あるニューロンは垂直方向のすべてのスリット光に反応した。また、別のニューロンは水平方向のすべてのスリット光に反応した。したがってこのような複雑型ニューロンは網膜上に決まった受容野を持たないのである。

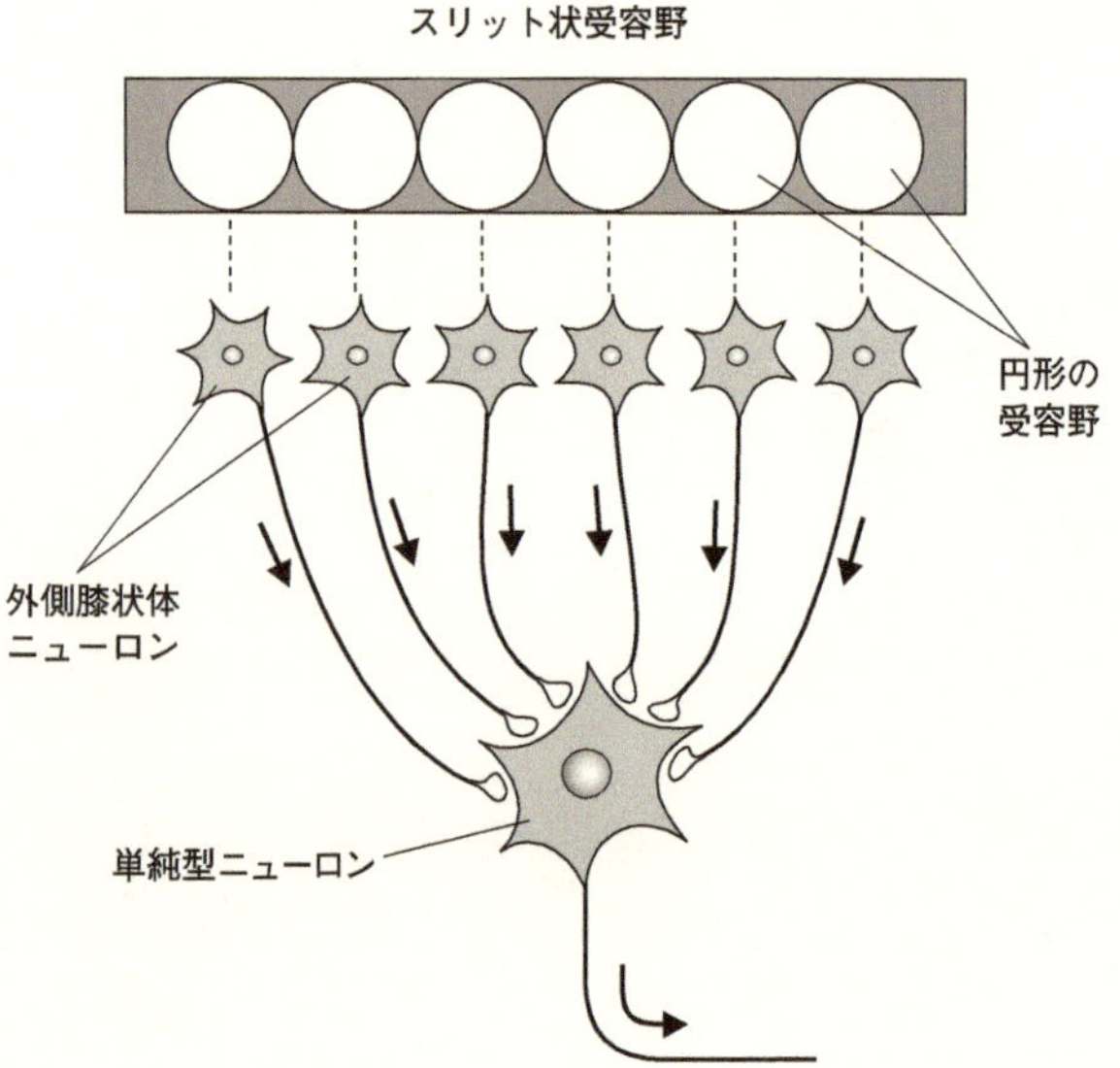

図 10-9　単純型ニューロンのスリット状受容野の形成

(3) 視覚野の情報処理

以上の結果をヒューベルとウィーゼルは次のように説明した。図10-9に示すように単純型ニューロンには、円形の受容野を持つ外側膝状体の数個のニューロンがシナプスで連絡する。このように何個かのニューロンの神経線維が1個のニューロンに集中してシナプスをつくることをシナプスの収斂《しゅうれん》という。外側膝状体ニューロンの円形の受容野が直線状に数個連なり、全体として単純型ニューロンのスリット状受容野を形成するのである。

一方、図10-10に示すように、同じ傾きのスリット状受容野を持つすべての単純型ニューロンは、1個の複雑型

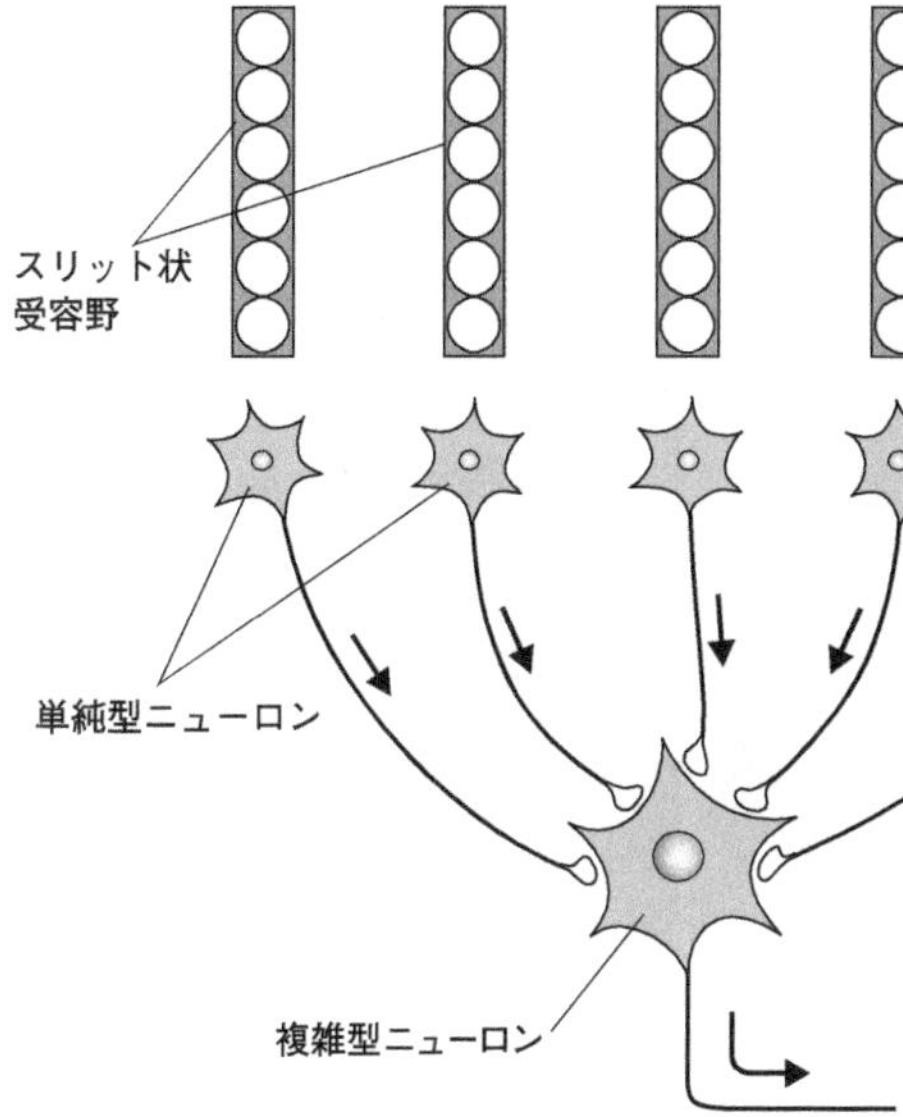

図 10-10　複雑型ニューロンの反応

ニューロンにシナプスで連絡する。このため複雑型ニューロンには特定の網膜上の受容野はなく、一定の傾きを持つすべてのスリット光に反応するのである。なお彼らはもう一つの型のニューロンを発見したが、これについては省略する。

ヒューベルとウィーゼルの得た以上の結果は、大脳皮質視覚野のニューロンは網膜から外側膝状体を経て届けられる映像の輪郭を種々の傾きを持つ線分の集まりとして分析していることを示唆している。われわれは多数の人々の顔や姿を容易に記憶するが、コンピュータは画像の認識能力が極めて低い。ヒトにある図形を見せて眼球の動きを記録すると、眼はまず図形の輪郭にそって繰り返し動くという。この結果もヒトやネコが映像をまず線分の集まりとして分析することを裏付けている。

(4) 連合野の視覚情報処理

大脳皮質視覚野は、以前は視覚情報の最終的な到達点と考えられていたが、現在ではさらに大脳皮質連合野の種々の部位に送られ処理されることがわかっている。

サルの側頭葉連合野では**顔ニューロン**という特異なニューロンの存在が報告された。このニューロンはヒトやサルあるいは漫画の顔の画像に反応して高頻度で活動電位を発生するが、顔から眼を除くとほとんど反応しなくなった（図10-11）。ただ1個のニューロンが動物の顔を認識するかのような反応を示すことは、大脳皮質連合野で視覚情報処理がさらに何段階にも積み重ねられ、その段階で顔ニューロンが出現すると考えられる。

10-4 記憶のしくみ解明の鍵となる海馬の機能

脳外科手術を局所麻酔下で行っていた時代、カナダのペンフィールドは、患者の側頭葉を電気刺激すると、患者の昔の記憶が音声や情景とともに蘇ってくるという驚くべき報告を行った。この結果は、側頭葉かその付近に、脳に蓄えられた記憶の呼び出し口があることを強く示唆する。

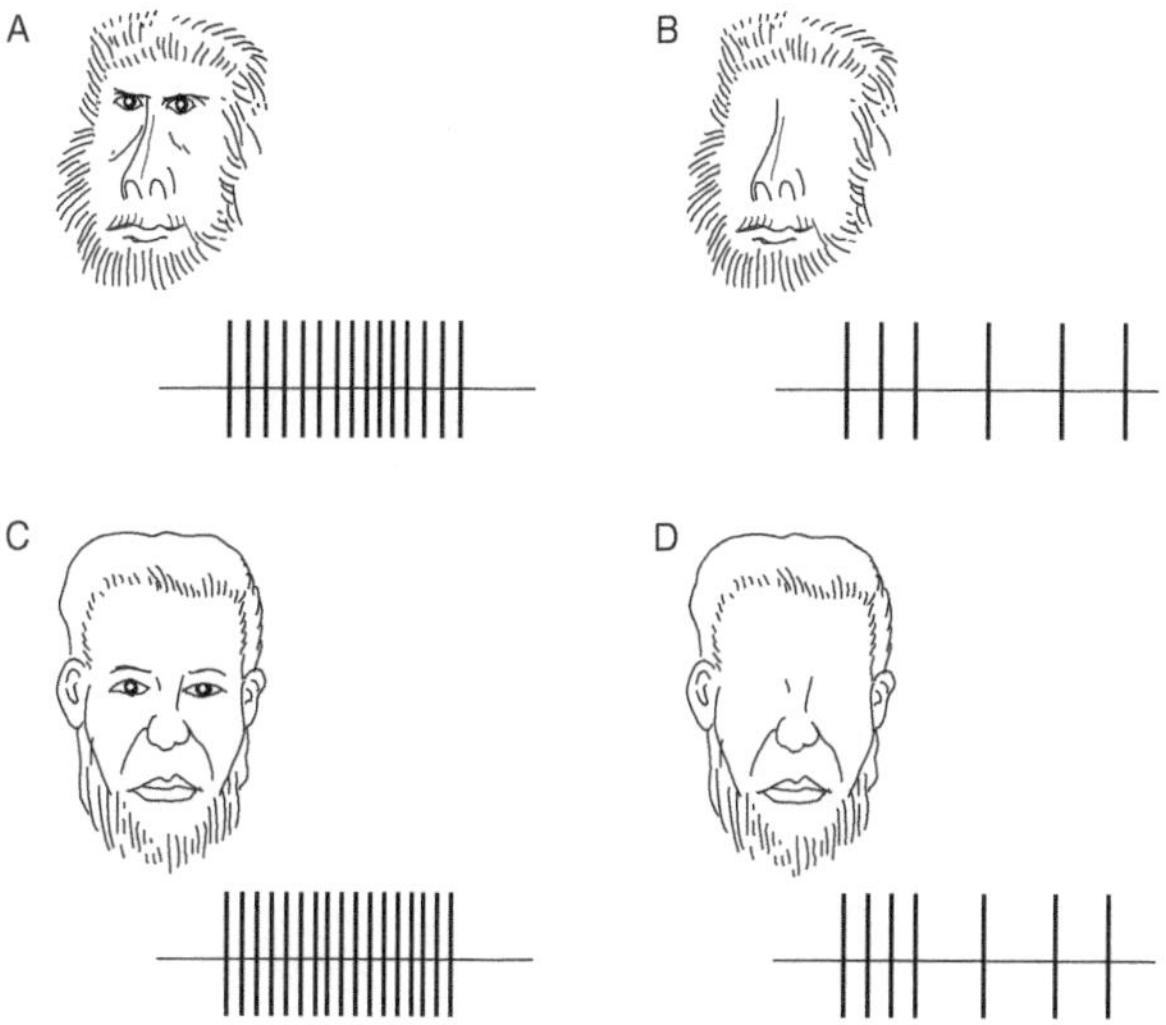

図10-11　サルの側頭葉の顔ニューロンの反応。サルやヒトの顔によく反応する（A、C）が、眼を除くとほとんど反応しない（B、D）

近年、この側頭葉の内側に隣接した、**海馬**と呼ばれる構造（図10-12）を損傷した患者が、新しいことを記憶できなくなることが、多数の報告により確認された。この結果海馬は、これに連絡する扁桃核という構造とともに、経験した記憶を大脳皮質の記憶貯蔵部位に運び込むはたらきを担っていると考えられるようになった。

なおこの考えは、海馬の位置が側頭葉直下にあることから、ペンフィールドの報告と矛盾しない。

実際にこの海馬には、大脳皮質連合野からの多数の神経線維が連絡している。読者はこの海馬の記憶に関する機能の発見が、「古典的」な破壊実験と同じロジックで行われたことに気付か

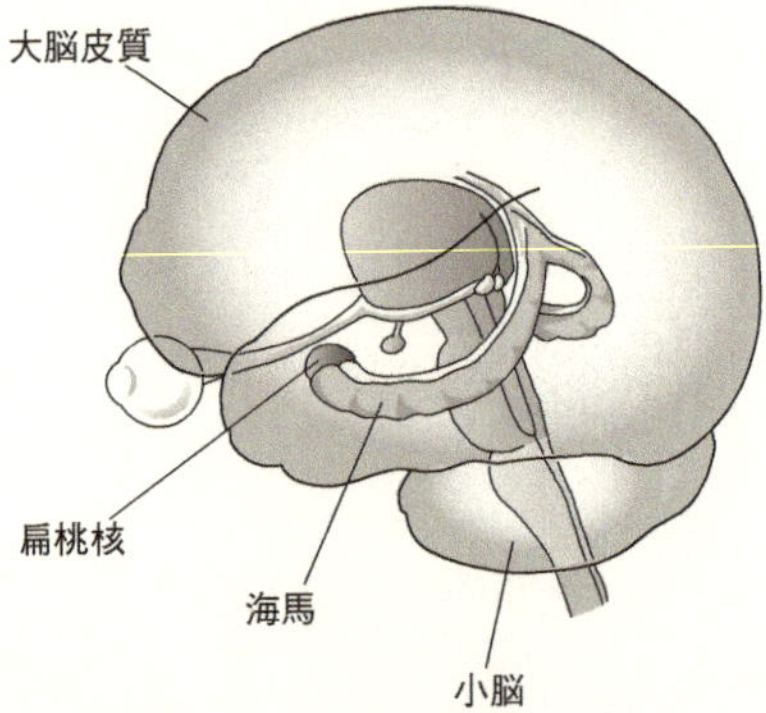

図 10-12　脳の海馬と扁桃核

れるであろう。新しい事実を発見する脳の研究法は、19世紀から変わっていないのである。そしてこの海馬から先の、脳の記憶を貯蔵するメカニズムは、現在も皆目不明なのである。

現在から40年以上遡る1971年、英国のジョン・オキーフとノルウェーのモーセル夫妻は、無拘束状態のラットの脳の海馬に微小電極を埋め込み、特定の空間をラットに自由に動き回らせた。この忍耐を要する実験により彼らは、海馬中のニューロンには、ラットが空間中のある特定の位置に来たときのみ活動するものがあることを遂に発見し、このニューロンを「**位置ニューロン**」と命名した。

ラットのような野生動物にとって、彼らの生存に必要な記憶は、恐らく彼らが生息する空間の位置の情報と不可分に結び付いているであろう。この考えが正しければオキーフらの研究は、海馬の機能が記憶の形成である、という考えを支持している。彼らの研究は、その後行われた大脳皮質の視覚情報処理過程で発見された「顔ニューロン」の陰に隠れて忘れられていたが、2014年彼らはノーベル生理学医学賞を受賞した。特定の情報を担うニューロン発見のパイオニアとしての功績がやっと認められたのである。なおこの場合も、我が国の代表的脳研究者のコメントが大新聞に掲載されることはなかった。

なお、オキーフらの「位置情報ニューロン」や、「顔ニューロン」の存在も、「空中楼閣」である可能性が指摘されている。何故なら、ある先入観を持った研究者が、自分の期待するような応答をするニューロンを根気よく探し続けており、たまたまこの期待どおりの応答のニューロンを見つけると、短絡的に実験目的が達成された、と考えてしまう可能性を除外できないからである。この分野の研究の難しさである。

10－5　脳機能研究のための新しい実験法を探る

(1) 微小電極によるニューロン回路研究の限界

脊髄反射、大脳と身体の筋肉、感覚器を連絡する下行路と上行路、さらには大脳における視覚情報処理など、ニューロン回路の解明に威力を発揮した細胞内微小電極法も、以下の理由によりこれ以上の成果を上げることが困難になっている。

脊髄反射回路のように、比較的単純なニューロン回路の多くは、実験動物を深く麻酔して、ニューロンに連絡するおびただしいニューロン回路の活動を断ち切ることによって明らかにされた。麻酔下でなければ個々のニューロンにはおびただしいニューロン回路が何百個ものシナプスで連絡している。したがって、実験動物が目覚めて活動している状態では、シナプス電位が絶えず入り乱れて各々のニューロンに絶えず到着するので、特定のニューロン回路のみを研究することは困難である。

一般にあるニューロン回路を研究する際、まず、研究対象とする脳や脊髄の局部のニューロン間の神経線維の連絡を、解剖学の知見に基づいて検討し、その回路のはたらきの「鍵」を握ると予想されるニューロンに細胞内微小電極を刺入する。

次にこのニューロンに連絡する神経線維あるいはニューロンを電気刺激し、微小電極で刺激に対するニューロンの反応を研究する。このような研究では、実験動物を深く麻酔して、微小電極を刺入したニューロンに研究対象以外の回路からの信号到着をあらかじめなくしておかなければならない。この方法は、比較的単純なニューロン回路の決定には極めて有効であった。

しかしこの方法には限界がある。脳幹や大脳などの複雑なニューロン回路で、実験動物の麻酔下にあるニューロン回路が発見されても、無麻酔下の動物でそのニューロン回路の果たす機能は正確にわからないからである。つまり、そのニューロン回路は、麻酔で断ち切られたニューロン回路とともに「ある機能」を果たしている可能性を除外できないのである。

(2) 大脳皮質連合野の機能の謎

276ページ、図10-1に見られるように、大脳皮質の機能地図では、連合野という部分が大きな面積を占めている。この連合野の機能は長いこと不明であった。なぜならヒトでこの部分が損傷しても、多くの場合、日常生活に目立った障害が認められなかったからである。

かなり昔、攻撃的な行動を示す精神疾患にロボトミーという手術が行われていた。これは患者の額に孔を開けて棒を入れ、これを回転させて大脳の前頭葉連合野を破壊するという乱暴なものであった。この手術により患者の感情の起伏がなくなり、行動が積極的でなくなるが、一見すると、日常生活に目立った支障はないように見えたのである。なおこの手術は現在、倫理的な見地から禁止されている。

運動野や各種の感覚野など機能が明らかな部位のニューロンを特殊な技能を持つ熟練工に例えるなら、連合野のニューロンはこれらの熟練工の業務を管理統合する管理職員のようなものであるといえる(図10-13)。工場の熟練工がいなくなれば工場の活動は直ちに支障をきたすが、管理職員は特殊技能を必要としないので、管理職員が一部いなくなっても他の職員が直ちにその仕事を代行し、工場の活動には支障がないであろう。これが大脳皮質連合野は、その一部が破壊されても目立った変化が認められない理由ではなかろうか。

しかし、管理職の不足は事態の変化に素早く適切に対応できなくなるなどの弊害を生むであろ

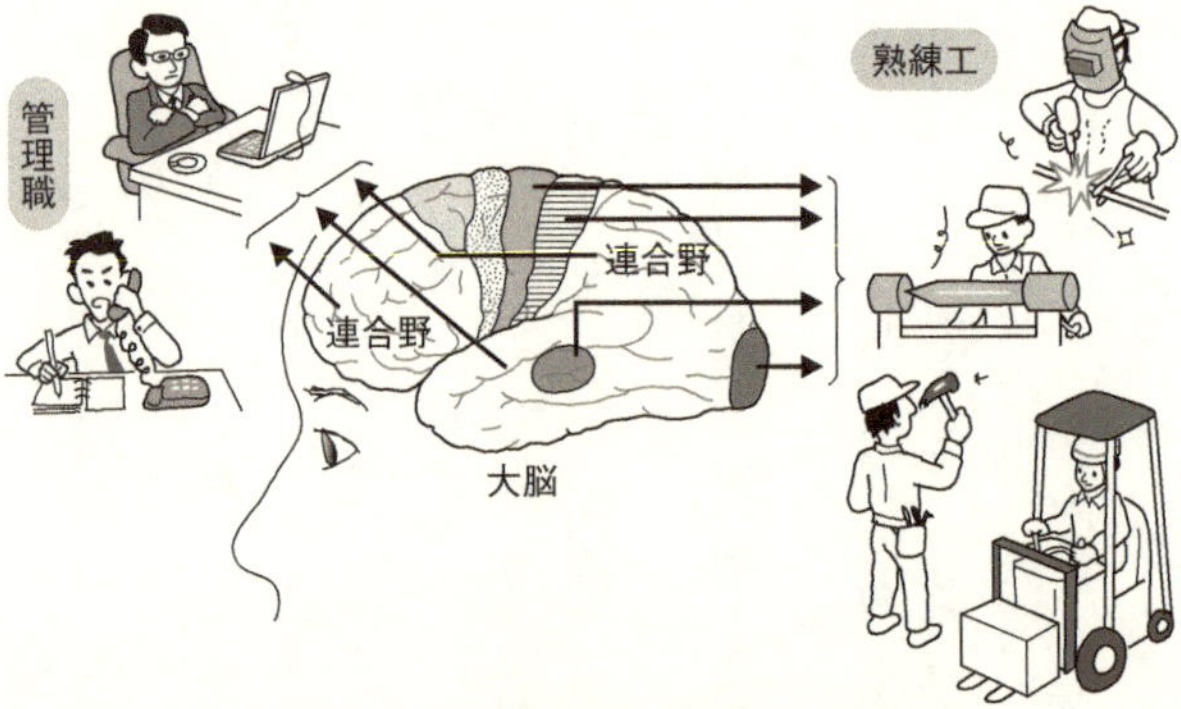

図10−13　大脳皮質の機能分業の想像図

う。前述のロボトミー手術を受けた患者が感情の起伏がなくなり、積極性に欠けるようになるのもこのためではなかろうか。

(3) ポジトロン断層法（PET）と機能的核磁気共鳴画像法（fMRI）

ニューロン活動のエネルギー源はグルコースである。ある部位のニューロンの活動が高まると、これを補給するため局所血流が増加する。またグルコースを燃焼させるため、酸素消費も増大し、血流中の酸化型ヘモグロビンと還元型ヘモグロビンの比も変化する。ポジトロン断層法（PET）は、陽電子でラベルした物質を血液中に注入し、陽電子崩壊が起こる部位を脳の任意の断面で記録するもので、血流の増加した部分がとらえられる。機能的核磁気共鳴画像法（fMRI）は、やはり脳の断面での血流変化の記録に用いられる。後者のほうが、記録される画像の鮮明さと時間分解能で前者より優れているが、定性的には両者

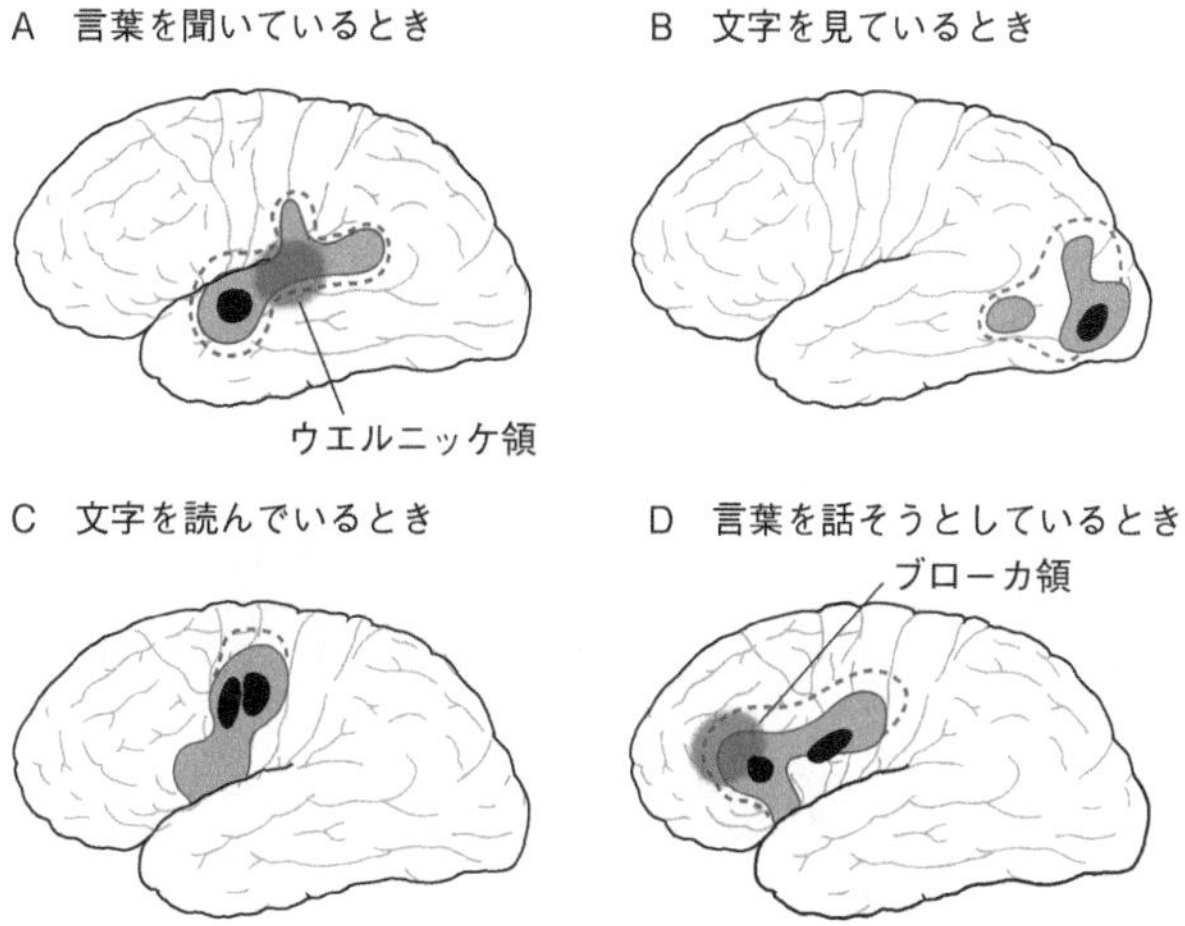

図10-14　ポジトロン断層法による、種々の精神活動中のヒトの脳連合野の活動

の方法で得られる結果は同様と考えられる。つまり血流の盛んな部位では、ニューロンが活発に活動していると解釈するのである。これらの研究方法は、被験者の身体を損傷することなく非侵襲的に行うことができるので、従来謎であったヒトの大脳皮質連合野の活動記録が可能となった。ヒトにある精神作業をさせて、その際の脳の血流変化を記録できるのである。

図10-14は、PETにより記録したヒトの脳の断層写真を模式的に示したものである。言葉を聞いているとき（A）、聴覚野とともに**ウエルニッケ領**と呼ばれる部分のニューロン活動が盛んになっている。一方言葉を話そうとして考えているとき（D）には、**ブローカ領**と呼ばれる部分とその周りのニューロン活動が高まっている。

ここでウエルニッケ中枢とは、1874年にウエルニッケが報告した、感覚性失語症（言葉はしゃべれるが、相手の言葉が理解できない）を起こした患者の脳の血流が阻害される部位を指す。またブローカ中枢とは、ブローカが1861年に報告した、運動性失語症（言葉をしゃべる能力が衰える）の患者の脳の障害部位を指す。

したがって、PETやfMRIによる大脳皮質連合野の活動記録の成功は、一般的に脳研究の画期的成果とみなされており、脳科学者もその成果を誇示する傾向がある。しかし見方を変えれば、これらの成果はすでに19世紀に「古典的方法」で得られていた知見を追認したに過ぎない、とも言えるのである。同様に、文字を見ているときの大脳皮質視覚野とその近辺の血流増大（B）、文字を朗読しているとき（C）の大脳皮質運動野とその近傍の血流増大も、「古典的成果」の追認とも言えるのである。

これらの研究法には、以下のような技術的限界がある。まずfMRIの空間分解能は、最新機器でも1㎜程度、時間分解能は数十ミリ秒に過ぎない。これでは微小な㎛オーダーのサイズのニューロンとそれらが構成するニューロン回路の活動の分析には程遠い。またニューロンの活動はミリ秒単位で起こるのである。

さらに血流の増大が、単純にその部位のニューロン活動の増大を意味するとは限らないことが指摘されている。ニューロン活動が盛んになれば酸素消費も増すはずであるが、血流の盛んな部位での酸化型、還元型へモグロビンの比の変化は、必ずしもその部位での酸素消費の増大を示さないようである。したがって意地悪い見方をすれば、ある部位での血流増加は、直ちにその部位のニューロン回路のはたらきを反映せず、PETやfMRIでは検出されない部位のニューロン活動の結果起こる二次的なものかもしれない。

このように、微小電極法による研究は限界があるにもかかわらず、この方法の適用に適した研究分野では、本書で説明したように着実に成果を挙げているのに対して、PETやfMRIで得られる結果（成果）は多分に「空中楼閣」的なものである。このことは、これらの方法を使用する研究者はよく自覚しているようで、彼らは成果を「俗耳に入りやすい」表現で誇大に宣伝する傾向がある。しかし本書ではこれ以上の批判は差し控える。

（4）無脊椎動物の微小脳巨大ニューロンの生化学的研究

人類が創り出した自然科学の研究の常道は、なるべく単純で実験を行いやすい研究対象を選び、これによって得られる明快な結果をもとにして、さらに研究を進めることである。

本書で説明してきた生体電気信号の解明の歴史も、まさにこの常道にそって進展してきたのであった。しかし、ヤリイカの巨大神経線維を用いたホジキンとハクスレーの実験によって活動電位発生のしくみの研究が一段落して、研究者の関心がヒトを含む高等脊椎動物の精神のはたらきが宿るニューロン回路に向かうようになると、研究の進め方は、この一般生理学の常道から外れてゆくことになった。

この分野の研究の最終目標は、われわれの脳で営まれている精神活動を物質の分子レベルで解明することである。したがって、ヒトやサルの脳を対象として、いわばストレートに目標に迫ろうとする研究が世界各国で盛んに行われているのはもっともである。しかし、一見回り道に見えても、ヒトやサルの脳よりはるかに構造が単純な無脊椎動物の脳や神経系を対象とする研究も盛んに行われるべきではないだろうか。例えば、本書の第9章の抑制性伝達物質の同定でも、ロブスターを研究対象としたハーバード大グループが成功を収めているのである。この他にも本書では触れなかったが、無脊椎動物から得られた結果が研究を推進した例はおびただしい。

昔の偉大な研究者は、自らの興味の赴くままに自由に研究対象を選んで研究し、歴史に残る偉業を成し遂げた。しかし、現代の研究者は政府機関に研究を申請し、これが採択され研究費が交付されなければ研究を行うことができない。現代は研究に多額の費用が必要なのである。

ここで自由な発想により研究対象を選ぼうとする研究者に立ちはだかるのが、研究の申請の採択を決定する人々の判断基準である。ヤリイカの巨大神経線維や、他の無脊椎動物の巨大なニューロンを研究対象とする申請は、多くの場合、単に「これらの動物が下等であり、ヒトやサルとはかけ離れている」との理由で不採択になってしまうのである。

節足動物や軟体動物などの無脊椎動物の中枢神経系は、ニューロンの細胞体が集まってふくらんだ何個かの神経節と、これらを連絡する神経線維の束からなる。神経系全体には2万個くらいのニューロンしかなく、天文学的な数のニューロンを持つ高等脊椎動物の脳よりはるかに単純である。このような動物の頭部にある神経節が、記憶や学習のはたらきを持つ。

　図10-15Aに示すように、神経節中のニューロンには、肉眼でも見える巨大なものがあり、解剖学的研究により番号がつけられている。これは、このような個々の巨大ニューロンを用いた研究が可能なことを意味する。

　実際に米国コロンビア大学のカンデルらは、軟体動物のアメフラシ（図10-15B）を用いて、鰓《えら》を引っ込める反射のニューロン回路を用いて、反復刺激による学習により、鰓引っ込め反射反応が変化するとき、感覚ニューロンと運動ニューロン間のシナプスでの伝達物質の放出量も変化すること、さらに外部から与えた薬物が刺激と同じ効果を現すことなどを見出し、２０００年ノーベル生理学医学賞を受賞した。このような研究は、アメフラシの巨大なニューロンを用いることで可能となったのである。しかし、カンデルらの研究は１９７０年代に行われたもので、現在は無脊椎動物の研究に多額の研究費が交付されることはほとんどなくなってしまった。

　わが国では以前から、無脊椎動物の中枢神経系を研究する生物学者の少数のグループがあり、彼らは研究費申請のために微小脳というカテゴリーをつくっている。無脊椎動物の脳が高等脊椎動物の脳に比べれば「微小」なかけらに過ぎないとしてへりくだっているように思える。しかしこのカテゴリーの研究に交付される研究費は文字通り微々たるものに過ぎない。

　以前、この微小脳研究グループへの研究費がさらに大幅に減額される事態が起こった。ある作家兼テレビタレントが「わが国では昆虫や甲殻類などの無価値な研究に貴重な国費を使っている

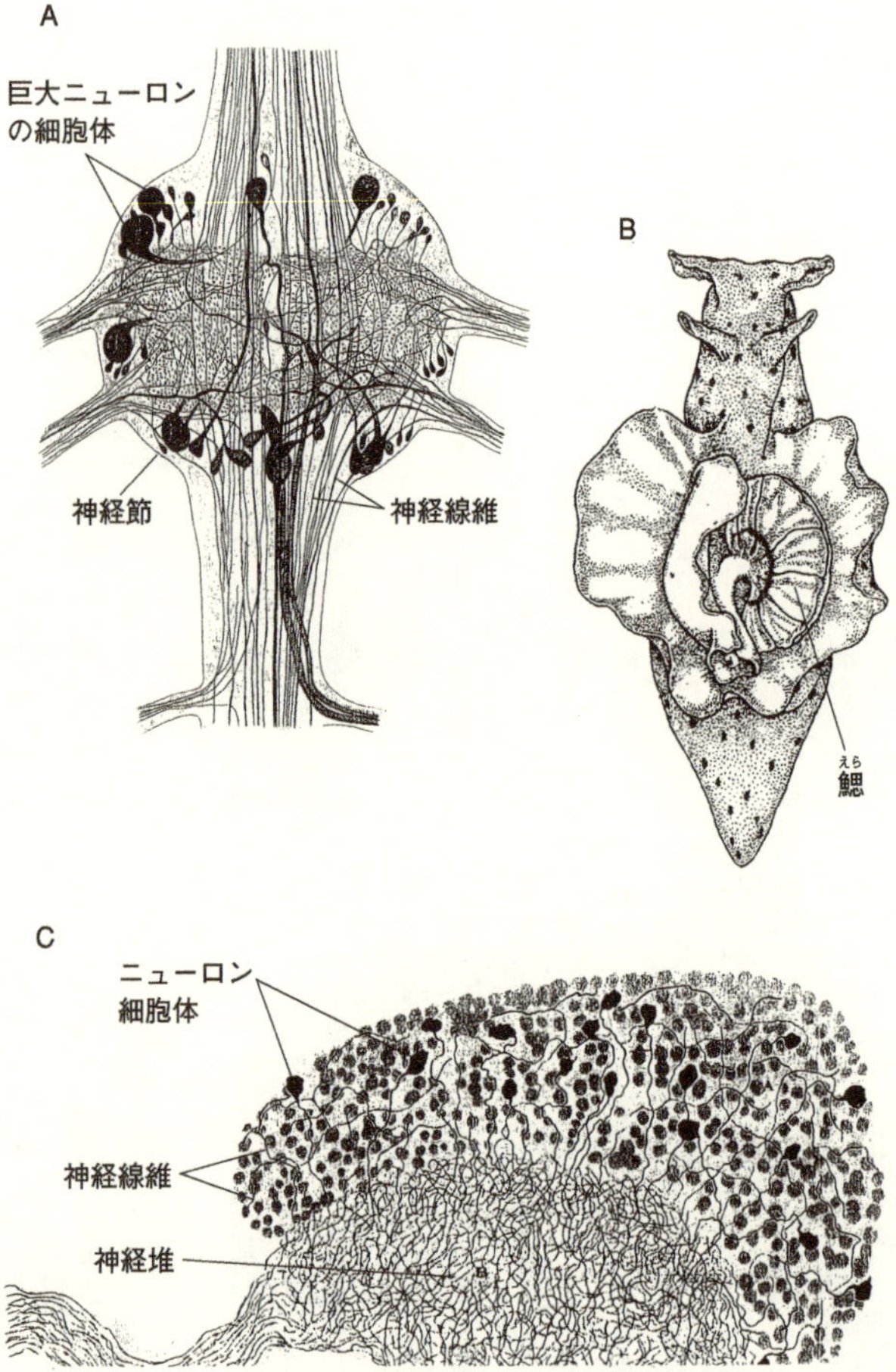

図 10−15　(A)無脊椎動物の神経節、巨大なニューロンの細胞体が見られる。(B)アメフラシ。(C)無脊椎動物の神経節の神経堆

者がいる」と発言したのである。当時の文部省の官僚はこの言葉に敏感に反応し、気の毒にも彼らの研究費はタレントの言うとおり大減額を受けたのであった。

この話には続きがある。この出来事があってから暫くして、すでに説明したように、米国のカンデルらがアメフラシの脳の研究でノーベル賞を受賞したのである。これを報ずる大新聞の記事に、我が国の指導的脳研究者のコメントは全く掲載されなかった。彼らのしらけきった心理が想像される。

筆者の私見では、微小脳の研究の推進が、現在行き詰まっている脳の研究にブレークスルーをもたらす可能性がある。ただし、微小脳の研究には以下に説明するような研究上の制約があり、この制約を乗り越えることが必要である。図10-15Cに示すように、無脊椎動物の神経節の巨大ニューロンの細胞体には樹状突起がなくタコの頭のようにのっぺらぼうである。また、ニューロンの細胞体の細胞膜は、脊椎動物のニューロンの細胞体と同様に、活動電位を発生しない。各々のニューロンから出る神経線維は、他のニューロンから出る神経線維と密にからみ合っている。このからみ合いの中で、神経線維は互いにシナプスをつくって連絡し、複雑な回路を形成している。このような構造を**神経堆**という。

神経堆は、無脊椎動物の神経系のニューロンの数が少ないのを補うための大自然のデザインである。神経堆が存在するため、動物の多くの神経回路を飛び交う活動電位はニューロンの細胞体を経由せずに伝わってゆく。したがって、ニューロンの細胞体に微小電極を入れても、このような神経回路の活動についての情報は得られない。

近年、節足動物の神経節中に、細長い形をした大きなニューロンが発見された。このニューロンは、細胞体から神経線維を出さないので、活動電位を全く発生しない。このような**ノンスパイキング・ニューロン**、「活動電位なしのニューロン」は、神経堆の神経線維と多数のシナプスで連絡し、神経堆の活動を統合しているのであろう。この統合の様式は、脊椎動物のニューロンのような単純な「多数決原理」(第9章)ではなく、より複雑なアナログ様式ではないだろうか。

(5) 遺伝子ノックアウト動物

免疫機構の研究でノーベル生理学医学賞を受賞した利根川進は、その後脳の研究に転じ、1982年分子遺伝学的技法により、脳内のCAMキナーゼⅡというリン酸化酵素の遺伝子を欠損させ、この酵素が脳を含む身体に欠損したノックアウト・マウスの作製に成功した。そしてこのノックアウト・マウスの学習能力が、対象マウスに比べて著しく低下することを発見した。但しこの結果が直ちに記憶のしくみの解明につながるものではない。しかしこの成果に誘発されて、多くの研究者が種々の物質の欠損したノックアウト動物の作製を試みた。

ここで問題が起こった。まず、ある身体機能、脳機能に必要と思われる物質を欠損させたノックアウト動物の作製を試みても、多くのノックアウト動物は胎児の時期に死んでしまい、実験ができない。また、ノックアウト動物の作製に成功しても、動物の機能に何の異常も見られないことが多く起こるのである。

つまりこのような動物では、ある物質が欠損していても、この欠損を代償するしくみがはたらき、物質欠損による機能障害を消滅させてしまうのである。実はこの代償作用こそ、われわれが研究すべき最も重要で興味ある実験対象ではなかろうか。なぜなら、われわれも何らかの遺伝子（つまりこの遺伝子が作る物質）を欠損しているかもしれず、われわれが健康で生きていられるのはこの代償作用のおかげだからである。しかし性急に研究成果を要求する政府機関が、このような息の長い研究を許すことはあり得ない。

このような政策の当然の帰結として、ノックアウト動物の研究者は、たまたま動物の機能あるいは行動に異常が見られると、鬼の首をとったかのように「動物に欠損させた物質のはたらきが明らかになった」と発表する。これに反して、実験動物に何の異常も見られないと、実験は失敗だったとして結果を破棄し、沈黙するのである。

研究者のこのような態度は、彼らの置かれた状況から止むを得ない。しかし、いったん遺伝子ノックアウト効果が代償作用により消失することがわかってしまえば、たとえノックアウト効果が予期したように発現しても、この効果を単純に説明することはできないのではないだろうか。「風が吹けば桶屋が儲かる」といった、持ってまわった因果関係により、見かけ上「予期した効果」が現れる可能性は否定できないであろう。

以上の理由から筆者は、脳機能に対する分子遺伝学的アプローチに対し懐疑的である。

10-6 脳機能研究の発展のための提言

本章の終わりに、将来の脳機能研究の発展のために筆者の提言を述べさせていただくことにする。

脳の記憶の物質的基礎に関する研究は、1970年代のカンデルらにより、無脊椎動物のアメフラシの巨大ニューロンを実験材料として行われ2000年にノーベル賞を与えられた。またやはり同年代にオキーフらは、ラットの脳に微小電極を埋め込んでその活動を記録する、地味で忍耐を要する実験により、位置ニューロンを発見した。オキーフらの研究には彼らの成果発表から実に40年以上後の2014年にノーベル賞が与えられた。この長い期間、本章で説明した新しい脳機能研究法が画期的な成果を挙げているとは思われない。これは最近、わが国の脳研究グループがアルツハイマー病の原因究明を目指し、巨額の研究費を投入した大規模研究が、何の成果もなく失敗に終わったことに端的に表れている。

すでに本書で述べたように、活動電位発生機構、シナプス伝達機構の解明に不可欠であった、「実験目的に応じて最適な実験対象を選ぶ」という、この分野の発展を成し遂げた巨人たちの研究方針が、研究費の配分に係わる人々によって突然放棄されてから、脳機能研究は長い迷路にはまり込んでしまったように思われる。この状態を打破するには、過去の巨人たちの研究方針に立ち返ることが必要であろう。具体的に言えば、無脊椎動物の微小脳を積極的に研究対象として取り上げることである。本書で説明したように、微小脳では重要な神経回路は神経堆という神経線維の網目構造からなる、という実験的困難があるが、現在の進歩した、光学的、電気的測定技術で十分克服し得るであろう。

どんな研究分野でも、創造的、独創的な研究は若い研究者が成し遂げるのである。このためには、硬直し偏見に満ちた考えを持つ中高年の研究者が研究方針を決定し、この方針に若い研究者を従わせる現在の悪しき慣行を改めねばならない。ちなみに米国では以前から、若い独立した研究者（established investigator）を育成するため、長期間研究の自由を与え、業績の有無にかかわらず研究費を与え続ける制度がある。この制度の恩恵により立派な研究者が育ってゆくのである。無限の可能性を持つ若い研究者を、指導者が恣意的に自分の方針に従わせ使い捨てにしてはならない。

この筆者の考えが為政者に認識され、わが国の脳科学研究が世界をリードするようになることを願わずにはいられない。

コラム　研究史で忘れられた巨人――ケネス・コールとギルバート・リング

本書をしめくくるにあたり、筆者は生体電気信号研究の歴史でいわば置き去りにされ、忘れられつつある研究史上の2人の巨人について述べておきたい。一人は米国のコールである。彼はホジキンとハクスレーがヤリイカの巨大神経線維に電位固定法を適用して興奮のナトリウム説を打ち立てる1952年よりはるか以前から、神経線維の細胞膜の電気的性質とその興奮時の変化を定量的に研究することに努力した。本書で使用した細胞膜の膜電位、膜容量、容量性電流、膜抵抗などの考えはすべてコールの研究に源がもとめられる。つまり彼は生体電気現象の定量化を成し遂げた巨人であり、昔、ガリレオやケプラーが学問の進歩に不可欠であると指摘した、現象の数式による記述の要請に見事に応えたのであった。

実はコールは、ホジキンとハクスレーに先立ってヤリイカの巨大神経線維に注目し、努力の末、この巨大神経線維中に針金の電極を挿入する電位固定法の技術を開発した。細胞膜を階段状に発火レベルに脱分極したとき、フィードバック電流がまず内向きに流れ、ついで外向きに流れることも、ホジキンとハクスレーが巨大神経線維の実験を開始する以前にすでに発見していた。しかし彼はこの内向き電流と外向き電流がそれぞれ、Na^+とK^+によって運ばれるという考えに思いいたらなかったのである。これがコールとホジキン、ハクスレーとの間の研究者としての明暗を分けることになった。

当時まだ若かったホジキンはコールの研究室を訪ねて、コールが開発した電位固定法について教えを請い、コールはこれに応えてこの技術を伝授した。ホジキンはこのときすでにNa^+が興奮発生時の細胞膜に内向き電流として流れるとの予想をたてており、コールにこの考えを語ったが、コールはこの考えを理解できなかったという。結果としてホジキンとハクスレーはコールから伝授された電位固定法を用いて歴史的な偉業を成し遂げたのであった。このいきさつはコールの自叙伝に記されており、行間にだしぬかれた人間の無念さがにじみでている。

興奮のナトリウム説の樹立に関するこの話は、DNAの二重ラセンの発見の際のワトソンとクリックと、DNAのラセン構造をしめすX線回折写真を彼らに利用されたフランクリンとの関係を思い起こさせる。どちらの場合にも、発表された歴史的論文中に決定的な実験技術の開発者と決定的なデータ提供者に対する謝辞が見当たらないことは印象的である。

今一人の忘れられつつある巨人は細胞内微小電極法を開発したリングである。微小電極法を用いてノーベル生理学医学賞を受賞した研究者は実に10人近いにもかかわらず、リングはその後米国の学界では全く不遇で、研究費の申請はことごとく却下され、ほとんど村八分に近い扱いを受けている。米国の学術誌「サイエンス」には「リングの恐ろしい不遇はなぜか」という特集記事が掲載されたこともある。筆者が米国の友人にこのことについて尋ねたところ、リングの不遇の主な原因は彼が1960年代はじめに書いた著書にあるらしい。この著書で彼は生体を構成する細胞を細胞膜で囲まれた袋とはみなさず、タンパク質の構造体としてとらえ、興奮現象を含む種々の生命現象をタンパク質の構造体と細胞外の環境との間の境界面の現象として説明した。著者は若いときこの著書を読んで、リングの先入観にとらわれない思考に感銘をうけた。実は彼はこの著書のなかで、現在生命現象の根本を担うと広く認められているナトリウムポンプは実在せず、タンパク質の表面で起こるイオンの交換現象であると主張している。これが彼の不遇の主な原因であるらしい。つまり彼は学問上の異端者とみなされているのである。

なお、主なイオンチャンネルや受容体の実体はタンパク質の管として実体がとうに明らかにされているのに、ナトリウムポンプの実体はなかなか解明されず、筆者はあるいはリングが主張するようにナトリウムポンプは実在しないのかと疑っていた。しかし2003年にやっとその構造の一部が明らかとなり、ナトリウムポンプは実在することが確認された。

おわりに

ガルバニの発見以来、神経を伝わる生体電気信号（興奮）の実体の解明が延々と百数十年にわたって続けられ、１９５０年代のはじめにこの実体は細胞膜のイオンチャンネルを通過する電解質イオンの動きとして説明されるに至った。またシナプスにおける電気信号の伝わりに化学物質が介在するしくみが解明された。

この結果、１９６０年代後半からこの分野の研究者の関心は徐々に中枢神経系、特に脳のニューロン回路の機能の解明に移ってゆき、生体電気信号そのもののしくみを研究する学問分野は過去のものとなった。

どの分野の学問でも、ある研究が一段落したとみなされると研究者の関心は別の研究に移ってゆき、それまでの研究は次第に忘れられてゆく。本書で解説した生体電気信号の分野では、研究対象が電気信号の実体からニューロン回路の機能に移るとともに研究者の質も変化した。つまりニューロン回路に興味を持ちこの研究に参入する者は、従来の生体電気信号の実体の解明がすでに一段落した時点から研究者としての経歴をスタートさせたのである。このような人々にとっては活動電位やシナプス電位はニューロン回路の構成を知るための単なる記号であり、この記号そのものの研究史を知る必要は必ずしもない。以上述べたことが、生体電気信号の研究史に関心を持つ者が年とともに少なくなり、今日までこれに関する解説書が書かれない主要な理由であろう。

筆者の実父は東大医学部で興奮現象を研究する生理学者で、筆者は幼時（第二次大戦前）にしばしば父の研究室で、オシロスコープやエレクトロニクス機器が使われる以前の、今日から見れば簡単な研究装置（第2章参照）を用いた興奮の研究を目撃する機会があった。慶応大の加藤、田崎らの研究も父から聞いていた。このようなわけで筆者は現在忘れられようとしている生体電気信号研究史を執筆する唯一の適任者であると考えている。

本書の執筆を終えるにあたり、本書により現在忘れられようとしているわが国の加藤、田崎らのこの研究分野における大きな貢献を、ブルーバックスの読者のみならず、わが国のニューロン回路の研究者が記憶されることを願うものである。中国の格言で「温故知新」というように、過去の研究についての知識と理解は必ず未来の研究に役立つであろう。

筆者は、たとえ限りなく目標に近づくことはできるとしても、われわれの精神活動が物質レベルで完全に解き明かされる日は来ないであろうと思う。偉大な作家であったとともに、優れた自然科学者でもあったゲーテの言葉「研究してもどうしてもわからないことについては、ただ静かに大自然を讃えるのみである」が思い起こされる。おわりに、本書の旧版および改訂版の刊行に御協力いただいた堀越俊一氏、髙月順一氏、および小澤久氏のご尽力に深く感謝いたします。

〈マ行〉

〈ヤ行〉

〈ラ行〉

〈サ行〉